rowohlt

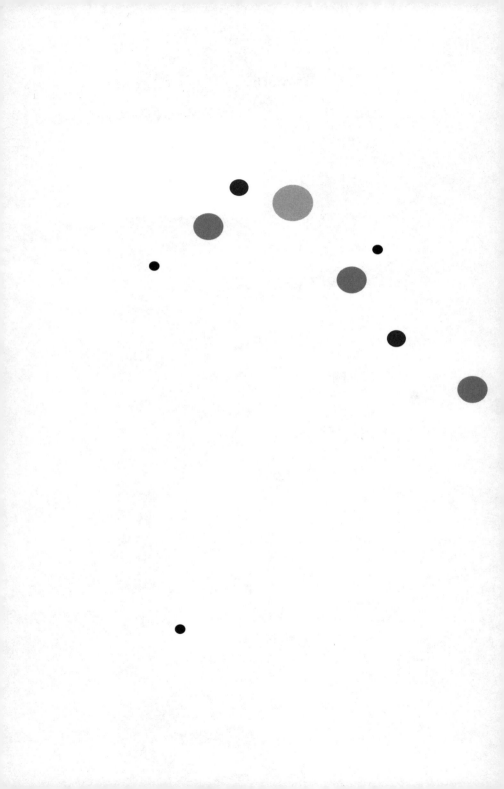

Peter Spork

DER ZWEITE CODE

EPIGENETIK – oder Wie wir unser Erbgut steuern können

Rowohlt

2. Auflage August 2009
Copyright © 2009 by Rowohlt Verlag GmbH,
Reinbek bei Hamburg
Alle Rechte vorbehalten
Lektorat Christof Blome
Satz aus der Dolly PostScript (InDesign)
bei Pinkuin Satz und Datentechnik, Berlin
Druck und Bindung CPI – Clausen & Bosse, Leck
Printed in Germany
ISBN 978 3 498 06407 5

INHALT

Vorwort
Revolution! 11

Einleitung – Das Gedächtnis der Zellen
Ungeahnte Macht 13
Der zweite Code 18

Kapitel 1
Von der Genetik zur Epigenetik: Warum Gene Schalter brauchen
Das Buch des Lebens 25
Wie die Molekularbiologie auf dem Mond landete 28
Ernüchterung und neuer Aufbruch 34
Wie viele Gene hat der Mensch? 37
Warum Mensch und Schimpanse so verschieden sind 40
Die neue Freiheit 44
Methylgruppen: Riegel in der DNA 48
Der Histon-Code: Verpackungskunst mit Schwänzen 52
Die RNA-Welt 57

Kapitel 2
Der Einfluss der Umwelt: Warum wir Macht über unser Erbgut haben
Metamorphose 65
Gelée Royale und seine Wirkung 68
Täler in der Lebenslandschaft 70
Jede Zelle weiß, woher sie kommt 76
Die Epigenom-Manipulatoren 79

Biologie des Schicksals 86

Warum Zwillinge sich auseinanderleben 91

Kapitel 3
Die Entstehung der Persönlichkeit: Was den Charakter stark macht

Wenn Ratten ihre Kinder nicht lecken 97

Stresskrankheiten und warum nicht jeder sie bekommt 104

Warum die Liebe zählt 109

Selbstmord als Programm? 112

Traumata und ihre Folgen 116

Warum Psychotherapie wirkt 120

Wie das Epigenom beim Lernen hilft 124

Hunger und Sucht 129

Autismus, FAS, Schizophrenie: Fehler im zweiten Code? 132

Kapitel 4
Epigenetik der Gesundheit: Vorsorge beginnt im Mutterleib

Eine Scheidung verkürzt das Leben 139

Wir sind, was unsere Mutter gegessen hat 142

Das tödliche Quartett 147

Warum die einen krank macht, was andere gesund hält 150

Warum wir immer dicker werden 155

Welches Essen gesund ist 160

Soja, Kurkuma, Grüner Tee: Die epigenetische Diät 163

Hände weg von Plastikflaschen 167

Kapitel 5
Langlebigkeit als biologisches Programm: Rezepte für ein hohes Alter

Das Geheimnis der Superalten 173

Die Inseln der Hundertjährigen 176

Altern als chronische Entzündung 179

Von Telomeren und Telomerase 182

Dauerstress macht alt 186
Lebensverlängernder Rotwein und die Sirtuine 190
Magerkost und Sport halten jung 195

Kapitel 6
Die besondere Verantwortung: Wir vererben nicht nur unsere Gene
Ein Dogma wankt 203
Pflanzen: Die Meister der Epigenetik 205
Unfruchtbare Mäuse und Fruchtfliegen mit roten Augen 209
Die Gesundheit der Enkel liegt auch in Opas Hand 215
Rauchen schadet Ihrem ungezeugten Kind! 218
Darwins Irrtum – Lamarcks Comeback? 220
Imprinting: Kampf der Geschlechter 224
Sind künstliche Befruchtungen ein Risiko? 230

Kapitel 7
Das Epigenomprojekt: Biomedizin auf dem Weg ins 21. Jahrhundert
Von Berlin ins Zentrum einer Revolution 235
190 Millionen Dollar für eine Riesenaufgabe 238
Die Epigenetik verändert die Krebsforschung 241
Früherkennung und individualisierte Therapie 246
Die neuen Hoffnungsträger 250
Den zweiten Code verändern: Die Medizin der Zukunft? 257

Schlusswort
Wie wir unser Erbgut steuern können 261

Anhang
Literatur 265
Bildnachweis 277
Dank 279
Personenregister 281
Sachregister 285

*Für meine Eltern und Großeltern,
die mir weitaus mehr mitgaben als das Genom
und seine Schalter.*

VORWORT

Revolution!

Wenn wir Menschen Computer wären, dann bildeten unsere Gene die Hardware. Aber natürlich müsste es auch eine Software geben – und die entschlüsseln seit ein paar Jahren die Epigenetiker. Sie erforschen Elemente an unserem Erbgut, die es programmieren, die ihm sagen, welches Gen benutzt werden soll und welches nicht.

So wie die Software entscheidet, ob wir einen Computer für Text- oder Graphikverarbeitung, Tabellenkalkulation oder zum Spielen benutzen können, so verdanken es unsere Zellen ihrer epigenetischen Programmierung, ob sie beispielsweise zum Denken, Verdauen, zur Hormonproduktion oder Bekämpfung von Krankheiten dienen. Und wer in der Lage ist, diese Software gezielt umzuprogrammieren, der kann das unerhörte Potenzial, das in den Genen steckt, besonders gut ausschöpfen.

Die Worte «Revolution» oder «revolutionär» werden an vielen Stellen dieses Buches auftauchen. Viel zu oft, werden manche kritisieren. Immer noch zu selten, werden andere erwidern. Als Wissenschaftsautor und Biologe kann ich nur versichern, dass ich diese Begriffe sonst eher sparsam einsetze. Im Zusammenhang mit der Epigenetik drängen sie sich allerdings ständig auf. Denn der neue Forschungszweig verspricht unser aller Leben und das unserer Kinder und Kindeskinder umzukrempeln.

Die Epigenetik hilft den Forschern dabei, völlig neue Wirkstoffe und Therapien zu entwickeln. Sie lehrt uns, wie wir unsere Gene mit Hilfe des Lebensstils ein Stück weit selber steuern können. Sie erklärt uns, wie sich Teile unseres Charakters gebildet haben und wie wir mit unseren Gewohnheiten die Persönlichkeit unserer Kinder beeinflussen. Sie zeigt, wieso eine gesunde Lebensweise unser Leben verlängert – und das unserer Nachfahren obendrein. Und sie verändert ein paar grundlegende Auffassungen der Vererbungslehre.

Krankheitsvorsorge, Krebsforschung, Pädagogik, Psychologie, Psychiatrie, Alternsforschung, Evolutionsbiologie: All diese Felder profitieren vom neuen Teilgebiet der Genetik, erhalten kräftige Impulse. Das wird man doch schon mal eine Revolution nennen dürfen. (Internetseite zum Buch: www.der-zweite-code.de)

EINLEITUNG
Das Gedächtnis der Zellen

Ungeahnte Macht

Was haben Sie heute gefrühstückt? Fahren Sie regelmäßig mit dem Fahrrad zur Arbeit? Haben Sie sich in den letzten Tagen mal so richtig Zeit für sich selbst genommen und Stress abgebaut? Wann haben Sie Ihrem Kind zuletzt über den Kopf gestreichelt und es aufgemuntert?

Warum ich solche Fragen stelle? Sie berühren Themen, um die es in diesem Buch gehen wird. Denn fast alles, was wir Menschen tun und was andere mit uns tun, wirkt sich auf unsere Zellen aus. Es hinterlässt Spuren im molekularbiologischen Fundament unseres Körpers. Eine neue Wissenschaft kann jetzt sogar zeigen, dass solche Spuren, wenn sie nur nachhaltig und stark genug sind, das innerste Wesen unserer Zellen beeinflussen: das Erbgut.

«Wir haben eine ungeahnte Macht über unsere Gene und die unserer Kinder», sagt Randy Jirtle, Biologe an der Duke University in Durham, USA. In bemerkenswerten Experimenten bestimmt er Gesundheit und Aussehen genetisch gleicher Mäuse allein dadurch, was er ihren Müttern während der Schwangerschaft zu fressen gibt: Enthält die Nahrung spezielle Vitamine und Nahrungsergänzungsmittel, werden die Jungen schlank, gesund und braun. Fehlen diese Zusätze werden sie fett, krankheitsanfällig und gelb.

Ihre Gene bleiben von diesen Einflüssen unberührt. Irgendetwas anderes als der bloße Text des Erbguts muss sich bei den Mäusen wandeln, während sie noch im Mutterleib sind. Irgendetwas, das sie für den Rest ihres Lebens prägt, das beispielsweise darüber entscheidet, ob sie im Alter verkalkte Herzkranzgefäße bekommen oder nicht.

Forscher aus aller Welt haben die rätselhaften Ursachen des Phänomens inzwischen gefunden. Mit ihnen beschäftigt sich die neue Wissenschaft, von der dieses Buch handeln soll: die Epigenetik. Neun von zehn Menschen, die man auf der Straße anspricht, haben davon noch nie etwas gehört. Epigenetik heißt so viel wie «Über-» oder «Nebengenetik». Sie beschäftigt sich mit den Epigenomen, die sich über – manche sagen auch nach, neben oder auf – den Genomen unserer Zellen befinden.

Das Genom ist die Gesamtheit aller Gene, die im Erbgut versteckt sind. Das wiederum besteht aus einer schier endlos erscheinenden Abfolge von nur vier verschiedenen chemischen Bestandteilen. Sie sind die Buchstaben des genetischen Textes und bilden einen Code, den die Zellen wie Baupläne lesen und in die zahlreichen Proteine übersetzen können, aus denen sich ein Lebewesen zusammensetzt.

Dass wir Menschen so verschieden sind, weil sich einige unserer Gene minimal unterscheiden, und dass sich Geschwister ähneln, weil sie viele identische Gene von ihren Eltern geerbt haben, gehört inzwischen zum Allgemeinwissen. Doch das ist nur die halbe Wahrheit. Wäre der Gentext nämlich allein entscheidend, müssten wir untereinander viel ähnlicher sein. Selbst Schimpansen wären fast wie wir.

Auch ein anderes Phänomen lässt sich mit dem genetischen Code allein nicht erklären: Warum kann unser Körper verschiedene Typen von Zellen bilden, obwohl sie alle identische Genome haben? Warum gibt es Nerven-, Haar-, Leber- und viele andere Zellen? Wie kann es sein, dass in den Zellkernen meines Muskelgewebes exakt das gleiche Erbgut steckt wie zum Beispiel in der Darmschleimhaut oder der Schilddrüse?

Hier kommt die Epigenetik ins Spiel. Sie erforscht die Strukturen, die jeder Zelle eine Identität verleihen und in ihrer Gesamtheit deren Epigenom bilden. Es sorgt dafür, dass die Zelle nicht nur die Baupläne für alle möglichen Proteine speichert, sondern auch die Anweisungen, welche dieser Baupläne zum Einsatz kommen sollen. Und diese Anweisungen können die Zellen – wenn sie sich teilen – gemeinsam mit dem Gentext an ihre Tochterzellen weitergeben.

Man könnte auch sagen, das Epigenom definiert die Bestimmung einer Zelle. Es sagt dem Genom, was es aus seinem Potenzial machen soll. Es entscheidet, welches Gen zu welcher Zeit aktiv ist und welches nicht. Dabei programmiert es sogar, ob eine Zelle schnell oder langsam altert, ob sie empfindlich oder abgestumpft auf äußere Reize reagiert, zu Krankheiten neigt oder ihre Aufgabe möglichst lange erfüllen kann.

Die Werkzeuge des Epigenoms sind sogenannte epigenetische Schalter. Sie lagern sich gezielt an bestimmte Stellen des Erbguts an und entscheiden, welche ihrer Gene eine Zelle überhaupt benutzen kann und welche nicht. So liefert das Epigenom die Grammatik, die dem Text des Lebens eine Struktur verleiht. Es ist die Software, die den Zellen hilft, die Hardware – also ihren Gencode – richtig einzusetzen. Denn es herrschte Chaos, läse eine Zelle alle ihre Gene gleichzeitig ab und produzierte sie all die vielen Proteine, deren Baupläne sie gespeichert hat, zugleich.

Per biologischer Definition beschäftigt sich die Epigenetik mit all jenen molekularbiologischen Informationen, die Zellen speichern und an ihre Tochterzellen weitergeben, die aber nicht im Erbgut enthalten sind.

«Wie bitte?», werden Sie jetzt fragen. «Das habe ich in der Schule ganz anders gelernt. Zellen geben doch nur ihr Erbgut weiter. Sonst nichts.» Falsch! Seit wenigen Jahren sind die Biologen überzeugt, dass unser Schulwissen korrigiert werden muss. Wenn Zellen sich teilen, vererben sie auch das epigenetische Programm.

Dass es Epigenome geben muss, hätte man sich eigentlich schon lange denken können. Und viele Forscher haben es sich Anfang des vergangen Jahrhunderts auch gedacht. Der Begriff Epigenetik wird deshalb unter Genetikern schon seit fast 70 Jahren gebraucht. Doch erst jetzt, da die Forscher den menschlichen Gencode in einem riesigen, fünf Jahrzehnte währenden Kraftakt komplett entschlüsselt haben, öffnet sich der Blick der Wissenschaft wieder neu für alte Ideen. Nun gerät zum Beispiel die Frage in den Blickpunkt, wieso im Herz nur noch Herzzellen wachsen, sich aus einer Stammzelle aber viele verschiedene Zelltypen entwickeln können.

Doch was die Epigenetik aus dem Elfenbeinturm der Grundlagenforschung holt, ist ein anderes Phänomen: Die Epigenschalter sind flexibel. Sie reagieren auf Umwelteinflüsse. Deshalb können Erziehung, Liebe, Nahrung, Stress, Hormone, Hunger, Erlebnisse im Mutterleib, Vergiftungen, Psychotherapie, Nikotin, außergewöhnliche Belastungen, Traumata, Klima, Folter, Sport und vieles mehr unsere Zellen umprogrammieren.

Solche Faktoren können die Biochemie der Zelle umkrempeln und lassen dennoch den genetischen Code vollkommen unangetastet. In dieser Erkenntnis steckt eine riesige Chance, die Moshe Szyf, israelischer Epigenetiker von der Universität in Montreal, Kanada, so formuliert: «Wenn die Umwelt eine Rolle bei der Veränderung unserer Epigenome spielt, dann können wir eine Brücke zwischen biologischen und sozialen Prozessen schlagen. Und das ändert unsere Sicht des Lebens total.» Denn die Epigenetik erklärt, wieso die Außenwelt unseren Körper und Geist dauerhaft verändern kann.

Und je jünger wir sind, desto offener scheinen unsere Zellen auf Umwelteinflüsse zu reagieren. Randy Jirtles Mäuse sind noch im Mutterleib, wenn die Nahrung ein paar ihrer Gene für den Rest ihres Lebens abschaltet und ihre Fellfarbe und Krankheitsanfälligkeit manipuliert.

Die Hinweise häufen sich, dass bei uns Menschen genau die gleichen Prozesse ablaufen. Vor allem wird endlich klar, warum es den Charakter von Kindern so nachhaltig prägt, welche emotionalen Erfahrungen sie und ihre Eltern kurz vor und nach der Geburt machen, so dass zum Beispiel manche Menschen eher zu Depressionen und Angsterkrankungen neigen als andere. Die Epigenetik legt außerdem nahe, dass es sich oft schon vor der Geburt entscheidet, ob wir eines Tages Krebs, Diabetes, starkes Übergewicht, eine Suchterkrankung oder eine Herz-Kreislauf-Krankheit bekommen. Und sie kann erklären, warum manchen Menschen eine ungesunde Lebensweise weniger ausmacht als anderen.

Was die Forscher bisher herausgefunden haben, klingt sensationell: Indem wir die Programmierung des Genoms mehr oder weniger bewusst verändern, können wir unsere Physiologie – unseren Körper und Geist – dauerhaft beeinflussen. Und wir haben eine riesige Verantwortung gegenüber unseren Nachkommen. Denn manche Entscheidung, die wir teils schon lange vor ihrer Geburt treffen, verändert ihre Persönlichkeit, ihre Gesundheit, ihre Lebenserwartung.

Rudolf Jaenisch vom weltberühmten Whitehead Institute in Boston, USA, deutscher Pionier der Gentechnik und Stammzellforschung sowie seit vielen Jahren Nobelpreiskandidat, verriet mir: «Das Jahrzehnt der Genetik ist schon lange vorbei. Wir befinden uns jetzt mitten im Jahrzehnt der Epigenetik. In diesem Feld passieren derzeit die wichtigsten und aufregendsten Dinge der Molekularbiologie.»

Wir stehen an der Schwelle zu einem neuen Denken in der Biologie, an der Schwelle zur «postgenomischen Gesellschaft», weiß auch Thomas Jenuwein, Leiter der Arbeitsgruppe für Epigenetik am Max-Planck-Institut für Immunbiologie in Freiburg im Breisgau. Denn der neue Zweig der Genetik liefert das lange gesuchte Bindeglied zwischen der Umwelt und den Genen. Er macht die *nurture-versus-nature*-Diskussion, die das Fach seit hundert Jahren antreibt, endlich hinfällig: Die Frage, welche Eigenschaften wir von unseren Vorfahren geerbt und welche wir durch Erziehung, Kultur und die Interaktion mit unserer Umwelt erworben haben, stellt sich in dieser Form nicht mehr. Beide Seiten sind keine Gegensätze, sie ergänzen sich. Die Umwelt beeinflusst das Erbe und umgekehrt.

«Das Epigenom ist die Sprache, in der das Genom mit der Umwelt kommuniziert», sagt Rudolf Jaenisch. Und er ergänzt, was die Epigenetik so spannend mache, sei ihre Komplexität: «Die Genome Ihrer Zellen sind alle gleich. Kennen Sie eines, kennen Sie alle. Aber jeder Mensch hat zigtausend verschiedene Epigenome.» Ist diese Vielfalt erst erforscht, werden sich ungeahnte Möglichkeiten für neue Forschungsansätze und Therapien ergeben.

Letztlich wird die Epigenetik sogar erreichen, was ihre scheinbar übermächtige Mutter, die Genetik, aus eigener Kraft nicht schaffen konnte: die biomedizinische Revolution des 21. Jahrhunderts zu vollenden.

Der zweite Code

Die wichtigste Botschaft dieses Buches lautet: Fühlen Sie sich nicht als Marionetten Ihrer Gene. Vertrauen Sie darauf, dass Sie Ihre Konstitution, Ihren Stoffwechsel, Ihre Persönlichkeit ändern können. Anders als die Bio-Fatalisten es in den vergangenen Jahrzehnten immer wieder behauptet haben, ist unser Leben nicht bis ins Kleinste vom Erbgut vorbestimmt. Zwar gibt es ein biologisches Schicksal, ein genetisches Programm, das Körper und Geist im Griff hat, das mit festlegt, ob wir krankheitsresistent, dick, langlebig, krebsanfällig, umständlich, liebevoll, suchtgefährdet oder besonders schlau sind, doch haben wir dieses Schicksal ein gehöriges Stück weit selbst in der Hand.

Ändern Sie Ihren Lebensstil – und Sie nehmen biochemische Weichenstellungen vor, die Ihnen und vielleicht sogar Ihren zukünftigen Kindern und Kindeskindern für den Rest Ihrer Zeit auf Erden unauffällig, aber stetig helfen werden. Über die Epigenome prägen die Einflüsse aus der Umwelt und die Folgen des eigenen Handelns manchmal Jahrzehnte im Voraus, was sich bei uns und unseren Nachkommen in Körper und Geist abspielt.

Gleich mehrere Disziplinen machen dank der Epigenetik riesige Fortschritte, zum Beispiel die Forschung an Stammzellen und gegen Krebs.

Besonders spannend ist auch der Einfluss der Epigenetik auf die Alternsforschung. Denn das große Geheimnis der Superalten scheint sich nicht zuletzt in den Epigenomen ihrer Zellen zu verstecken. Die molekularbiologischen Schalter beeinflussen sogenannte Lebensverlängerungsprogramme, die es bei fast allen Organismen gibt, von der Hefe bis zum Menschen. Diese Programme halten – wenn sie denn eingeschaltet sind – einige von uns offensichtlich bis ins höchste Alter gesund und fit.

Auch die Psychologie profitiert: Die Epigenetiker finden nämlich heraus, was den Charakter von Menschen prägt, was die einen zu ängstlichen, schwachen oder gar aggressiven «Persönchen» macht, die anderen zu ausgeglichenen, ruhigen, bindungsfähigen und stabilen Persönlichkeiten. Die neue Wissenschaft beantwortet interessante Fragen: Welche Rolle spielen die ersten Lebensjahre und die Zeit im Mutterleib für die Ausprägung des Gehirns, und was können Eltern tun, damit sich ihre Kinder optimal entwickeln? Was verändert eine Psychotherapie im Denkorgan von Menschen, die beispielsweise eine Depression oder eine Posttraumatische Belastungsstörung haben?

Die Flexibilität der Epigenome erklärt sogar, warum das Lebensumfeld bereits vor der Geburt und in den ersten Lebensjahren die Krankheitsanfälligkeit im Alter entscheidend beeinflusst.

Und auch die Evolutionstheorie muss dank der neuen Disziplin an einer wichtigen Stelle umgeschrieben werden. Denn es ist mittlerweile unbestritten, dass, anders als der große Darwin es lehrte, epigenetisch gespeicherte Umwelteinflüsse manchmal doch vererbbar sind.

Der Molekularbiologe Renato Paro bringt die Faszination an der Epigenetik auf den Punkt: «Zellen können sich dank ihres Epigenoms erinnern», sagt der Professor mit hellem Blick und breitem Lächeln, als ich ihn in seinem brandneuen Basler Institut besuche.

Die Ausstattung der Räume ist vom Feinsten. Offenbar hat auch die Eidgenössische Technische Hochschule Zürich, zu der das Institut gehört, die Bedeutung der neuen Forschungsrichtung verstanden: Das Epigenom verleiht den Zellen ein Gedächtnis – und wenn wir einst durchschauen, wie dieses Gedächtnis funktioniert und es gezielt kontrollieren können, dann halten wir ein unerhört potentes biologisches, pharmazeutisches, diagnostisches, psychologisches und präventivmedizinisches Werkzeug in unseren Händen.

Wäre nicht schon längst entschieden gewesen, dass ich über die biologische Informationsspeicherung jenseits der Gene schreibe, so hätte mich die Begeisterung der beteiligten Forscher, mit denen ich mich in den Monaten meiner intensivsten Recherche unterhielt, garantiert überzeugt. Nachdem die Genetik mit der Entschlüsselung des menschlichen Erbguts schon vor Jahren ihren vorerst letzten Höhepunkt erreicht hat und bislang nur wenig von dem halten konnte, was sie damals versprach, macht sich nun eine neue Generation von Biologen daran, die hochkomplexen Mechanismen der Genkontrolle zu erforschen.

Diese Mechanismen entscheiden letztlich über das Schicksal einer jeden Zelle und damit über den biologischen Weg des gesamten Organismus. Der Freiburger Wissenschaftautor und

Professor für Psychosomatik Joachim Bauer hat diese Erkenntnis vor einigen Jahren in seinem Bestseller «Das Gedächtnis des Körpers» als einer der Ersten trefflich beschrieben. Seine damals noch recht umstrittene These «Das Geheimnis der Gesundheit liegt, was die große Mehrheit aller Krankheiten betrifft, nicht im Text der Gene, sondern in der Regulation ihrer Aktivität» würden inzwischen die meisten Experten unterschreiben.

Der Titel dieses Buchs, «Der zweite Code», gibt also die Kernaussage der Epigenetik wieder: Der erste Code, die Buchstabenfolge der Gene, dominiert nicht alles. Es gibt noch ein weiteres biologisches Informationssystem. Ihm verdankt jede unserer Zellen, dass sie weiß, woher sie kommt, was sie erlebt und wohin sie geht.

Der genetische Code sagt einem Körper, welche Biomoleküle er überhaupt bauen kann; der zweite, der epigenetische Code sagt ihm, wann und wo er welches von den prinzipiell möglichen Biomolekülen tatsächlich bauen soll. Der zweite Code verankert wichtige Information an und im Erbgut, wirkt dabei allerdings auf einer anderen Zeitskala als der erste. Epigenetische Informationen wandeln sich binnen Jahren und Jahrzehnten, reagieren dynamisch auf Veränderungen der Umwelt. Die klassische genetische Evolution à la Darwin braucht für Veränderungen Jahrtausende.

Viele dieser Einsichten fußen zwar auf Experimenten mit Hefepilzen, Pflanzen, Fliegen oder Nagetieren. Doch die meisten Forscher sind von der Übertragbarkeit der Resultate auf den Menschen überzeugt. Teilweise ist diese Übertragung sogar schon gelungen. Und eine Reihe bislang rätselhafter Beobachtungen lassen sich mit Hilfe der Epigenetik endlich erklären. Zudem handelt es sich um grundlegende Prozesse, die in Zellen ablaufen – also auf einer Ebene, auf der wir uns von den Tieren nicht sonderlich unterscheiden.

Mit diesem Buch möchte ich vor allem drei Ziele erreichen: Ich will erklären, was Epigenome sind und wie sie funktionieren. Ich möchte die vielen herausragenden Erkenntnisse präsentieren, die die Epigenetiker bis heute gewonnen haben. Vor allem aber möchte ich die Folgen hervorheben, die diese Einsichten für uns Menschen und unseren Lebensstil haben, möchte Tipps geben, was wir vielleicht schon heute besser machen können, um die Macht, die uns der zweite Code über unser Erbgut verleiht, sinnvoll zu nutzen.

Dabei berufe ich mich ausschließlich auf Aussagen und Prognosen anerkannter Wissenschaftler. So steigt die Chance, dass ein möglichst großer Teil von dem, was in diesem Buch steht, auch noch in ein paar Jahrzehnten Gültigkeit hat.

Um nicht missverstanden zu werden: Zwar dürften sich manche Aussagen im Lichte neuerer Forschung als falsch herausstellen, die Epigenetik an sich wird unser Leben aber schon bald tiefgreifend verändern. Gesundheitspolitiker werden Programme entwickeln, die werdende Eltern psychologisch, finanziell und ernährungswissenschaftlich unterstützen, damit ihre Kinder ein langes, gesundes Leben haben. Wer raucht, wird sich noch mehr als heute rechtfertigen müssen, weil er neben der eigenen Gesundheit auch das Wohlergehen seiner ungeborenen Kinder und Enkel gefährdet. Und manche Chemikalien, die derzeit weit verbreitet sind, werden verboten sein, weil sie die Epigenome unserer Zellen verändern.

Es wird aber auch neue Medikamente geben, die effektiv gegen Krebs, Depressionen und viele andere Leiden helfen, indem sie eine falsche epigenetische Programmierung rückgängig machen. Die Stammzelltherapie wird endlich zur Anwendung kommen, weil es Forschern gelungen sein wird, den epigenetischen Code einzelner Zellen umzuprogrammieren. So werden dank der Epigenetik eines Tages viele Menschen genesen, die heute als unheilbar krank gelten.

Im Jahr 2006 gab es bereits den ersten Medizinnobelpreis für eine Entdeckung aus der Epigenetik. Das Nobelkomitee zeichnete die US-Forscher Andrew Fire und Craig Mello für ihre Arbeiten zur sogenannten RNA-Interferenz aus. Dahinter versteckt sich eines von drei Werkzeugen, mit denen Zellen ihr epigenetisches Gedächtnis bilden. Ich bin überzeugt, dass die Erforschung des zweiten Codes noch mehr bahnbrechende Erkenntnisse zutage fördern wird.

Gut möglich, dass einer der vielen Forscher, die ich in diesem Buch zitiere, die ich in ihren Labors besucht oder mit denen ich mich am Rande von Kongressen unterhalten habe, eines Tages ebenfalls den Nobelpreis bekommt.

Gönnen würde ich es allen.

KAPITEL 1
Von der Genetik zur Epigenetik: Warum Gene Schalter brauchen

Das Buch des Lebens

William Jefferson – genannt Bill – Clinton ist noch für ein paar
Monate amtierender Präsident der USA, als er einen feierlichen
Raum im Weißen Haus betritt. Bedächtig schreitet er ans Red-
nerpult, zieht seine zusammengepressten Lippen in die Breite,
wie er es immer tut, wenn es wichtig wird, und verkündet den
zahlreichen internationalen Gästen und Medienvertretern sowie
den staunenden Fernsehzuschauern: «Heute trifft sich hier im
East Room die Welt mit uns, um eine ganz besondere Karte zu
enthüllen.» Es handele sich «ohne jeden Zweifel um die wichtigste, wunderbarste Karte, die die Menschheit je erschaffen hat».

Es ist der 26. Juni 2000. Clinton ist nicht allein. Zwei Helden
stehen neben ihm, begnadete Molekularbiologen alle beide:
rechts Francis Collins von den US-amerikanischen National Institutes of Health, Sprecher des aus öffentlichen Geldern finan-
zierten internationalen Humangenomprojekts; links Craig Venter
von der privaten Firma Celera Genomics. Die Teams der beiden
hatten sich in den vorangegangenen zehn Jahren einen erbitter-
ten Wettkampf geliefert. Es ging um nichts Geringeres als darum,
die biologische Essenz des Menschen zu entschlüsseln – dachte
man zumindest.

In diesem Moment hat Craig Venters mit viel Ehrgeiz und un-
erschöpflichen privaten Geldern vorwärtsgetriebenes Team die
Nase deutlich vorn, doch die Kontrahenten haben sich für den
öffentlichkeitswirksamen Event zusammengerauft. Gemeinsam

präsentieren sie, was sie die «Arbeitsversion» der menschlichen Genomkarte nennen: Auf ihren Graphiken sind 97 Prozent der Buchstaben des menschlichen Gencodes eingetragen. Das «Buch des Lebens», so Clinton und die Forscher, wurde endlich lesbar.

Historischer Moment. US-Präsident Bill Clinton stellt am 26. Juni 2000 mit Craig Venter, Direktor von Celera Genomics (links), und Francis Collins, Sprecher des Humangenomprojekts (rechts), auf einer Pressekonferenz im Weißen Haus die Rohfassung des menschlichen Gencodes vor.

Via Satellit kommentieren Genetiker in Paris, London, Peking, Tokio und Berlin die Resultate. Auch der britische Regierungschef Tony Blair ist zugeschaltet. Die beiden Politiker eilen von einem verbalen Höhepunkt zum nächsten: Die Genkarte sei ungleich wichtiger als die Landkarte Amerikas, die sein Amtsvorgänger Thomas Jefferson im gleichen Raum vor 200 Jahren präsentiert hat, sagt Clinton. Und dann gratuliert er Blair, denn die Lebenserwartung seines kürzlich geborenen Sohnes sei soeben schlagartig um 25 Jahre gestiegen. Die häufigsten Volkskrankheiten wie Krebs, Parkinson, Alzheimer oder Diabetes wären mit Hilfe der neuen Daten in absehbarer Zeit heilbar.

Die Euphorie scheint berechtigt. Denn die Forscher können nun endlich fast vollständig den 3,3 Milliarden Buchstaben umfassenden Text lesen, den die Sprossen der spiralförmig ineinandergewundenen Leiter der Erbsubstanz eines Menschen bilden. Diese Leiter ist die berühmteste Doppelhelix der Welt, die sogenannte *Desoxyribonukleinsäure*, kurz DNS genannt und besser bekannt unter ihrer englischen Abkürzung DNA. Die gesamte Erbsubstanz eines Menschen ist auf 46 DNA-Moleküle – die sogenannten Chromosomen – verteilt. 22 Chromosomen kommen doppelt vor. Frauen besitzen zudem noch zwei sogenannte *X-Chromosomen*, Männer ein *X*- und ein *Y-Chromosom*. Pro Paar stammt ein Chromosom vom Vater und eines von der Mutter.

Die gigantisch langen, aber nur rund ein Dutzend Atome dünnen DNA-Riesenmoleküle winden sich durch den Kern einer jeden Zelle. Das Geheimnis ihrer Vererbbarkeit steckt in ihrer besonderen Form, die leicht zu reproduzieren ist: Wenn sich eine Zelle teilt, um Tochterzellen zu bilden, öffnet sie ihre Doppelhelizes wie Reißverschlüsse in der Mitte der Sprossen. Dann ersetzt sie den jeweils fehlenden Leiter-Strang, so dass aus einer DNA zwei identische Tochtermoleküle werden. Jede der Tochterzellen erbt dann eines dieser Moleküle und damit das vollständige Erbgut ihrer Mutterzelle.

Damit sich Menschen fortpflanzen können, bilden sie zunächst Ei- oder Samenzellen, in denen jedes Chromosom eines Typs nur einmal vorkommt. Der Zufall entscheidet darüber, ob es vom zukünftigen Großvater oder von der werdenden Großmutter stammt. Deshalb unterscheiden sich Geschwister genetisch gesehen voneinander, sofern sie keine eineiigen Zwillinge sind. Und deshalb entscheidet der Zufall über das Geschlecht: Erben wir vom Vater das großmütterliche *X-Chromosom*, werden wir weiblich, erhalten wir das großväterliche *Y-Chromosom*, werden wir männlich.

Bei der Befruchtung verschmelzen Samen- und Eizelle schließlich miteinander, und die neue Zelle hat wieder einen vollständigen Satz von 46 Chromosomen. Diese erste, winzig kleine Lebenseinheit enthält damit nahezu alle Informationen, die sie für ihre biologische Entwicklung und spätere Lebensfähigkeit braucht. Aus ihr entsteht über viele Jahre hinweg und nach einem hochkomplexen, größtenteils ebenfalls in der DNA gespeicherten Programm ein neuer erwachsener Mensch mit seinen ganz eigenen, im persönlichen Buch des Lebens gespeicherten Eigenschaften.

Wie die Molekularbiologie auf dem Mond landete

Wenn ein Mensch sein Erbgut vererbt, gibt er also jene in den DNAs gespeicherten Texte weiter, die einen Großteil der Beschaffenheit und Eigenschaften seines Lebens ausmachen. Dieser Umstand erklärt, warum die Genforscher Collins und Venter im Juni 2000 eine so große Aufmerksamkeit erregten. Sie waren die Ersten, die einen fast vollständigen menschlichen Gentext gelesen hatten – einen Text, der nur aus vier verschiedenen Buchstaben besteht: A, C, T und G.

Die Buchstaben stehen für die Basen *Adenin*, *Cytosin*, *Thymin* und *Guanin*, die immer paarweise die Sprossen der leiterförmigen DNA bilden. In ihrer Abfolge versteckt sich letztlich der Bauplan allen Lebens. Denn sie codiert die Struktur der zahllosen verschiedenen Proteine eines menschlichen Organismus.

Jeder Zellbestandteil, jedes Enzym, jeder Botenstoff, jedes dazu passende Empfängermolekül ist im Grunde ein spezielles Protein. Und jede dieser Substanzen wird anhand eines nur ihm zugehörigen Stückchens DNA von jeder unserer Zellen auf immer gleiche Art zusammengebaut. Die genetisch fixierten Unterschiede zwischen Menschen – etwa verschiedene Farben der Augen oder Haare – haben ihre Ursache in kleinen Abweichungen dieser DNA-Codes. Denn diese Abweichungen sind verantwortlich dafür, dass die Zellen des einen Menschen manche Proteine ein kleines bisschen anders konstruieren als die Zellen des anderen. Und andere Proteine zu besitzen bedeutet immer auch, ein wenig anders zu sein.

Chemisch gesehen sind Proteine – auch Eiweiße genannt – lange Ketten aus hintereinander aufgefädelten, relativ einfachen Biomolekülen, sogenannten Aminosäuren. Davon gibt es nur 20 verschiedene. Weil die aber zu beliebigen Mustern aneinandergereiht werden können und daraus ganz unterschiedlich lange Ketten entstehen, weil sich zudem auch mehrere Ketten zusammenballen können, gibt es unvorstellbar viele mögliche Eiweiße.

Das «Perlenmuster» des Proteins sorgt meist ganz von allein dafür, dass sich das Molekül nach seinem Zusammenbau zu einer bestimmten Form faltet. So kann es die ihm zugewiesene Aufgabe im lebenden System erfüllen. Je nach Bedarf lagert eine Zelle zudem andere Stoffe in und um die Proteine ein, etwa Mineralien, die einen Panzer, Zähne oder Knochen härter machen. Theoretisch hat die Natur also unendlich viele Bausteine zur Verfügung, aus denen sie ja auch unendlich viele Farben und Formen zaubert.

Jede Zelle baut in einem Prozess namens *Proteinbiosynthese* exakt die Proteine zusammen, die sie braucht. Ihr Gencode sagt ihr dabei, in welcher Reihenfolge sie die Aminosäuren aneinanderreihen soll. Weil der Code aber nur vier Buchstaben besitzt, mit denen er 20 Aminosäuren kennzeichnen muss, wendet die Natur einen Trick an: Erst ein Dreierpack von DNA-Buchstaben sagt der Zelle, welche «Perle» sie als Nächstes auf die «Eiweißkette» aufzufädeln hat. ACT heißt zum Beispiel Aminosäure Nummer eins, GGC Aminosäure Nummer zwei und CTG Aminosäure Nummer drei. ACTCTGCTGACTGGC heißt dann: «Das Protein, das du baust, enthält zuerst Aminosäure Nummer eins, dann zwei Mal Nummer drei, dann wieder die eins und schließlich die zwei.»

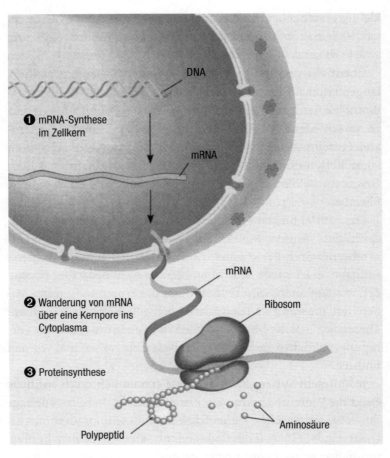

Proteinbiosynthese. Im Zellkern helfen Enzyme, den DNA-Code eines Gens auf eine sogenannte Boten-RNA (mRNA) zu übertragen. Diese wird noch etwas umgebaut und zurechtgestutzt, verlässt dann den Zellkern und bindet an ein Ribosom genanntes Protein, wo nach ihrer Anleitung das neue Protein (Polypeptid) zusammengesetzt wird. Jede Aminosäuren-Art wird von einer auf sie spezialisierten Transport-RNA herbeigeschafft, die nur dann an die Boten-RNA binden und damit ihre Aminosäure an die wachsende Aminosäurenkette anbauen kann, wenn der passende Basencode auf der Boten-RNA auftaucht. So ist garantiert, dass die Zelle ein bestimmtes Gen immer in identische Proteine übersetzt.

Ein Gen ist letztlich das Stückchen DNA-Text, das den Code für ein einzelnes Protein enthält. Üblicherweise gehört dazu noch eine Start- und eine Endsequenz, damit die Biomoleküle, die den Gencode ablesen und in eine Bauanleitung übersetzen, wissen, wo sie anfangen und aufhören sollen.

Zudem kann die Zelle ihre Gene gezielt an- und ausschalten. Denn nur wenn ein Gen tatsächlich abgelesen und in ein Protein übersetzt wird, ist es auch aktiv. Dafür gibt es auf der DNA spezielle Kontrollregionen, die ein oder mehrere nahegelegene Erbgutstücke blockieren oder zum Ablesen freigeben können, je nachdem ob bestimmte Botenstoffe an sie andocken oder nicht. Diese Stellen heißen *Promotoren*. Die Botenstoffe heißen *Transkriptionsfaktoren*.

Niemals sind alle Gene einer Zelle zugleich angeschaltet. Stattdessen übersetzt jede Zelle immer nur einen bestimmten Satz ihrer Gene in Proteine. Dieser Satz heißt Genexpressions- oder Genaktivitätsmuster. Er entscheidet, wie die Zelle aussieht und was sie gerade tut. Allerdings wirkt das Kommando der *Promotoren* nie auf Dauer. Verschwindet ein *Transkriptionsfaktor*, endet auch sein Einfluss.

Mit diesem System kann die Zelle erstaunlich rasch auf neue Anforderungen reagieren. Sie kann damit sogar sehr genau regulieren, welche Gene sie gerade ablesen will und welche nicht. Denn auch die *Transkriptionsfaktoren* sind selbstverständlich Proteine, deren Gene die Zelle an- oder ausschalten kann. Letztlich ist diese Genregulation unfassbar kompliziert. In jeder Zelle existiert nämlich ein hochdynamisches Beziehungsgeflecht aus vielen, sich in ihrem Einfluss gegenseitig verstärkenden oder hemmenden Proteinen. Das aktuelle Genaktivitätsmuster einer Zelle – ihr vorübergehender Zustand – ist die Konsequenz dieses unüberschaubaren Zusammenspiels.

Den Mechanismen der Genregulation verdanken die Zellen also ihre lebensnotwendige Flexibilität. Sie versetzen sie in die Lage, mit ihrer Außenwelt zu kommunizieren. Und das ermöglicht wiederum Körper und Geist, sich auf Umweltveränderungen einzustellen. Allerdings können Zellen auf diesem Weg kaum langfristig speichern, welche ihrer Gene prinzipiell aktivierbar sind und welche nicht. Sie können bestimmte Zustände oder Eigenschaften damit nicht dauerhaft «einfrieren». Das System der *Promotoren* verleiht ihnen weder ein Gedächtnis noch eine Identität.

Dafür sorgen jene biochemischen Strukturen, mit denen sich dieses Buch beschäftigt: die Epigenome. Auch sie steuern die Genregulation, schalten Gene also an und aus. Auch sie können dies als Reaktion auf Botenstoffe und andere Signale tun. Aber ihr Einfluss auf das Genaktivitätsmuster einer Zelle bleibt auch dann noch bestehen, wenn der ursprüngliche Auslöser, der sie an eine bestimmte Stelle des Erbguts gelotst oder von einer anderen entfernt hat, schon lange verschwunden ist.

Die Gene sowie ihre Kontrollregionen sind überall in der DNA verstreut. Kein Wunder, dass im Jahr 2000 die Begeisterung grenzenlos war: Wer den DNA-Text kennt, kennt zumindest theoretisch auch schon alle Proteine des Körpers und ihre Baupläne, kennt das ganze Puzzle, aus dem sich das Leben zusammensetzt.

Nicht nur Clinton, Venter, Collins und Blair waren überzeugt: Das Genom enthält all die bislang verborgenen Geheimnisse der menschlichen Existenz, Informationen über Wachstum und Alterung, Krankheit und Gesundheit, Individualität und Gemeinsamkeit, Körper und Geist. Sie zu ergründen schien endlich im Bereich des Möglichen.

Auch die Mehrheit der Beobachter glaubte in diesem Moment, man müsse nur noch eins und eins zusammenzählen, um die Biomedizin zu revolutionieren. Das sei zwar enorm mühsam und sehr zeitraubend, letztlich habe sich die Tür zur Zukunft aber schlagartig aufgetan. Mit etwas Fleißarbeit und raffinierter Technik habe man das Leben schon bald bis ins Kleinste durchschaut.

32   Kapitel 1   Von der Genetik zur Epigenetik

Dann sollte die Analyse selbst komplexer, bislang unheilbarer Krankheiten kein Problem mehr sein, so die Optimisten. Und dann hielte man sicher schnell die ersten Vertreter einer neuen Generation von hochwirksamen und nebenwirkungsarmen Medikamenten in Händen.

Nicht wenige Journalisten – und ich muss zugeben, ich war einer von ihnen – verglichen diesen Tag mit dem 20. Juli 1969: Sie nannten ihn die «Mondlandung der Biologie». Neil Armstrongs erste Schritte auf dem Mond waren der Höhepunkt des Apollo-Programms und das Sinnbild für die vermeintliche Allmacht von Physik und Technik. Es war der Erfolg des ehrgeizigsten Wissenschaftsprojekts des letzten Jahrhunderts.

Gerade deshalb macht der Vergleich Sinn: Vermutlich war das Humangenomprojekt, das die Forscher im Jahr 2003 endgültig abschlossen, nicht weniger aufwendig und mindestens genauso ehrgeizig wie die Reise zum Mond. Auch diese Expedition war nur möglich geworden, weil modernste Technik den Biologen unter die Arme griff. Immer bessere Sequenziermaschinen, schnellere Computer und perfektionierte Software hatten dafür gesorgt, dass die Forscher zuletzt in fünf Minuten so viel Gentext lesen konnten, wie zur Halbzeit des Projekts, im Jahr 1995, in elf Tagen. Den größten Teil ihrer Arbeit hatten die Forscher in den letzten eineinhalb Jahren erledigt. (Im Jahr 2008 reichen ihnen für die gleiche Menge Gentext übrigens Sekunden. Ein komplettes menschliches Genom ist nach acht Wochen sequenziert.)

Damals ahnte allerdings kaum jemand, dass sich im Rückblick noch eine weitere Parallele zur Raumfahrt ergeben würde: Die Landung auf dem Mond sollte sich als wenig fruchtbar erweisen, denn auf dem Erdtrabanten gab es in Wahrheit nichts zu holen. Und ganz ähnlich erging es den Biologen: Sie mussten schon bald erkennen, dass sie mit dem bloßen DNA-Code weniger anfangen konnten, als sie sich erhofft hatten. Was nun auf dem Tisch lag, war eben lediglich die Hardware. Die Software hatten sie nicht einmal im Ansatz durchschaut. Heute zeichnet sich ab, dass das Genom bei weitem nicht so statisch und unveränderbar ist wie damals angenommen und dass in ihm viel mehr Informationen stecken als nur die bloße Abfolge der Basen.

Immerhin sind die Resultate, die Clinton, Venter und Collins bei jener historischen Pressekonferenz verkündeten, tatsächlich der Anfang einer atemberaubenden Entwicklung geworden, die uns deutlich mehr beeinflussen wird, als es Armstrongs erste Schritte auf dem Mond je konnten. Denn der 26. Juni 2000 markiert nicht nur den Höhepunkt des «genomischen Zeitalters», sondern zugleich den Beginn der «Postgenomik» und liefert damit auch einen der wichtigsten Impulse für das Gebiet der Epigenetik.

Ernüchterung und neuer Aufbruch

Natürlich ist den Forschern auch schon im Jahr 2000 klar, dass ihre eigentliche Aufgabe erst beginnt. Der Code liegt auf dem Tisch, nun gilt es, ihm einen Sinn zu geben – das Buch nicht nur zu lesen, sondern auch zu verstehen. Bisher haben die Genetiker kaum einzelne Gene im riesigen Text des Erbguts identifiziert. Sie hätten vorerst nur «Katalogwissen» gespeichert, schreibt der deutsche Molekularbiologe Jens Reich. Jetzt gehe es darum «auszutüfteln», welche Funktionen die einzelnen Gene haben und inwieweit sie sich von Mensch zu Mensch und zwischen kranker und gesunder Zelle unterscheiden: «Wir stehen am Anfang und keineswegs am Ende.»

Auch Wolfgang Hartwig meint: «Die Aufklärung der Genfunktionen wird zur Jahrhundertaufgabe.» Er leitet damals die Pharmaforschung des Bayer-Konzerns. «Bislang kennt man gerade 500 sinnvolle Angriffspunkte für Medikamente. Dank des Humangenomprojekts dürften noch einmal 5000 dazukommen.»

Alle großen Pharmafirmen haben zu diesem Zeitpunkt schon längst begonnen, in den öffentlich zugänglichen Datenbanken der Genforscher nach medizinisch verwertbaren Informationen zu schürfen, und entwickeln Strategien, diese im Dienst der Menschen und zur Erweiterung ihrer Produktpalette zu nutzen.

Natürlich hoffen die Hersteller auf viele neue Erfolgsmedikamente – und auf das ganz große Geld. Die Wirtschaft befinde sich «im Genrausch», sagt Hartwig. Von den rund 30 000 bekannten Erkrankungen sei derzeit nur ein Drittel behandelbar. Das werde die Genforschung ändern. Allein Bayer werde «im Jahr 2004 zwanzig Entwicklungskandidaten für neue Medikamente präsentieren».

Heute sind die Experten kleinlauter. Denn die wenigsten Krankheiten lassen sich allein durch klar definierbare Veränderungen im Erbgut erklären. Die weitaus meisten entstehen nicht einfach deshalb, weil der Körper einzelne Proteine aufgrund einer Mutation der DNA verkehrt zusammenbaut.

Dummerweise ist die Wirklichkeit viel komplizierter. Selbst als die Forscher immer mehr Gene identifizieren und bei einer zunehmenden Zahl auch noch herausbekommen, an welchen Prozessen sie beteiligt sind, finden sie kaum neue Angriffspunkte für Medikamente. Viel zu selten hat ein Gen eine scharf umrissene Aufgabe. Und noch seltener sorgt ein Stottern dieser Funktion dann tatsächlich für ein klar eingrenzbares, bereits bekanntes Krankheitsbild. So lässt der große Pharma-Boom bis heute auf sich warten – und wird vermutlich in dieser Form nie kommen.

Selbst Craig Venter gibt mittlerweile zu: «Im Rückblick waren unsere damaligen Annahmen über die Funktionsweise des Genoms dermaßen naiv, dass es fast schon peinlich ist.» Das Wechselspiel der Gene ist so komplex, dass es niemand allein deshalb versteht, weil er die beteiligten Akteure kennt. Die ersten Aussagen der Genforscher kurz nach ihrer «Mondlandung» muten heute an, als wolle ein unwissendes Kind herausfinden, wie es die Zeit messen kann, indem es die unzähligen, klitzekleinen Einzelteile einer Armbanduhr vor sich auf dem Tisch betrachtet: Zahnrädchen, Schrauben und Federn, allesamt säuberlich, aber zusammenhanglos nebeneinander platziert.

Die Genetiker müssen noch erkunden, welches Gen zu welchem Zeitpunkt und im Zusammenspiel mit welchen anderen Genen welche Aufgabe übernimmt. Fast alle biochemischen Prozesse innerhalb einer Zelle sind über das hochkomplexe Räderwerk der Genregulation miteinander verzahnt.

Das ist indes nicht alles: Der Wissenschaftsjournalist Ulrich Bahnsen titelte 2008 in der Zeit treffend vom «Erbgut in Auflösung». Das Genom sei kein stabiler Text. Tatsächlich sind Veränderungen im und um das Genom lebenswichtiger Bestandteil der menschlichen Existenz und nicht etwa ein Krankheitsauslöser, wie man früher dachte. «Jeder Organismus, jeder Mensch, selbst jede Körperzelle ist ein genetisches Universum für sich», schreibt Bahnsen.

Gene können sich zum Beispiel bis zu 16-mal vervielfachen, damit die von ihnen codierten Proteine häufiger produziert werden können. Dabei verändern sich manchmal die Kopien; sie können sich zerstückeln oder ihren Code umkehren und an anderer Stelle im Erbgut wieder neu zusammengebaut einlagern. Als sogenannte Transposons, übertragbare Elemente, sind diese veränderten Gene ein mobiler Bestandteil der DNA, hüpfen herum und spielen mit ihr wie mit einem riesigen Baukastensystem. Das gesamte Genom baut aus funktionierenden Genen immer wieder neue Varianten zusammen, die eines Tages vielleicht etwas nutzen könnten.

Damit sie vorerst aber keinen Schaden anrichten, stellt die Zelle sie stumm – übrigens mit Hilfe eines epigenetischen Tricks, den ich später noch erklären werde. Nach der Meinung vieler moderner Genetiker dienen die übertragbaren Elemente als Vorsorge für schlechte Zeiten. Wenn die Lebensbedingungen sich dramatisch verschlimmern und eine «Antwort» des Genoms nötig wird, kann die Zelle sie nämlich «von der Leine» lassen und aktivieren, sagt der Psychosomatiker und Autor Joachim Bauer.

Hinzu kommt, dass der weitaus größte Teil des Erbguts gar nicht aus Genen besteht. Diesen Rest, in dem sich unter anderem die ruhiggestellten *Transposons* befinden, betrachteten die Genetiker jahrzehntelang als überflüssigen, informationslosen Ballast. Sie bezeichneten ihn verächtlich als «Junk», also Müll. Doch der Müll scheint gar nicht so überflüssig zu sein. Einige seiner Bestandteile haben sich im Laufe der Jahrmillionen während Evolution vom Wurm zum Menschen kaum verändert. Das ist nur denkbar, wenn sie eine bedeutende Aufgabe erfüllen.

Immerhin gibt es inzwischen einige Hinweise darauf, welche Informationen die Müll-DNA speichert und welche Aufgaben sie übernimmt. Auch da hat übrigens die Epigenetik ihre Finger im Spiel.

Wie viele Gene hat der Mensch?

Die Elite der Molekularbiologen trifft sich alljährlich unweit von New York an der beschaulichen Küste von Long Island zum *Cold Spring Harbor Symposium*. Im Mai 2000 geht es dort – wie sollte es anders sein – um die Sequenzierung des Humangenoms und deren Auswirkungen auf die gesamte Biologie. Was die Köpfe der Fachleute besonders rauchen lässt, ist das *C value paradox*. Dahinter verbirgt sich die Frage, warum die Komplexität von Organismen sich nicht in der Größe ihres Erbguts widerspiegelt. Der bloße DNA-Text des Weizens ist zum Beispiel fünfmal länger als der des Menschen, der einer bestimmten Amöbe 200-mal. Das Erbgut der Hefe, ebenfalls ein einzelliger Organismus, ist dagegen 200-mal kleiner als das des Menschen.

So weit haben die Forscher mit der Antwort kein Problem: Zum einen besäßen verschiedene Wesen unterschiedlich viel Müll-DNA, sagen sie. Zum anderen könnten Gene innerhalb eines Genoms ja auch mehrfach vorliegen. Beides erhöhe die Komplexität eines Wesens zwar nicht, vergrößere sein Genom aber mitunter beträchtlich.

Folgerichtig entwickeln die Molekularbiologen eine neue These: Die Komplexität des Organismus hänge vor allem von der Zahl unterschiedlicher Gene ab, die wie kleine Inseln im mehr oder weniger riesigen Ozean des ansonsten nutzlosen Genoms verstreut seien. Selten hat sich eine ganze Wissenschaftlerzunft so sehr geirrt.

Zwar haben Molekularbiologen und Bioinformatiker im Jahr 2000 mit ausgefeilten Computerprogrammen bereits einige tausend menschliche Gene im gigantischen DNA-Text entdeckt, doch dämmert es den Protagonisten des Genrausches bereits, dass sie am Ende deutlich weniger Zählbares in den Händen halten könnten, als sie früher gedacht haben.

Zuletzt hatte man immer geschätzt, der Mensch habe ungefähr 100 000 verschiedene Gene. Das wäre etwa viermal so viel, wie zum Beispiel die Ackerschmalwand besitzt, und würde bestens erklären, warum wir so viel komplexer sind als das kleine Pflänzchen. Doch als der Gencode der ersten vollständig entschlüsselten Chromosomen ausgewertet ist, kommen die Forscher ins grübeln. Da sind so wenig sinnvolle Abschnitte unter den scheinbar sinnlosen Gesamttext gestreut, dass viele die Schätzung für das vollständige Erbgut nach unten revidieren.

Die Verunsicherung in Cold Spring Harbor ist also groß. Und weil Naturwissenschaftler immer auch ein bisschen Spielernaturen sind, kommt dem britischen Genetiker Ewan Birney eine famose Idee. Er bittet die Teilnehmer des Symposiums zum *Gene-Sweep*. Jeder soll schätzen, wie viele verschiedene Gene man im menschlichen Genom eines Tages tatsächlich dingfest machen werde. Dann dürfen die Mitspieler bis zu 20 US-Dollar setzen und ihren Tipp samt Namen in Birneys Kladde schreiben. Im Jahr 2003 soll jener Teilnehmer das gesamte Geld erhalten, der am nächsten dran gewesen ist.

Nichts bringt die Unwissenheit der Genetiker besser auf den Punkt als die Zahlen, die Ewan Birney danach in seinem Büchlein findet: Die Schätzungen der Kollegen schwanken zwischen 27 000 und 160 000 Genen. Im Mittel tippen sie auf 50 000. Offenbar haben selbst die Teilnehmer dieses Expertentreffens nicht die geringste Ahnung, wie viele Gene der Mensch besitzt. Und das, obwohl gerade sie es sind, die seit geraumer Zeit mit der Entschlüsselung des Erbguts solche Gene peu à peu zutage fördern, und es sicher kaum einen Menschen gibt, der die richtige Antwort im *Gene-Sweep* zu diesem Zeitpunkt besser voraussagen könnte als die Genetiker selbst.

Es kommt noch schlimmer: In den folgenden Jahren werden die Wissenschaftler ihre Schätzung mit jeder neuen Analyse des Erbguts nach unten korrigieren müssen. Schon 2003 ist klar, dass wir nicht mehr als 30 000 Gene haben. Die einzigen drei Forscher, die im *Gene-Sweep* unter dieser Grenze lagen, teilen sich die Gewinnsumme von immerhin 1200 Dollar.

Doch selbst diese Superpessimisten waren noch zu optimistisch: Heute gehen die Experten davon aus, dass wir gerade mal 22 000 Gene haben. Und wenn dieses Buch erscheint, ist die Zahl vermutlich sogar weiter gesunken, liegt bei 20 000 oder, wie manche mittlerweile denken, bei nur 18 000.

Denn immer wieder entpuppen sich DNA-Bestandteile, denen Forscher ursprünglich einen Sinn unterstellt hatten, bei genauerer Analyse als Pseudo-Gene. Sie sehen zwar aus wie ein Gen, aber aus ihnen lässt sich in Wahrheit gar kein Bauplan für ein Protein ableiten. Manche sind uralte Relikte, wurden vor Jahrmillionen von einem krankheitsauslösenden Virus in das Erbgut eingeschleust und überdauern seitdem als nutzloses, genähnliches Fragment. Solche Überbleibsel blähen zum Beispiel gerade das Erbgut vieler Pflanzen gewaltig auf, da diese sich nicht so leicht gegen Viren wehren können wie Tiere.

Selbst bei uns Menschen macht der Text der Gene – manche sagen auch die «echte Erbinformation» – nur lächerliche einenhalb Prozent des gesamten Erbguts aus. Im Rest verbergen sich vermutlich noch eine Menge wichtiger Geheimnisse.

Vergleicht man die Gene der vielen Modellorganismen, deren Erbgut bis heute entschlüsselt wurde, wird auf jeden Fall eins deutlich: dass die Mengen verschiedener Gene keine Antwort auf das *C value paradox* liefern. Beim Fadenwurm taxieren Forscher die Zahl der Gene derzeit auf etwa 20 000, bei der Fruchtfliege auf 14 000 und im Genom der Ackerschmalwand sogar auf 25 000. Spitzenreiter sind Getreidepflanzen mit bis zu 60 000 verschiedenen Genen.

Warum Mensch und Schimpanse so verschieden sind

Wie kann das sein? Der Mensch, die selbsternannte Krone der Schöpfung, dieses wunderbar komplizierte Wesen, das über 200 verschiedene Zelltypen verfügt, zig Organe besitzt, insgesamt aus Billionen von Zellen besteht, bis zu 120 Jahre alt werden kann und mit seinem großen Gehirn das komplexeste Ding im ganzen Universum sein Eigen nennen darf, dieser Mensch hat weniger Gene als ein Unkraut und kaum mehr als der einen Millimeter kleine Fadenwurm *Caenorhabditis elegans*. Der besteht gerade mal aus exakt 959 zumeist gleichförmigen Zellen und stirbt nach ein paar Wochen.

Wo, wenn nicht in den Genen, ist all unsere Besonderheit gespeichert? Irgendwoher muss der Unterschied zwischen Mensch und Wurm doch kommen? Ganz allmählich finden die Forscher erste Antworten auf diese Fragen und geben uns unser Selbstbewusstsein zurück. Und eine der besonders wichtigen Antworten stammt aus der Epigenetik.

Zum einen sind Zellen höherer Organismen dank einiger Tricks in der Lage, aus dem Bauplan eines Gens mehrere verschiedene Proteine zu bauen. Das erhöht natürlich ihre Komplexität. Zum anderen verdanken sie ihre Besonderheit vor allem der enormen Verflechtung ihrer zahllosen genetischen Regelkreise. Die Entscheidung, welches Protein wann, in welcher Menge und Form und gemeinsam mit welchem anderen Protein gebildet wird, fällt in hochkomplexen Netzwerken. Und diese Netzwerke können sehr viele verschiedene Genaktivitätsmuster hervorbringen.

Weil aber so gut wie kein Protein nur eine isolierte Funktion übernimmt, sondern seine Arbeit immer im Verbund mit anderen Proteinen erledigt, zaubern die sich wandelnden Genaktivitätsmuster aus dem gleichen Genom zu unterschiedlichen Zeitpunkten völlig verschiedene Gesamtzustände hervor. Je mehr verschiedene solcher Muster möglich sind, desto komplexer muss ein Lebewesen zwangsläufig sein. Dadurch kann zum Beispiel die menschliche Zelle trotz ihrer begrenzten Zahl an Genen deutlich mehr Eigenschaften besitzen als die Zelle eines Wurms.

Das entscheidende Stichwort heißt folglich Genregulation: Je komplexer sie ist, desto komplexer ist der zugehörige Organismus. Auch der Weg von der befruchteten Eizelle zu einem fertigen, ausgewachsenen und geschlechtsreifen Organismus wird von sich wandelnden Genregulationsmustern bestimmt. Im Laufe dieser biologischen Entwicklung verändern sie sich systematisch und nach einem auf Stunden, Wochen und Jahre im Voraus festgelegten Plan. Je vielschichtiger, langwieriger und ausgefeilter diese Entwicklung ist, desto komplexer ist das spätere Wesen – völlig unabhängig von der Zahl seiner Gene.

Biochemische Systeme, die die Aktivität einzelner Gene und

ganzer Gengruppen überwachen, sind demnach für das Besondere an uns Menschen mindestens so wichtig wie der bloße Gentext selbst. Und eines der wichtigsten dieser Systeme bilden die epigenetischen Schalter.

Im Rahmen der Genregulation räumen Experten dem besonders beständigen zweiten Code mittlerweile sogar eine herausragende Rolle ein. «Epigenetische Mechanismen scheinen in der Tat für einen bemerkenswerten Teil des Erscheinungsbildes komplexer Organismen verantwortlich zu sein», sagt Gary Felsenfeld, renommierter Epigenetiker an den National Institutes of Health in Bethesda, USA.

Als Wissenschaftler diese Dinge in den vergangen Jahren entdeckten, schwand zwar die Hoffnung auf die ganz schnellen Erfolge in der Biomedizin. Die Genetik war dafür schlicht zu kompliziert geworden. Es wuchs jedoch die Freude, einige rätselhafte Phänomene endlich erklären zu können. So schien die Frage, warum der Mensch trotz seiner vergleichsweise geringen Zahl an Genen so hoch entwickelt ist, endlich geklärt: Er besitzt eine komplexere Genregulation und durchläuft eine aufwändigere Entwicklung als die meisten anderen Organismen. Vor allem das Gehirn hat viel mehr Zeit zu lernen als bei allen anderen Wesen.

Auch die Ursache für die Vielfalt unter den Menschen selbst lässt sich heute viel besser verstehen als früher: Genetisch gesehen sind alle Menschen zwar so gut wie identisch; winzige Unterschiede können die Regulation des Erbguts aber spürbar beeinflussen und so vergleichsweise deutliche Variationen hervorbringen. «Analysieren wir die Genaktivität, finden wir viel mehr Unterschiede zwischen Individuen, als die reine Genanalyse erwarten ließe», verrät Jörn Walter, Professor für Genetik an der Universität des Saarlandes in Saarbrücken und einer der führenden deutschen Epigenetiker.

Selbst auf die Frage, warum Mensch und Schimpanse trotz

nahezu gleicher Genome so grundlegend verschieden sind, gibt es laut Walter endlich Antworten: «Die genetischen Unterschiede zwischen Mensch und Schimpanse sind zwar gering, die epigenetischen Unterschiede scheinen aber viel größer zu sein.»

Im Jahr 2005 gaben Molekularbiologen die vollständige Entschlüsselung des Schimpansenerbguts bekannt. Die Übereinstimmung ist verblüffend: Die Gentexte von Mensch und Menschenaffe gleichen sich zu 98,7 Prozent. Damit ist der Schimpanse das mit uns am engsten verwandte Tier – und sollte uns eigentlich noch viel ähnlicher sein, als er es ohnehin schon ist.

Der letzte gemeinsame Vorfahr lebte vor etwa sechs Millionen Jahren. Im Laufe dieser Zeit hat die Evolution nur bei 35 Millionen der 3,3 Milliarden Buchstaben des Gentextes Unterschiede zwischen den Arten zugelassen. Und die allermeisten dieser Abweichungen wirken sich auf die Proteine und ihre Funktion überhaupt nicht aus. Von den Unterschieden seien «höchstens einige tausend oder zehntausend wichtig», sagt Svente Pääbo, an der Entschlüsselung des Schimpansengenoms beteiligter Direktor am Max-Planck-Institut für evolutionäre Anthropologie in Leipzig. «Und die suchen wir.»

Am spannendsten sind natürlich jene Veränderungen, die direkt oder indirekt über die Epigenetik in die Genregulationsnetzwerke und die Entwicklungsprozesse eingreifen. Sie dürften regelrechte Dominoeffekte anstoßen und haben deshalb das Potenzial, ganze Gewebe und letztlich den gesamten Organismus tiefgreifend umzukrempeln.

Schon lange vermuten Pääbo und Kollegen, dass der menschliche Sonderweg vor allem auf Veränderungen der Genaktivität im Gehirn zurückzuführen ist. Mit seinem Mitarbeiter Philipp Khaitovich analysierte Pääbo deshalb, welche Gene in mehreren verschiedenen Gewebsarten von Mensch und Schimpanse besonders aktiv sind. Zunächst schien das Resultat die Theorie auf absurde

Weise zu widerlegen: Der Unterschied bei der Genregulation ist zwischen Affe und Mensch ausgerechnet im Hodengewebe am größten und im Gehirn am kleinsten.

Doch bald fand sich für dieses Phänomen eine Erklärung, die unsere Menschenehre rettet. Bei den männlichen Geschlechtsorganen haben sich unsere nächsten Verwandten offenbar so weit von uns fortentwickelt, weil sie sexuell wesentlich freizügiger als wir sind. Deshalb müssen sie viel mehr und viel lebhaftere Spermien produzieren. Und dass sich zwischen den Gehirnzellen die geringsten Unterschiede zeigen, deutet Pääbo so: Das Optimierungspotenzial des Denkorgans war schon beim gemeinsamen Vorfahren von Mensch und Schimpanse weitgehend ausgereizt. Die Komplexität der genregulatorischen Netzwerke des Gehirns sei bereits enorm hoch gewesen.

Ausschlaggebend für das Ausmaß der Evolution ist also nicht nur, wie groß oder klein der biochemische Unterschied zwischen zwei verwandten Organismen ist, sondern auch, wie groß seine Wirkung ist. Ein vergleichsweise kleiner Eingriff in die Genregulation des Gehirns hat uns also wahrscheinlich vom Tierreich entfernt. Der Mensch hat das winzige Optimierungspotenzial, das vor sechs Millionen Jahren noch im Gehirn seiner Vorfahren steckte, ausgenutzt – der Schimpanse nicht.

Die neue Freiheit

Organismen erhöhen ihre Komplexität also nicht nur über eine Abwandlung der Gene, sondern auch über Veränderungen der Genregulation, die den Gentext unberührt lassen. Doch damit nicht genug: Mit den gleichen Ansätzen können molekularbiologische Systeme mit ihrer Umwelt kommunizieren.

Dieser Informationsaustausch findet auf drei Zeitebenen statt: Die erste liegt im Sekunden- bis Tagesbereich. Ihre Akteure sind bestimmte Signalproteine, die schon erwähnten *Transkriptions-faktoren*. Sie binden an die Kontrollregionen der DNA, die *Promotoren*. Dadurch schalten sie Gene oder ganze Gruppen von Genen kurzfristig an oder aus. Mit diesen Werkzeugen können die einzelnen Zellen eines Lebewesens sehr schnell und flexibel reagieren. Sie verschaffen ihnen eine Art Kurzzeitgedächtnis, schenken ihnen aber nicht die Fähigkeit, Informationen dauerhaft zu speichern.

Wenn zum Beispiel eine Zelle der Bauchspeicheldrüse auf ihrer Oberfläche misst, dass der Blutzuckerspiegel sinkt, sendet sie als Reaktion Signale Richtung Zellkern. Die lösen dann das Ablesen des Insulin-Gens aus. Dadurch erzeugt die Zelle das Hormon, das sie schließlich als Antwort auf den Kontakt mit dem Botenstoff ausschüttet, was wiederum andere Zellen veranlasst, den Blutzuckerspiegel steigen zu lassen.

Die Evolution braucht dagegen viele Jahrtausende, bis sie eine Antwort auf einen Reiz aus der Umwelt findet. Sie beruht auf zufälligen Veränderungen des DNA-Textes, die sich aber erst im Laufe einiger Generationen – und auch nur, wenn sie Vorteile bringen – bei den Nachfahren eines Lebewesens durchsetzen. Das kann langfristig zur Entstehung neuer Arten führen, die besonders gut an bestimmte Umweltbedingungen angepasst sind, wirkt sich aber auf die Individuen nicht spürbar aus.

Zwischen diesen beiden Extremen arbeiten die Schalter der Epigenome, die eine Art Langzeitgedächtnis der Zellen bilden. Sie sind für uns Menschen so bedeutsam, weil sich ihr Einfluss über genau das Zeitfenster erstreckt, in dem sich unsere Existenz abspielt: Monate, Jahre bis hin zu einem ganzen Leben und vielleicht noch über ein paar weitere Generationen hinweg.

«Für das Individuum ist das Konzept der Epigenetik so wichtig, weil es einen so überschaubaren Zeitrahmen beschreibt», weiß der Saarbrücker Epigenetiker Jörn Walter: Wir Menschen täten uns schwer damit, über viele Generationen hinweg zu denken. Das müssten Genetiker und Evolutionsforscher aber tun, während Epigenetiker sich mit den Anpassungen eines Einzelnen an seine individuelle Umwelt auseinandersetzen und dabei maximal noch die Auswirkungen auf die Kinder und Enkel im Blick haben.

Anders als der Gencode verschwindet der epigenetische, zweite Code fast vollständig, wenn ein Wesen stirbt, und wird im Zuge der geschlechtlichen Zeugung eines neuen Gesamtorganismus wieder neu aufgebaut – allerdings in einer etwas anderen Form als bei den jeweiligen Eltern. Wie die neuen Epigenome dann aussehen und wie sie sich im Laufe eines Lebens wandeln, ist auch eine Reaktion auf Signale von außen.

Eine der zentralen Aufgaben epigenetischer Schalter ist also, zwischen der Umwelt und dem Erbgut zu vermitteln. Denn wechselnde Lebensbedingungen stoßen Veränderungen des zweiten Codes an. Dadurch verstellen sie das Genaktivitätsmuster einzelner Zellen. Körper und Geist wandeln sich.

Und was besonders wichtig ist: Diese Veränderungen wirken auch noch weiter, wenn das ursprüngliche Signal aus der Umgebung einer Zelle schon lange verschwunden ist. Das erklärt, warum frühkindliche Erfahrungen unseren Charakter zeitlebens prägen können oder die Ernährung unserer Mutter während der Schwangerschaft dafür mitverantwortlich sein kann, dass wir später Diabetes bekommen. Dank ihrer Epigenome können sich Organismen für die Dauer ihres Lebens auf wechselnde Umstände einstellen, ohne sich grundlegend – sprich im Text ihres Erbguts – verändern zu müssen. Der zweite Code sorgt für eine Anpassung des Lebewesens an seine Umgebung, die so flexibel wie möglich und so beständig wie nötig ist.

Die Natur hat es also geschafft, die Außenwelt gezielt an ihr Innerstes – das Erbgut – heranzulassen. «Die Epigenetik ist die stoffliche Basis für die Kommunikation zwischen Umwelt und Genom», sagt es kurz und prägnant Albert Jeltsch, Biochemiker

46   Kapitel 1   Von der Genetik zur Epigenetik

von der Jacobs University in Bremen. Das klingt einfach – und hat doch sehr weitreichende Folgen.

So verschafft uns Menschen der Gedanke einer Kommunikation zwischen Erbe und Umwelt eine völlig neue Freiheit. Indem wir unser Leben ändern, ändern wir zwangsläufig die Beziehung zu unserer Umwelt und beeinflussen damit unser biologisches Erbe. «Die Epigenetik beschert uns die Freiheit, als unverwechselbare, einmalige Individuen zu leben», sagt der Freiburger Epigenetiker Thomas Jenuwein. Mit Hilfe der Epigenetik können wir selbst am Bild unseres Lebens malen, das die von unseren Vorfahren geerbte genetische Information nur grob skizziert hat.

Dass diese Freiheit auch eine zweite Seite hat, betont Jenuweins Kollege Moshe Szyf von der Universität in Montreal, Kanada: «Die Epigenetik schenkt uns die Verantwortung für unser Handeln zurück.» Was ich in der Einleitung schon andeutete, wird an dieser Stelle allmählich greifbar: Wir haben unser Schicksal ein Stück weit selbst in der Hand – in eine gute, aber auch in eine schlechte Richtung.

Offenbar ist der zweite Code für lebendige, sich mit ihrer Umgebung austauschende Zellen so wichtig, dass sie sich nicht mit einem einzigen epigenetischen System begnügen. Für das epigenetische Programm einer Zelle – für ihre Identität und ihre Anpassung – sind nach derzeitigem Wissensstand drei biochemische Schalterstrukturen besonders wichtig: Das sind zum Ersten sogenannte Methylgruppen, die sich direkt an die DNA anlagern und Gene abschalten. Zum Zweiten gibt es chemische Veränderungen an den Proteinen, um die sich die DNA wickelt. Diese Veränderungen machen ganze DNA-Stücke ablesbar oder unablesbar. Und zum Dritten gibt es kleine, DNA-ähnliche Moleküle, die verhindern, dass bereits abgelesene Gene in Proteine übersetzt werden.

Diese drei bedeutendsten Epigen-Schaltersysteme und ihre Arbeitsweise möchte ich in den folgenden Abschnitten so knapp wie möglich vorstellen. Dazu müssen wir uns ein wenig genauer mit den biochemischen Zusammenhängen auseinandersetzen. Wer sich darauf nicht einlassen möchte, kann diese Passagen gerne überblättern und die Lektüre mit dem zweiten Kapitel fortsetzen. Dieses Buch wäre allerdings kein Buch über Epigenetik mehr, wenn es nicht erklärt, was es mit Methylgruppen, dem Histon-Code und der RNA-Welt auf sich hat. Denn damit beschäftigen sich – grob geschätzt – 95 Prozent der Epigenetiker.

Methylgruppen: Riegel in der DNA

Ach, was war die Biologie doch früher schön einfach und übersichtlich, als es noch um die Bienchen und die Blümchen ging, darum, die Vielfalt der belebten Natur zu ordnen und zu beschreiben! Heute treiben die Biologen so komplizierte Dinge um wie Hirnforschung, Systembiologie oder Molekulargenetik.

Da passiert es selbst einem promovierten Biologen wie mir, dass er in einem Hörsaal sitzt, äußerst kompetenten, angesehenen und größtenteils sogar habilitierten Biologen interessiert zuhört – und vieles nicht versteht. Diese Erfahrung musste ich machen, als ich im Juli 2008 in Berlin auf einer internationalen Epigenetik-Konferenz zu Gast war. Damals kannte ich mich eigentlich schon sehr gut mit dem Thema aus. Ich hielt mich fast schon für einen Experten. Doch hatte ich unterschätzt, wie kleinteilig und detailverliebt Grundlagenforschung nun mal sein muss.

Bei der Konferenz handelte es sich um eine reine Arbeitstagung. Die Forscher präsentierten ihre neuesten – nicht ihre aufregendsten – Resultate und hofften, die Disziplin damit ein klitzekleines Stück voranzubringen. Mit solchen Vorträgen ist es wie mit den Fachpublikationen: Auf eine wissenschaftliche Studie, die von Journalisten aufgegriffen wird, kommen Tausende,

48   Kapitel 1   Von der Genetik zur Epigenetik

die vielleicht weniger spannend für die Öffentlichkeit sind, ohne die Fortschritt aber undenkbar wäre. Erst die massenhafte, auf den ersten Blick nahezu sinnlose Grundlagenarbeit legt das Fundament für die raren, großen Resultate, die einen ganzen Wissenschaftszweig schlagartig voranbringen.

Hier in Berlin stellten also die führenden Epigenetiker Europas einige ihrer aktuellen Ergebnisse vor. Lauter nette Leute, die mir in den Pausen zwischen den Sitzungen auch vortrefflich erklären konnten, woran sie arbeiteten. Ihre Vorträge selbst beschäftigten sich jedoch nur mit einem kleinen Ausschnitt davon. Einige waren derart abgehoben, dass ich nicht mehr folgen konnte.

Ich war schon kurz davor, mein Buchprojekt zu begraben, da gestanden mir die Experten verschämt lächelnd, dass sie von den Referaten ihrer Kollegen manchmal auch nur Bruchstücke begriffen. Forscher nehmen heute von Tagungen fast nur noch jene Dinge mit, die sie in ihre eigene Arbeit einbinden können. Umso mehr kann sich ein populärwissenschaftliches Buch auf das beschränken, was der Leser unbedingt wissen muss, um das Thema zu verstehen und die spannenden Schlussfolgerungen nachzuvollziehen.

Ein bisschen Biochemie muss an dieser Stelle also sein. Aber nicht mehr als nötig.

Ein Teil der Berliner Vorträge kreiste um Substanzen namens *DNA Methyltransferasen*, kurz *DNMTs* genannt. Davon gibt es vier verschiedene. Auch wenn man ihren Namen schnell vergessen darf, ihre Funktion ist so bedeutend, dass sie sich jeder einprägen sollte: Die *DNMTs* bauen klitzekleine, aber äußerst wirkungsvolle Riegel in die Erbsubstanz und schalten damit Gene aus. Sie haben folglich die Macht, zu entscheiden, welche Proteine eine Zelle produziert und welche nicht.

Die Riegel sind sogenannte Methylgruppen, also denkbar simple chemische Strukturen, bestehend aus einem Kohlenstoff-

und drei Wasserstoffatomen. Die DNMTs docken diese Gruppen bei Bedarf dauerhaft an einen der vier Buchstaben des Gentexts an, genau genommen an die Base *Cytosin*. Ist dieses *Cytosin* dann methyliert, wie die Chemiker sagen, können Proteine, die den Gentext ablesen, nicht mehr an die Doppelhelix binden. Das zugehörige Gen ist ausgeschaltet.

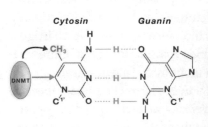

DNA-Methylierung. Links: Die Basen *Cytosin* und *Guanin* bilden immer gemeinsam eine Sprosse des DNA-Moleküls, weil sie die Wasserstoffatome (H) der jeweils anderen Base anziehen (Wasserstoffbrücken). Das Enzym *DNMT* bindet an *Cytosin*, wenn es eine Methylgruppe (CH$_3$) anbauen will. Rechts: Methyliertes DNA-Stück im Modell. Die Methylierung macht die Erbsubstanz an dieser Stelle unlesbar.

In den Körperzellen von Säugetieren tragen mehr als zwei Drittel der geeigneten Stellen einen solchen Riegel. Es sind nur solche Orte, wo meist in größerer Zahl zwei *Cytosin*-Basen auf beiden Strängen der DNA schräg gegenüberliegen. Das passiert, wenn sich die Basen *Cytosin* und *Guanin*, die gemeinsam eine DNA-Sprosse bilden, häufig abwechseln (*CpG-Inseln*). Der Gentext des einen Strangs lautet dann also CGCGCG, der des anderen GCGCGC. Die DNA ist dann immer an beiden Strängen methyliert – ein geschickter Mechanismus, der dafür sorgt, dass eine Zelle das Muster ihrer DNA-Methylierungen an beide Tochterzellen vererben kann, wenn sie sich teilt. Die Töchter erben nämlich wie bereits beschrieben jeweils einen der beiden Original-DNA-Stränge der Mutter. Wäre nur einer methyliert, ginge diese Information bei einer der Tochterzellen verloren, und die stumm geschalteten Gene würden wieder aktiv.

Das Methylierungsmuster unterscheidet sich je nach Zelltyp und bestimmt ganz entscheidend, was eine Zelle kann und was nicht. Die befruchtete Eizelle besitzt so gut wie keine Methylierungen, weil aus ihr alle anderen Körperzellen hervorgehen. Erst wenn sich ihre Billionen von Tochterzellen spezialisieren, bauen die DNMTs einen Riegel nach dem anderen ein.

Wie das genau geschieht, ist zwar noch nicht völlig erforscht. Doch der Bremer Biochemiker und DNMT-Experte Albert Jeltsch vermutet, dass die Zelle vor allem jene DNA-Abschnitte ruhigstellt, die sie gerade nicht benutzt: «Die Idee ist, dass die Methylierungsmuster den Aktivitätszustand des Genoms stabilisieren und perpetuieren. Wenn ein Gen aktiv war, ist es auch später auf Aktivität getrimmt.»

Dieses simple Prinzip erklärt beispielsweise, warum sich eine embryonale Zelle im zukünftigen Hautgewebe allmählich selbst auf Hautzelle programmiert und dieses Programm dann an all ihre Töchter weitergibt, sodass daraus eines Tages nur noch Hautzellen werden können. Nach dem gleichen Modell kann sich eine noch nicht ausdifferenzierte Zelle natürlich auch zu jedem anderen Gewebe entwickeln. Entscheidend sind dabei Signale aus dem Körper, die in der Zelle selbst ein bestimmtes Programm aktivieren. Die Methylgruppen sorgen letztlich dafür, dass die Zelle dieses Programm dauerhaft abspeichert.

Damit ist umrissen, was Epigenetiker mit «zellulärem Gedächtnis» meinen: Das epigenetische Programm friert Genaktivitätsmuster ein und speichert auf diese Weise Informationen. Und dieses Prinzip erklärt auch, warum nicht nur entwicklungsbiologische Programme das Erbgut prägen, sondern auch die alltäglichen Umwelteinflüsse: Auch sie können nämlich über biochemische Signale des Körpers Zellen zum Ablesen oder Unterdrücken von Genen nötigen – und eröffnen damit den DNMTs die Chance, neue Riegel in die DNA einzubauen.

Der Histon-Code: Verpackungskunst mit Schwänzen

Natürlich habe ich auf der Berliner Epigenetik-Tagung dann doch eine Menge gelernt. Selbst in den Vorträgen. So erfuhr ich zum Beispiel, dass manche Proteine einen Schwanz haben. Einige sogar zwei. Das ist dann natürlich keine verlängerte Wirbelsäule wie bei Mäusen oder Katzen, sondern das Ende oder der Anfang der Kette, aus der das Protein aufgebaut ist. Der Schwanz ragt aus dem Gebilde heraus, zu dem sich das gesamte Molekül nach seinem Zusammenbau faltet.

Nun mag es ja eine seltsame Laune der belebten Natur sein, einigen ihrer Bausteine Schwänze zu verleihen. Doch die Natur macht aus so ziemlich allem eine sinnvolle Sache, und so ist es auch mit den Schwänzen der Proteine: Sie helfen ganz entscheidend bei der Programmierung des Erbguts. Um das jedoch besser erklären zu können, muss ich mich erst mal millionenfach verkleinern und eine Reise in die unvorstellbar kleine Nanowelt der Körperzellen unternehmen.

Im Inneren der Zelle ist viel los: Es gibt Proteinfabriken, Kraftwerke, ein Zellskelett, haufenweise Boten- oder Transportermoleküle, die durch die Gegend schwirren, und noch vieles mehr. Im Zentrum des Geschehens ruht jedoch, dick und rund wie die Königin im Bienenstock, der Zellkern. Er misst immerhin einen hundertstel Millimeter und ist damit das größte Gebilde, das weit und breit zu sehen ist. Ich schlüpfe durch eine der vielen Poren in den Kern hinein. Durch sie gelangt normalerweise die Boten-RNA nach außen. Diese bringt die Baupläne, die von der DNA abgelesen wurden, zu den Proteinfabriken.

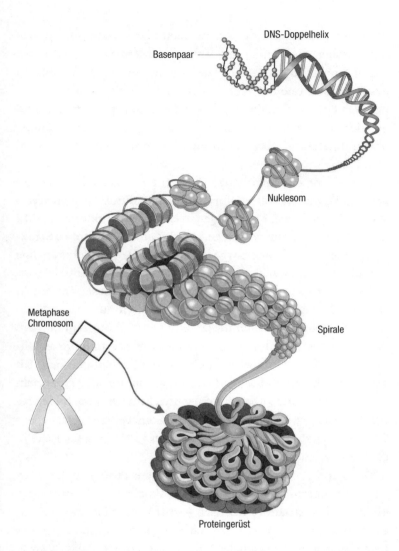

Verpackung der DNA. Der 0,3 Nanometer dünne Faden der DNA eines Chromosoms wickelt sich um *Nukleosomen*, die aus mehreren Proteinen (Histonen) bestehen, und bildet 11-Nanometer-Fasern. Die wickeln sich zu 30-Nanometer-Spiralen auf. DNA und Proteine bilden gemeinsam das *Chromatin*, das zu einer Dicke von 1 Mikrometer kondensiert, bevor sich eine Zelle teilt.

Der Histon-Code: Verpackungskunst mit Schwänzen 53

Drinnen stockt mir der Atem: Auch hier wuseln überall Proteine umher, die sich an den verschiedensten Stellen auf einen hauchdünnen Faden setzen. Die Proteine helfen beim Ablesen des Gencodes, und der Faden ist eines der 46 Chromosomen genannten DNA-Moleküle, die diesen Gencode enthalten. Sie sind gerade mal 0,3 Nanometer dünn – also das Drittel eines Millionstel Millimeters –, aber zusammengenommen sagenhafte zwei Meter lang.

Hier würde das totale Chaos herrschen, knäuelten sich diese Fäden allesamt in voller Länge unsortiert durcheinander. (Versuchen Sie mal, zwei Meter Faden in eine einen hundertstel Millimeter kleine Dose zu verstauen.) Doch zum Glück gibt es Strukturen, die für Ordnung sorgen: Ich entdecke nämlich kugelige Gebilde aus mehreren Proteinen, um die sich die DNA herumwindet wie ein Kabel um eine Kabeltrommel. Viele dieser Trommeln fädeln sich gleichzeitig zu einer Art Perlenkette auf.

Von weitem wirkt auch diese Kette ganz schön filigran. Kein Wunder, selbst sie misst im Durchmesser nur elf millionstel Millimeter. An vielen Stellen verdickt sie sich jedoch deutlich. Ich gehe näher heran und sehe, dass sich genau dort die Trommeln mitsamt DNA-Faden noch einmal aufwickeln. Diesmal bilden sie eine Spirale. Das verkürzt den Faden um ein weiteres, drastisches Stück und lässt ihn zu einer sogenannten 30-Nanometer-Faser in die Breite wachsen.

Das spiralförmig gewundene Gemisch aus Proteinen und DNA ist jetzt immerhin hundertmal dicker als die reine Erbsubstanz. Biologen nennen dieses Gemisch – unabhängig davon, wie sehr es verpackt ist – *Chromatin*. Im stark verpackten Zustand heißt es *Heterochromatin*. Teilt sich die Zelle gerade, etwa weil das Gewebe, zu dem sie gehört, wachsen muss, ist es noch einmal extra gut verzwirnt, damit die einzelnen Chromosomen sich entwirren und auf die Tochterzellen verteilen können.

Kehren wir zu den unzähligen Trommeln zurück, um die sich der DNA-Faden an zig Stellen zwei- bis dreimal wickelt. Diese sogenannten *Nukleosomen* sehen auf den ersten Blick alle gleich aus. Sie bestehen aus acht kugeligen Proteinen, aus denen mehr oder weniger lange Schwänze herausragen. Diese Eiweiße sind die Histone. Sie scheinen so wichtig zu sein, dass sie bei jedem Organismus vorkommen, der Zellkerne hat.

Es gibt vier Typen von Histonen, wobei jeder Typ pro Trommel zweimal vorkommt. Die Histone H3 und H4 haben besonders lange Schwänze, und ich entdecke beim Vergleich, dass diese beiden die einzigen Stellen sind, an denen sich die *Nukleosomen* unterscheiden.

Auf ihnen sitzen an verschiedenen Stellen unterschiedlich große Knubbelchen. Gelegentlich kommen bestimmte Proteine vorbei und sorgen dafür, dass ein solches Knubbelchen entsteht

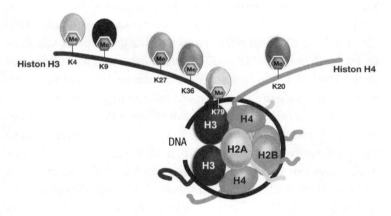

Histonmodifikation. Das *Nukleosom*, um das sich der DNA-Faden wickelt, besteht aus acht Histonen. An verschiedene Stellen der Schwänze der Histone H3 und H4 können Enzyme Methylgruppen andocken und auch wieder entfernen. An die Methylgruppen binden kleine Eiweiße, die die Genregulation beeinflussen. Weil Ähnliches auch mit anderen chemischen Gruppen geschieht, hat die Zelle zahlreiche Möglichkeiten, die Aktivität eines DNA-Abschnitts zu variieren.

Der Histon-Code: Verpackungskunst mit Schwänzen

oder wieder verschwindet. Es sind Enzyme, die ganz gezielt chemische Strukturen – die Knubbelchen – an- oder abbauen: Methylgruppen, Acetylgruppen, Ubiquitingruppen oder Phosphatgruppen. Außerdem gibt es eine Reihe unterschiedlicher, kleiner Proteine, die an diese Gruppen binden und die Genaktivität direkt beeinflussen.

Hinter diesem Spiel der Proteine, die pausenlos an den Schwänzen der Histone herumbauen, lauert eine Erkenntnis, die viele Forscher noch vor 15 Jahren nicht wahrhaben wollten. Inzwischen ist sie jedoch allgemein anerkannt: Dank der Variabilität der Histonschwänze kann der epigenetische Code erstaunlich detailliert, fein abgestuft und facettenreich Einfluss nehmen auf die Bestimmung und die Eigenschaften einer Zelle.

Das Zauberwort heißt Histonmodifikation: Je nachdem welches Knubbelchen und welches kleine Protein an welche der vielen möglichen Stellen des Histonschwanzes bindet, verändert sich die räumliche Struktur des Histons auf eine ganz bestimmte Weise. Dadurch haftet der DNA-Faden mal besser und mal schlechter an der Trommel, und es können eine Reihe zusätzlicher Proteine, die wichtige Aufgaben haben, mehr oder weniger gut andocken.

Entfernt die Zelle zum Beispiel mit Hilfe eines Enzyms eine chemische Gruppe oder baut sie eine solche Gruppe an einer anderen Stelle an, kann das zur Folge haben, dass sich der DNA-Strang noch fester um seine «Kabeltrommel» wickelt. Das schaltet die Gene an dieser Stelle schlagartig stumm. Es kann aber auch passieren, dass sich der Faden lockert oder sogar ganz abwickelt, was unter Umständen ganze Gruppen von Genen plötzlich zugänglich für den Ableseapparat und somit aktivierbar macht.

Gleichzeitig können die *Nukleosomen* an der einen Stelle in ihre Einzelteile zerfallen, um sich an einer völlig anderen Stelle des Erbguts zu einer neuen Trommel zusammenzutun. Dabei wickeln sie ein Stück DNA besonders fest auf und machen es inaktiv. Darüber hinaus scheint die Struktur der *Nukleosomen* mit-zuentscheiden, an welchen Stellen sich das *Chromatin* zu *Hetero-chromatin* verdichtet. Dort kann auf jeden Fall kein Gen mehr abgelesen werden.

Die Eiweißstrukturen rings um die DNA seien «viel dyna-mischer, als wir früher vermutet haben», folgert einer der führen-den *Nukleosom*-Experten, Steven Henikoff vom Howard Hughes Medical Institute in Seattle, USA. Die Histone am Erbgut einer Zelle bildeten einen regelrechten Histon-Code. Noch wisse man nicht, wie all diese Prozesse im Detail ablaufen, erklärt Henikoff. Es sei jedoch offensichtlich, dass der Histon-Code jeder Zelle die Möglichkeit gibt, unter vielen verschiedenen Genregulationspro-grammen auszuwählen sowie neue Programme zu entwerfen und auf absehbare Zeit zu speichern.

Im Zellkern gibt es unzählige *Nukleosomen*. Jedes einzelne hat zwar nur eine winzige Aufgabe: Es kontrolliert das ungefähr 150 Genbuchstaben lange DNA-Stück, das sich um es herumwindet. Alle gemeinsam sorgen aber dafür, dass die Zelle überhaupt erst funktioniert. Ohne die faszinierende Wandelbarkeit der winzigen Proteintrommeln könnten Zellen ihr Erbgut niemals korrekt lesen, geschweige denn die dort gespeicherten Informationen richtig ordnen und sinnvoll einsetzen.

Thomas Jenuwein aus Freiburg ist überzeugt: «Während die DNA die Einheit für genetische Information ist, stellt das *Nukleo-som* die Einheit für epigenetische Information dar, die auf Um-weltsignale reagieren und die Art und Weise, wie Gene arbeiten, beeinflussen kann.»

Die RNA-Welt

Als Hans Jörnvall, Sekretär des Stockholmer Nobelpreiskomi-tees, am 2. Oktober 2006 die neuen Träger des Nobelpreises für

Medizin verkündete, ging ein Raunen durch den Saal. Mit dieser Entscheidung hatten die wenigsten Zuhörer gerechnet: Die Preisträger waren zwei dynamische Forscher in den Vierzigern, die ihre bis dato wichtigste Publikation vor gerade mal acht Jahren eingereicht hatten. Normalerweise werden viel etabliertere Forscher ausgezeichnet.

Dennoch: die US-Amerikaner Andrew Fire von der Stanford University in Kalifornien und Craig Mello von der Massachusetts Medical School in Worcester erhielten die größte Anerkennung ihrer Zunft nach Meinung der meisten Kollegen absolut zu Recht. Immerhin hatten sie eine zuvor völlig unbekannte Methode zur Kontrolle der Genaktivität entdeckt, die sogenannte RNA-Interferenz.

RNA steht für *Ribonukleinsäure*. So heißt die kleine und ausgesprochen vielseitige Schwester der DNA *(Desoxyribonukleinsäure)*. RNA-Moleküle sind chemisch fast genau wie eine DNA aufgebaut, bestehen aber aus deutlich kürzeren Aminosäureketten und sind weniger gut vor Veränderungen geschützt. Sie waren die Erbsubstanz der ersten Lebewesen auf der Erde und bilden bis heute das Erbgut von einfach gebauten Viren.

RNAs sind größtenteils hoch spezialisiert und übernehmen wichtige Aufgaben in der Biochemie der Zelle. Anders als DNAs kommen sie jedoch nicht immer nur als Doppelstrang mit paarweise aneinander gebundenen Aminosäuren vor, sondern auch als einfaches Fädchen mit offenliegendem Aminosäurecode oder als schleifenförmiges Gebilde. Angesichts der Vielfalt von RNA-Molekülen sprechen Molekularbiologen inzwischen andächtig von einer ganzen RNA-Welt, die noch lange nicht zur Gänze entdeckt sei. Ihre wichtigsten Bewohner sind die bereits erwähnten Boten- und Transport-RNAs. Und dann gibt es noch die Mikro-RNAs, die neuen Stars der Szene.

Sie hielt man bis zur Entdeckung durch Fire und Mello für ein

58   Kapitel 1   Von der Genetik zur Epigenetik

schlichtes Abfallprodukt, eine Art Boten-RNA ohne Botschaft, die entsteht, wenn die Ablese-Eiweiße aus Versehen ein Stück Müll-DNA in eine Boten-RNA übersetzen. Heute weiß man, dass dieser Vorgang mit voller Absicht geschieht und dass die entsprechenden DNA-Abschnitte keineswegs in den Abfalleimer gehören. Sie sind vielmehr das dritte wichtige Schaltersystem des epigenetischen Codes.

Zunächst erzeugt die Zelle zwei spiegelbildlich zueinander passende Mikro-RNA-Stränge, die sich zu einer sogenannten doppelsträngigen RNA zusammenlegen. Diese kurzen Strickleiter-Moleküle sehen genauso aus wie das Erbgut eingedrungener Viren, die sich mit Hilfe des biochemischen Apparats der infizierten Zellen vermehren wollen und dabei eine Krankheit auslösen können. Und sie werden von der Zelle auch genauso bekämpft: Ein Enzym namens *Dicer* (Granulator) eilt herbei und macht aus ihnen 21 bis 27 Aminosäuren lange Bruchstücke.

Die meisten dieser Stücke werden von der Zelle vernichtet. Einige binden aber auch an ein Protein namens RISC, das sie vor der Zerstörung bewahrt. Dann gehen sie auf die Suche nach einer zu ihnen passenden Boten-RNA. Sie ist mit dem einen Strang der ursprünglichen Mikro-RNA weitgehend identisch und besitzt deshalb zwangsläufig an irgendeiner Stelle ein Stückchen Partnerstrang, das auch zu einem der vielen verschiedenen Mikro-RNA-Bruchstücke passt. Ist ein solches Molekül gefunden, bleibt es an dem kleinen RNA-Stück kleben wie eine bemitleidenswerte Fliege an einer Leimrute. Anschließend macht das noch immer anhängende RISC-Protein kurzen Prozess – es verwandelt die Boten-RNA in ein Häuflein Aminosäurenschrott, den leere Transport-RNAs alsbald aufsammeln und recyceln.

Nun kann die Zelle das Protein, dessen Bauplan die Boten-RNA codierte, nicht bilden. Das entsprechende Gen ist verstummt, obwohl es auf der Ebene der DNA laufend abgelesen wird.

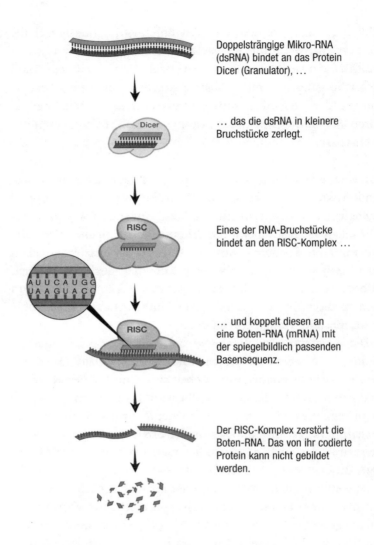

Doppelsträngige Mikro-RNA (dsRNA) bindet an das Protein Dicer (Granulator), ...

... das die dsRNA in kleinere Bruchstücke zerlegt.

Eines der RNA-Bruchstücke bindet an den RISC-Komplex ...

... und koppelt diesen an eine Boten-RNA (mRNA) mit der spiegelbildlich passenden Basensequenz.

Der RISC-Komplex zerstört die Boten-RNA. Das von ihr codierte Protein kann nicht gebildet werden.

RNA-Interferenz. Im Erbgut gibt es nicht nur Gene, sondern auch Codes für Mikro-RNAs. Sie zerstören mit Hilfe von Enzymen exakt zu ihnen passende Boten-RNAs und drosseln so die Übersetzung eines Gens in ein Protein.

Doch das ist noch nicht alles: Mit Hilfe ihrer Mikro-RNAs kann eine Zelle die Produktion eines Proteins nicht nur an- oder ausschalten, wie sie es mit den anderen epigenetischen Schaltern tut. Sie kann die Genaktivität auch wohldosiert drosseln. Je mehr Leimruten die Zelle gegen eine spezielle Boten-RNA auslegt, desto weniger dazu passende Code-Moleküle erreichen ihr Ziel, und desto weniger eines speziellen Proteins wird von der Zelle gebildet.

Craig Mello und Andrew Fire nannten dieses Genregulationsinstrument deshalb RNA-Interferenz, weil sich dabei zwei zueinanderpassende Moleküle – die Boten- und die Mikro-RNA – gegenseitig ausschalten, so wie es bei der physikalischen Interferenz zwei aufeinandertreffende Wellen tun. Die Forscher kamen dem Prinzip auf die Schliche, indem sie doppelsträngige RNA in Fadenwürmer spritzten und feststellten, dass anschließend die Synthese bestimmter Proteine verebbte.

Zunächst ahnte niemand die weitreichenden Folgen der Entdeckung. Das Ganze sei ein «ziemlich verrückter, auf den Wurm beschränkter Mechanismus», urteilten die Entdecker selbst. Für das normale Leben der Tiere spiele er vermutlich keine Rolle, da er nur im Experiment vorkomme. Doch sie irrten gewaltig. Viele Wissenschaftler stürzten sich auf die Erforschung des Effekts und förderten binnen kurzer Zeit eine Reihe neuer Details zutage.

Offenbar hat bereits vor Ewigkeiten eine Art Urzelle den Trick mit den sich gegenseitig auslöschenden Ribonukleinsäuren entwickelt, um zu verhindern, dass dem *Dicer*-Enzym entgangene und deshalb von Viren erfolgreich in die DNA eingeschleuste Gene ihre Baupläne umsetzen und Krankheiten auslösen können. Nicht lange danach müssen andere Zellen auf die Idee gekommen sein, mit den Mikro-RNAs auch die eigene Gen-Ablesemaschinerie zu manipulieren.

Eine der wichtigsten Aufgaben der RNA-Interferenz besteht darin, die *Transposons* stillzuschalten. Das sind jene neu zusammengebauten, extrem mobilen Gene und Genstücke, die nur im Fall einer sich dramatisch verschlechternden Umwelt losgelassen werden, um der Evolution auf die Sprünge zu helfen.

«Bislang sind sicher um 350 Mikro-RNAs bekannt, am Ende werden es wohl so zwischen 500 und 1000 sein», sagte der deutsche Biochemiker Thomas Tuschl, einer der weltweit führenden RNA-Interferenzforscher von der New Yorker Rockefeller University der Zeitschrift *Spektrum der Wissenschaft*. Tuschl hatte unter anderem entdeckt, dass es die Stummschalter aus *Ribonukleinsäure* sogar in menschlichen Zellen gibt.

Mittlerweile weiß man, dass das Prinzip der RNA-Interferenz in nahezu allen Organismen vorkommt. Und brandneue Erkenntnisse lassen die RNA-Welt noch ein Stück wichtiger und vielfältiger erscheinen: Offensichtlich dienen die kleinen RNAs auch als Pfadfinder, die den Proteinen rund um die DNA zeigen, welche Stellen sie dauerhaft blockieren oder umprogrammieren sollen. «Es gibt Hinweise, dass die RNA als Anker für die verschiedenen Proteine wirken kann, die Methyl- oder Acetylgruppen an das *Chromatin* anbauen oder wieder entfernen», erklärt der Schweizer Epigenetiker Renato Paro.

Ein Teil der zerstückelten Mikro-RNAs gelangt nämlich wieder in den Zellkern zurück und wird dort womöglich zum großen Epigenom-Organisator. Die RNA-Schnipsel lagern sich direkt und zielsicher an bestimmte Stellen der DNA an – vor allem an den Genen, deren Sequenz sie spiegeln. Im Schlepptau haben die Tausendsassas dabei spezielle Proteine, die das Erbgut zum Beispiel veranlassen, sich zu dem inaktiven, dicht gepackten *Heterochromatin* aufzuwickeln. Damit sind sie in der Lage, ganze Abschnitte des Erbguts für längere Zeit stillzulegen.

Thomas Tuschl traut den Mikro-RNAs noch viel mehr zu: Sie seien vermutlich «ein wichtiger Faktor bei der Entstehung diverser Krankheiten». Das «Fernziel» seiner eigenen Forschung sei, «im ganzen Genom und für alle gesunden und kranken Gewebe Mikro-RNAs zu kartieren und ihre Funktion zu bestimmen».

Besonders begeistert ist Tuschl davon, mit dem RNA-Interferenz-System neben der DNA-Methylierung und dem Histon-Code einen dritten Weg gefunden zu haben, auf dem Umwelteinflüsse dauerhaft die Aktivität der Gene verändern können. «Es stellt sich sogar die Frage, ob man nicht einen Großteil von genetischen Krankheiten über Regulationsvorgänge erklären und womöglich sogar steuern kann», sagt er. Das klingt zwar kompliziert, aber was es bedeutet, zeigt der Experte an einem Beispiel: «Um – hypothetisch gesprochen – eine schwache, aber dennoch wirksame Änderung des Genaktivitätsmusters gegen Depression herbeizuführen, reicht es vielleicht, regelmäßig Sport zu treiben, wenn das den Dopaminspiegel stabilisiert. Denn der stellt einen wichtigen Ansatzpunkt zur Therapie der Depression dar.»

Dieses Beispiel führt zurück zu der Kernbotschaft, die die Erforschung des zweiten Codes vermittelt: Wer sein Leben ändert, ändert seinen Stoffwechsel und sein Hormonsystem. Und das beeinflusst langfristig Methylierungsmuster, Histonmodifikationen und Mikro-RNAs, was wiederum positiv auf Körper und Geist wirken kann. Dass Sport häufig Depressionen lindert, wurde jedenfalls in vielen Studien bereits gezeigt. Die Epigenetik liefert die Erklärung für diesen und zahllose vergleichbare positive Effekte, die eine Änderung des Lebensstils hat.

KAPITEL 2

Der Einfluss der Umwelt: Warum wir Macht über unser Erbgut haben

Metamorphose

Ich muss 13 oder 14 Jahre alt gewesen sein, als ich mir ein biologisches Wunder ins Kinderzimmer holte. In Nachbars Hecke hatte ich die Raupe eines Ligusterschwärmers gefunden. Sie war dick und fleischig, etwas länger als mein Mittelfinger und schimmerte in sattem Hellgrün. An den Seiten wies sie die typischen lila-weißen Querstreifen auf, am Hinterende den bedrohlich wirkenden, aber harmlosen Stachel, den alle Schwärmerraupen tragen.

Ich steckte das Insekt in ein Terrarium und sorgte dafür, dass es viele frische Ligusterblätter zu fressen bekam. Es wuchs und wuchs, bis es nach etwa zwei Wochen so lang wie meine Hand war – und furchterregend dick. Sein abgeplattetes rundes Gesicht mit den großen Augen war mir schon ganz vertraut geworden, als die Raupe sich eines Abends im Herbst in die Erde verkroch. Dort verwandelte sie sich in ein scheinbar lebloses, hartes, an den Enden schrumpeliges braunes Ding. Das seltsame Geschöpf erinnerte mehr an eine exotische Nuss als an die ehemals leuchtend grüne Insektenlarve. Man musste schon genau hinsehen, um an seinen etwas weicheren, glatten Flanken ein langsames, leicht rhythmisches Pulsieren zu entdecken. Das einzige Lebenszeichen.

Die Ligusterraupe hatte sich verpuppt. Sie lebte weiter, ohne einen Krümel fressen zu müssen. Doch auch wenn sie äußerlich fast leblos war, so spielte sich in ihrem Inneren Dramatisches ab: die wunderbare Verwandlung einer Raupe in einen Schmetterling. Ihr ganzer Organismus baute sich um. Stachel und Stummelfüßchen verschwanden, Flügel, Haare, Beine und Fühler wuchsen wie aus dem Nichts. Ein ganzes Nervensystem entwickelte sich neu, verknüpfte aufwändige Sinnesorgane mit einem viel komplexer gewordenen Gehirn und das wiederum mit den Muskeln und Organen im Rest des Körpers.

So überdauerte das Tier den Winter. Ich hielt die Erde feucht, mehr hatte ich nicht zu tun. Und dann, an einem Morgen im Frühjahr, war das Wunder vollbracht: Als ich nach dem Aufwachen zum Terrarium ging, entdeckte ich einen riesigen Schmetterling – ein elegantes graubraunes Tier mit ebenso schickem wie dezentem schwarz-rosa Streifenmuster und langen, graziös abstehenden Fühlern, die schwarz-weiß gestreift waren. Wenn der Schwärmer später – in seinem zweiten Leben – wie ein Kolibri mit raschem Flügelschlag vor einer Blüte in der Luft stand, entrollte er seinen unglaublich langen Saugrüssel, versenkte ihn im tiefen Blütenkelch und schlürfte Nektar wie durch einen Strohhalm. Er war ein auffallend geschickter Flieger, ein perfekt angepasster Organismus, ein Wunderwerk der Natur.

Kaum zu glauben: All die hochspezialisierten Organe zur Fortbewegung, Sinneswahrnehmung und Nahrungsaufnahme, selbst die Bauanleitung für das Nervensystem und den Bewegungsapparat waren in der zurückblickend doch sehr tumb erscheinenden Raupe bereits angelegt. Das simple wurmartige Geschöpf, das nicht viel mehr konnte als fressen und kriechen, trug in jeder seiner Zellen exakt dieselben Gene wie das herrliche Tier, das jetzt so unnachahmliche Flugkunststücke vorführte und so perfekt an seine Lebensweise angepasst war.

Was sich geändert hatte, waren einzig die epigenetischen Programme: Einen Winter lang wurden in Milliarden Zellkernen Methyl- und Acetylgruppen umgebaut, Histone verformt, MikroRNAs gebastelt, was das Zeug hält. Hinterher hatte fast jede Zelle eine neue Aufgabe. Sie erzeugte einen völlig anderen Satz an Proteinen als zuvor, besaß eine andere Identität.

Das große Wunder der Metamorphose verdankt der Schwärmer weniger seinem Erbgut als der Fähigkeit, dieses Erbgut auf dramatische Weise nahezu überall im Körper umorganisieren zu können. Die Verwandlung von der Raupe in den Schmetterling ist ein wahres Meisterstück des epigenetischen Systems.

Seit Wissenschaftler die Hintergründe solcher Prozesse besser verstehen, wissen sie: Das Schicksal einer Zelle wird von Epigenom und Genom gemeinsam bestimmt. Beider Informationen stecken in dem Molekülgemisch, das die DNA mit den vielen verschiedenen Proteinen bildet, die sie umhüllen. Erbgut und Proteine funktionieren wie eine riesige Bibliothek: Die DNA enthält dabei die Texte, während die epigenetischen Strukturen die Bibliothekare, Ordner und Register sind, die die Information verwalten und sortieren.

In der DNA jeder Zelle des Schwärmers finden sich also die genetischen Codes für die Raupe *und* den Schmetterling. Welchen Bauplan eine Zelle letztlich aber wählt, das entscheidet sie mit ihrem zweiten, dem epigenetischen Code.

Diese Erkenntnis sollte zu denken geben: Womöglich steckt auch in unserem Erbgut viel mehr, als wir im Allgemeinen daraus machen. Das heißt nicht, dass wir uns in einen Schmetterling verwandeln können. Aber wir sollten keinesfalls unterschätzen, was eine dauerhafte Änderung des Lebensstils aus unserem zweiten Code herausholen kann.

Die Epigenetik macht uns neue Hoffnung, dass auch wir uns verwandeln können, dass wir Macht über unser Erbgut haben. Das Potenzial für ein gesundes, langes Leben und für eine einnehmende Persönlichkeit steckt höchstwahrscheinlich in den Genen der meisten Menschen. Man muss nur den Weg finden, es abzurufen.

Gelée Royale und seine Wirkung

Schmetterling und Raupe zeigen, wie gigantisch der Unterschied zwischen zwei epigenetischen Programmen sein kann. Und doch sind die Auslöser, die die Epigenome der Zellen zur Veränderung anstoßen, oft geradezu winzig. Das zeigt nichts so deutlich wie die Entwicklung der Honigbienen: Die Weibchen schlüpfen nicht als Arbeiterinnen oder Königinnen aus dem Ei, sondern als gleichartige Larven. Tatsächlich ist zu diesem Zeitpunkt auch noch gar nicht entschieden, welches Tier eines Tages fruchtbar sein und über den Stock herrschen wird und welches keine Eier legen kann und sich zeitlebens um Brutpflege, Verteidigung, Bauarbeiten und Nahrungsbeschaffung kümmern darf. Das genetische Potenzial zur Königin besitzt zunächst jede weibliche Bienenlarve.

Die Entscheidung fällt knapp drei Tage nach dem Schlüpfen. Bis dahin füttern die Ammenbienen jede der kleinen weißen Würmchen in den zahllosen Waben mit einem sagenumwobenen Sekret aus ihren Kopfdrüsen: dem Königinfuttersaft, auch Gelée Royale genannt. Doch dann ändern sie ihr Verhalten – mit einschneidenden Folgen. Beim größten Teil des Nachwuchses wird ein Teil der Kost durch Pollen und Nektar ersetzt. Einzige Ausnahmen sind jene Larven, die – warum auch immer – ausgewählt sind, Königin zu werden und ein eigenes Volk zu gründen. Die Ammenbienen geben ihnen bis zu ihrer Verpuppung weiterhin nur das Feinste, was sie zu bieten haben, den Gelée Royale.

Der Stoff mit der krönenden Wirkung besteht vor allem aus Zucker und Wasser. Zudem enthält er Eiweiße, Aminosäuren und eine ganze Reihe von B-Vitaminen, wie zum Beispiel Thiamin (B_1), Riboflavin (B_2), Niacin und Folsäure, sowie ein paar Spurenelemente. Bis heute ist allerdings unklar, welcher Bestandteil des königlichen Gelées letztlich in der Larve die Entwicklung zur Stammhalterin auslöst, ob es ein noch nicht entdeckter Inhaltsstoff ist oder gar die spezielle Zusammensetzung des ganzen Gemischs.

Doch seit 2008 wissen die Biologen immerhin, dass dabei die Epigenetik ihre Finger im Spiel hat: Ein australisches Forscherteam um Robert Kucharski und Ryszard Maleszka von der Universität in Canberra machte ganz ohne Gelée Royale aus Bienenlarven Königinnen. Sie manipulierten allein das Muster der Methylgruppen auf der DNA, das entscheidet, welches Gen ausgeschaltet ist und welches nicht.

Dazu verringerten sie bei einigen Bienenlarven die Menge des Enzyms DNMT-3, das Methylgruppen an die DNA anbaut, und somit den Grad der DNA-Methylierung. (Sie benutzten dazu übrigens die Technik der RNA-Interferenz.) Mehr als zwei Drittel dieser Tiere entwickelten sich später zu Königinnen, obwohl sie wie zukünftige Arbeiterinnen ernährt wurden. Irgendetwas im Gelée Royale scheint also zu verhindern, dass Methylgruppen jene Gene ausschalten, deren Genprodukte aus der Larve eine Königin machen. Diese Vermutung bestätigte auch eine genaue Analyse des Bienenerbguts: In den Zellkernen der Königinnen waren deutlich weniger Methylgruppen an die DNA angebaut worden als bei den Arbeiterinnen. Mehr Gene waren also aktivierbar.

Die Forscher beschreiben ihren Erfolg so: «Unsere Studie zeigt, dass die DNA-Methylierung eine Schlüsselkomponente des epigenetischen Netzwerkes ist, das die reproduktive Arbeitsteilung der Honigbiene steuert.» Ganz nebenbei hoffen sie, mit der gentechnischen Stummschaltung des DNMT-3 eine zuverlässige Methode gefunden zu haben, um in Zukunft neue Königinnen heranziehen zu können, wenn ganze Völker wegen Bienenkrankheiten ausgerottet wurden.

Besonders wichtig ist den Australiern die allgemeine Bedeutung ihrer Forschung: Die epigenetische Kontrolle der Königinwerdung bei Bienen liefere einen der besten bisher gefundenen Hinweise darauf, dass die Ernährung eines Organismus sein Genom entscheidend umprogrammieren könne.

Womöglich ist es nur ein einziger Nahrungsbestandteil, der einen hochentwickelten Organismus wie die Biene zwischen zwei völlig verschiedenen Lebensformen wechseln lässt. Zur rechten Zeit gefressen, kann er entscheiden, welches von zwei grundsätzlich verschiedenen epigenetischen Programmen zeitlebens wirkt.

Für uns Menschen sollte das Schicksal der Bienen eine deutliche Empfehlung sein, noch mehr Augenmerk auf eine gesunde Ernährung zu legen. Wer weiß schon, wie das Essen unsere Epigenome beeinflusst? Auf Gelée Royale sollte sich dennoch niemand stürzen, obwohl das Substanzgemisch tatsächlich als Nahrungsergänzungsmittel erhältlich ist. Leider sei es bisher biochemisch kaum analysiert, sagt Ryszard Maleszka. «Über seine biologische Wirksamkeit besteht aber kein Zweifel.» Immerhin besitzen auch wir das Enzym DNMT-3, dessen Aktivität Gelée Royale bei Bienen vermutlich verringert. Interessanterweise fehlt dieses Protein den meisten anderen Insekten, die den Honigsammlern biologisch gesehen doch viel näher stehen sollten als wir Menschen.

Täler in der Lebenslandschaft

James Dewey Watson und Francis Harry Compton Crick: An diesen Namen kommt heute kein Schüler mehr vorbei. Der US-Amerikaner Watson ist gerade einmal 25, der Brite Crick 36 Jahre alt, als sie am 25. April 1953 einen unscheinbaren Aufsatz publizieren. Er erscheint im Fachblatt *Nature* und trägt den Titel «A structure for deoxyribose nucleic acid». Sein Inhalt verändert die Welt.

«Hiermit wollen wir einen Vorschlag für die Struktur des Salzes der *Desoxyribonukleinsäure* (DNA) machen», beginnen die zwei Biochemiker und fahren fort mit einem Satz, der die Genetik für das kommende halbe Jahrhundert beschäftigen wird: «Diese Struktur hat neuartige Eigenschaften mit einer erheblichen Bedeutung für die Biologie.»

Die Wissenschaftler haben das große Rätsel gelöst, wie das Molekül aussieht, das die Baupläne für alle biochemischen Bestandteile eines Lebewesens enthält und das diese Informationen an dessen Nachfahren weitergibt. Das Modell der Doppelhelix ist so elegant und einleuchtend, dass die beiden damit schlagartig fast alle Kollegen überzeugen. Schnell beginnen Molekularbiologen auf der ganzen Welt, die Vererbungsmaschinerie der Zellen detailliert aufzuklären. Sie finden heraus, wie sich DNA-Moleküle teilen und verdoppeln, wie eine Zelle ihren Basencode in Proteine übersetzt und vieles mehr.

Genau 50 Jahre dauert die Blütezeit der Genetik. Die allerletzten Geheimnisse entreißen die Forscher der menschlichen DNA mit dem 2003 beendeten Humangenomprojekt, das Clinton, Venter und Collins bereits drei Jahre zuvor gefeiert hatten. Die meisten Molekularbiologen bündeln ihre Energie während dieser Zeit allein auf das große Ziel, das «Buch des Lebens» zu entschlüsseln. Neue Ideen, abweichende Meinungen oder gar die alten Theorien von Forschern, die die DNA noch nicht kannten, finden kaum Gehör.

Deshalb geriet auch der Name eines anderen großartigen Genetikers fast in Vergessenheit: Conrad Hal Waddington, 1905 in Evesham, Großbritannien, geboren und 1975 in Edinburgh gestorben, leitete gegen Ende seines Lebens das Institut für Tiergenetik an der Edinburgh University. Er war einer der führenden Entwicklungsbiologen seiner Zeit. Und noch heute erinnert die nach ihm benannte Medaille der Britischen Gesellschaft für Entwicklungsbiologie an sein Werk.

Waddington beschäftigt sich in den 1940er Jahren eingehend mit der Frage, wie aus dem befruchteten Ei im Laufe der Zeit ein komplexer Organismus mit vielen verschiedenen Zelltypen werden kann. Als einer der Ersten behauptet er, auch die biologische Entwicklung eines Lebewesens sei von seinem Erbgut vorbestimmt und damit ein Produkt der Evolution. Die ersten Schritte der biologischen Entwicklung folgten deshalb einem starren Programm. Doch sobald der Organismus aus vielen Zellen bestehe, entschieden über Art und Aussehen jeder einzelnen Zelle neben ihren eigenen genetischen Faktoren auch Signale von außen. Unter anderem würden Botenstoffe von anderen Zellen wichtige Prozesse anstoßen. Hinzu kämen aber auch Einflüsse aus der Umwelt.

Nach Meinung des Briten konkurrieren im Kern jeder Zelle die Gene – deren wahre Gestalt er ja noch gar nicht kennt – mit den Signalen von außen. Die Umwelt bestimme deshalb letztlich immer mit, in welche Richtung sich ein Organismus im Laufe seines Lebens verändere.

1942 entwirft Waddington dann sein berühmtestes Bild, in dem er seine Thesen anschaulich zusammenfasst: die «epigenetische Landschaft». Danach rollen wir im Laufe unseres Lebens wie Murmeln ein abschüssiges Gelände mit vielen Tälern hinab. Das Landschaftsrelief steht für unsere genetische Ausstattung. Und die Täler verdanken wir den vielen verschiedenen Epigenomen, die theoretisch möglich sind. Sie «kanalisieren» unsere Entwicklung, schreibt Waddington.

Wir starten hoch oben und rollen zunächst durch sanfte Mulden, später durch tiefe Täler. Doch anders als in einer echten Landschaft fügen sich mit abnehmender Höhe nicht mehrere kleine Täler zu einem großen zusammen, sondern wir gelangen immer wieder an Verzweigungen, wo wir entweder nach links oder nach rechts kugeln können.

Weil wir zudem ständig mehr oder weniger stark ins Schlingern geraten, fahren wir im Slalom von einer Bergflanke zur anderen. Manchmal tragen uns die Fliehkräfte über einen Hügel hinweg, so dass wir im Nachbartal landen. Dann haben wir plötzlich einen anderen Zustand erreicht: Unser zweiter Code hat sich verändert.

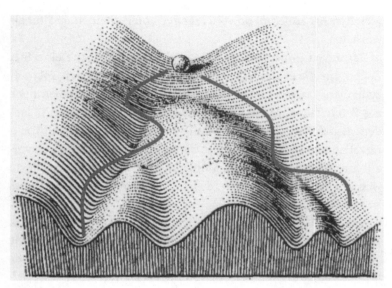

Die epigenetische Landschaft. Conrad Waddington entwarf dieses Bild, um den Einfluss von Genen und Umwelt auf die Entwicklung eines Lebewesens zu veranschaulichen. Die Täler stellen epigenetische Programme dar, durch die der älter werdende Organismus wie eine Murmel hinabrollt. Umwelteinflüsse bringen die Murmel von der Bahn ab und können, wenn sie stark genug sind oder an eine Verzweigung kommen, zum Wechsel in ein anderes Tal führen. Dann ändert sich der Organismus.

Wir bleiben nun zum Beispiel leichter als andere schlank oder haben im Alter ein erhöhtes Risiko, eine Herz-Kreislauf-Krankheit zu bekommen und so weiter. Heutige Genetiker sagen, man verändert sein Erscheinungsbild oder den *Phänotyp*, Waddington sprach vom *Epigenotyp*, der von den Vorgaben der Gene und von Umwelteinflüssen gleichermaßen ausgebildet wird.

Je älter wir werden, desto tiefer werden die Haupttäler, und desto schwerer wird es, von einem Zustand zum anderen zu wechseln. In den Haupttälern ergeben sich allerdings neue, flachere Zwischentäler. Das sind die vielen epigenetischen Feinheiten, die dafür sorgen, dass sich mehrere Organismen der

Täler in der Lebenslandschaft

gleichen Art zunehmend voneinander unterscheiden, je älter sie werden.

Besonders gut funktioniert das Bild auf der Ebene einzelner Zellen, für die es ursprünglich gedacht war: Die ersten Tochterzellen eines befruchteten Eis starten am Gipfel. Sie haben noch das Potenzial, in irgendeinem der zahllosen Täler ringsum zu landen, also zu jeder denkbaren Zelle zu werden. Je tiefer die Tochterzellen dann bergab rollen, je weiter ihre Entwicklung also voranschreitet, desto weniger Möglichkeiten bleiben ihnen, desto weniger grundsätzlich verschiedene Identitäten oder *Phänotypen* können sie ausprägen.

Umwelteinflüsse sorgen für den Schlingerkurs der Murmel. Sie rempeln die Kugel sozusagen von der Seite an und wollen sie aus der Bahn werfen. Sind sie stark genug, können sie eine Zelle tatsächlich zum Wechsel in ein anderes Tal veranlassen, sprich das Epigenom verändern. Die Höhe des Bergrückens zwischen den Tälern entscheidet, wie leicht es die Umwelteinflüsse zu einer bestimmten Zeit im Leben der Zelle haben, eine spürbare Veränderung herbeizuführen. Sie zeigt an, wie fest die Epigenschalter das Schicksal der Zelle gerade im Griff haben.

An Verzweigungen entscheidet oft ein Umwelteinfluss, in welches Tal die Zelle gelangt, indem er sie im rechten Moment anstößt. Solche Zeiträume sind besonders sensible Momente im Laufe eines Lebens. In ihnen können Teile des Körpers oder des Geistes sehr empfänglich für äußere Signale sein. Bekommen Bienenlarven zum Beispiel möglichst reinen Gelée Royale im sensiblen Alter verabreicht, ist dies genau der benötigte Umweltreiz, der sie in ein besonderes Tal führt und ihr Epigenom auf Königin programmiert. In einer anderen Lebensphase bewirkt diese Nahrungsumstellung nichts.

Und auch bei uns Menschen können gerade in sensiblen Phasen viele kleine oder auch wenige große Ereignisse dafür sorgen, dass sich unser zweiter Code verändert und wir in ein anderes

«Lebenstal» wechseln: Das können die richtige Ernährung zur richtigen Zeit sein, die umsorgende Liebe der Eltern zu ihren Kleinkindern, aber auch schwere Krankheiten, Vergiftungen, ungesundes Essen, Kindesmisshandlung oder andere traumatische Erlebnisse. Auf diesem Weg sorgen die epigenetischen Programme für die Verbindung zwischen Körper, Geist und Erbgut.

Die epigenetische Landschaft ist mir während der Recherchen zu diesem Buch oft begegnet. Viele Wissenschaftler benutzen das Bild, weil es den Sinn des zweiten Codes so gut veranschaulicht wie kein anderer Vergleich. Als erster zeigt mir das Gebirge mit der Murmel Bernhard Horsthemke, einer der führenden deutschen Epigenetiker. Beim Gespräch in seinem Labor in der Essener Universitätsklinik springt er plötzlich auf und sucht auf seiner Festplatte nach dem Einführungsvortrag für Studenten. Darin präsentiert er das Bild regelmäßig. Denn: «Dieses Bild bringt die Epigenetik auf den Punkt.»

Horsthemke erklärt, die vergleichsweise simple, lineare Welt aus DNA-Codes, den dazugehörigen Proteinen und ihrer Wirkung sei viel zu eindimensional, um die Vielfalt allen Lebens und das Veränderungspotenzial einzelner Organismen erklären zu können. Gäbe es nur die Gene und nichts als die Gene, hätten Lebewesen überhaupt keine Chance, sich zu entwickeln: «Waddington hat das schon vor mehr als 60 Jahren erkannt und immer versucht, das große Ganze im Blick zu behalten. Es ist enorm wichtig, dass er und die Epigenetik derzeit wiederentdeckt werden.»

Und während der Essener Genetiker die epigenetische Landschaft erklärt, schafft er es tatsächlich, die zentrale Bedeutung der neuen Wissenschaft in nur drei Sätzen herauszustellen: «Die Täler sorgen für Stabilität. Die Umwelteinflüsse für Veränderungen. Lebewesen sind demzufolge Systeme, die bis zu einem gewissen Grad stabil sind, sich unter bestimmten Umständen aber auch schlagartig verändern können.» Ohne die molekularbiologischen Informationscodes jenseits der Gene wären höhere Lebewesen völlig unflexibel. Ohne Epigenome könnten sie auf Dauer nicht leben.

Jede Zelle weiß, woher sie kommt

Auf Conrad Waddington geht nicht nur das Bild von der epigenetischen Landschaft zurück. Er war es auch, der nach landläufiger Meinung den Begriff Epigenetik 1942 aus der Taufe hob. Das Wort Epigenotyp benutzte er allerdings schon 1939 zum ersten Mal – in seiner «Einführung in die moderne Genetik». So oder so erfand der Brite das Wort nicht völlig neu, er kreierte es als Zusammensetzung aus den viel älteren Begriffen Genetik und Epigenese.

Die Epigenese ist bereits eine altgriechische Idee. Ihr zufolge entwickelt sich jeder Organismus aus einem winzigen, von den Eltern gezeugten Urstoff heraus. Der deutsche Naturforscher Johann Friedrich Blumenbach (1752–1840), einer der Lehrer Alexander von Humboldts, war ein prominenter Vertreter dieser Theorie. Wie man heute weiß, war sie im Grundsatz korrekt. Sie verdrängte aber nur allmählich die damals vorherrschende Präformationstheorie, die zurückblickend doch sehr absurd erscheint. Danach ist der gesamte spätere Organismus bereits in der Eizelle der Mutter oder im Spermium des Vaters vorhanden – in winzig kleiner Form. Er muss sich nur noch entfalten und vergrößern.

Blumenbach nannte die Epigenese auch das «epigenetische» Modell. Und es ist natürlich kein Zufall, dass Waddington an diesen Begriff anknüpfte. Im frühen 20. Jahrhundert wussten die Forscher allerdings viel besser über die physiologischen Vorgänge Bescheid, die Körper und Geist eines Lebewesens steuern. Sie kannten Zellkerne, Chromosomen, Gene und die groben Mechanismen der Vererbung. Der deutsche Biologe Hans Spemann

76   Kapitel 2   Der Einfluss der Umwelt

(1869–1941) hatte sogar schon die These aufgestellt, dass Zellen während ihrer biologischen Entwicklung immer mehr Informationsträger deaktivieren und sich so zunehmend differenzieren. Nur wie die Gene aussehen und dass es spezielle Schalter für sie gibt, wusste man natürlich noch nicht.

Bis in die 1980er Jahre hinein verstanden die Wissenschaftler unter Epigenetik ganz im Sinne Waddingtons vor allem jene Prozesse, die auf das Erbgut einwirken und aus einer befruchteten Eizelle ein erwachsenes Lebewesen machen. Es ging ihnen um die Faktoren, die der Zelle sagen, wohin sie gehen soll und woher sie kommt. Heute wird der Begriff viel allgemeiner gefasst: Die Epigenetik erforscht alle Änderungen der Genfunktion, die nicht auf Veränderungen der DNA-Sequenz zurückzuführen sind und dennoch von Zellen an ihre Tochterzellen vererbt werden.

Dieser Grundgedanke – dass es noch einen Informationsträger neben den Genen, einen zweiten Code, gibt – ist übrigens noch älter als die Theorie Waddingtons selbst. Der Hamburger Biologe Emil Heitz entdeckte 1928 bei Moosen das *Heterochromatin*, das als eine der wichtigsten epigenetischen Strukturen ganze DNA-Abschnitte lahmlegen kann. In den folgenden Jahren machte er sich Gedanken über den Zweck dieser verdichteten Erbgutabschnitte, deren detaillierte Zusammensetzung aus DNA-Faden und Proteintrommeln er wegen der unzureichenden technischen Möglichkeiten noch gar nicht sehen konnte. Schon 1932 schrieb er: «Die Wirkungsweise der Gene muss aufs engste abhängen von der Struktur des Substrates, in welches sie eingebettet (...) sind.»

Auf dieses Zitat macht mich einer der etabliertesten deutschen Epigenetiker aufmerksam, Gunter Reuter von der Universität Halle. Gleichzeitig betont er, heutige Experten könnten die Verpackungskunst der Histone kaum präziser beschreiben, als Heitz es schon damals getan hat.

Die Epigenetik hat ihre Ursprünge also in der Erforschung der Abläufe, die ein befruchtetes Ei zu einem vielzelligen Organismus reifen lassen. Dafür gibt es einen guten Grund. Denn «spätestens mit der Erfindung des ersten mehrzelligen Lebewesens brauchte die Natur auch epigenetische Vererbungssysteme», weiß der Essener Genetiker Bernhard Horsthemke. «Ganz genau genommen sogar schon mit den ersten Einzellern, die sich im Laufe ihres Lebens verändern müssen.»

Schon zwittrige einzellige Hefepilze müssen zum Beispiel ihren zweiten Code verändern, damit sie sich zunächst in eine männliche oder weibliche Zelle verwandeln, bevor sie sich mit anderen Zellen fortpflanzen können. Letztlich hat die Erfindung des zweiten Codes die Entstehung höherentwickelter Lebensformen überhaupt erst möglich gemacht.

Ganz am Anfang stand dabei wahrscheinlich der Kampf einiger Bakterien gegen virenartige feindliche Eindringlinge. Diese wollten ihr eigenes Erbgut in die DNA des Bakteriums einschleusen. Diese erkannten es aber, weil das Muster der DNA-Methylierungen ungewöhnlich war, erklärt der Saarbrücker Genetiker Jörn Walter. «In einem nächsten Schritt lernten die Bakterien vermutlich, einzelne Funktionen über die DNA-Methylierung zu steuern und fremde Gene, die sie nicht mehr vernichten konnten, gezielt abzuschalten.»

Von da an machte die Evolution die epigenetische Maschinerie immer vielschichtiger. Es entstanden die verschiedenen Formen der Histonmodifikation und die RNA-Interferenz. «Je komplexer die Lebewesen wurden, desto zahlreicher wurden auch die epigenetischen Regulationsebenen», sagt Walter. Mit diesem Fortschritt nahmen die Organismen aber auch Nachteile in Kauf: «Je differenzierter die Zellen regulieren, desto mehr Fehler können sie auch machen», sagt Walter. «Und dadurch steigen die Möglichkeiten, dass Krankheiten wie zum Beispiel Krebs entstehen.»

Die Epigenom-Manipulatoren

Blattschneiderameisen gehören zu den stärksten Tieren auf der Erde. Sie können das 12-Fache ihres Körpergewichts tragen. Doch das ist nur eine von vielen ihrer Spitzenleistungen: In den Nestern der eifrigen Tiere leben fünf bis acht Millionen Arbeiterinnen. Die Ausmaße dieser unterirdischen Anlagen sind gigantisch und umfassen mehr als tausend faust- bis fußballgroße Kammern. Für einen Bau in Brasilien mussten die Insekten 40 Tonnen Aushub beiseiteschaffen. Das entspricht «ungefähr einer Milliarde Ameisenladungen, von denen jede vier- bis fünfmal so viel wie eine Arbeiterin wiegt. Jede Ladung Erde wurde nach menschlichem Maßstab aus über einem Kilometer Tiefe hochtransportiert», schreibt der weltbekannte deutschstämmige Ameisenforscher Bert Hölldobler von der Arizona State University, USA.

Den Namen verdanken die Blattschneiderameisen aber ihrer auffälligsten Eigenschaft: Mit kräftigen, messerscharfen Mundwerkzeugen schneiden sie große Stückchen aus den Blättern der Bäume in der Umgebung heraus und schleppen sie unter die Erde. Dort zerkauen sie das pflanzliche Material und züchten darauf Pilze, deren Fäden den Blätterbrei wie Brotschimmel durchziehen. Von diesen Fäden ernährt sich das gesamte Volk. Und es isst täglich so viel davon, wie eine ausgewachsene Kuh an Gras verzehrt. Ein einziges Volk kann binnen einer Nacht einen ganzen Baum entlauben.

Zu den außergewöhnlichen Leistungen befähigt die Blattschneiderameisen nicht zuletzt ihr besonders wandelbarer zweiter Code. Denn nur er macht es möglich, dass in jedem Staat viele verschiedene, hochspezialisierte Arbeiterinnen leben. Diese bilden sogenannte Kasten, die sich äußerlich stark voneinander unterscheiden – als seien sie ein Superorganismus. «Das Kastensystem der Blattschneiderameisen gehört zu den vielschichtigsten unter den sozialen Insekten», weiß Hölldobler.

Die größten Tiere sind die Soldatinnen. Sie werden bis zu 16 Millimeter lang, haben breite Köpfe und bewachen den Bau. Etwas kleinere Ameisen schneiden die Blattstückchen aus den Bäumen und tragen sie vor die Eingänge des unterirdischen Insektenreiches. Dort lassen sie sie fallen, damit noch kleinere Kolleginnen sie weiter zerkleinern und zu den Pilzkammern transportieren. Dann kommen Vertreterinnen einer wiederum kleineren Kaste, die die Blattstückchen zerkauen, zu Kügelchen formen und in der Pilzkammer aufschichten. Hier wuseln die beiden kleinsten Typen von Arbeiterinnen vor sich hin. Die einen verteilen Pilzfäden auf neue, ungeimpfte Kügelchen, und die Allerkleinsten pflegen die Pilze wie Gärtner und halten sie sauber.

Die Soldatinnen wiegen 300-mal so viel wie die Minigärtnerinnen. Insgesamt gibt es mindestens sechs verschiedene, körperlich stark voneinander abweichende Kasten von Arbeiterinnen. Und doch sind sie alle Kinder der gleichen Königin und mindestens Halbgeschwister. (Bevor ihre Mutter den Staat gründete, hat sie sich mit mehreren Männchen gepaart und bewahrt zeitlebens einen Vorrat aller Spermien auf.) Deshalb gibt zweifellos die Umwelt den Ausschlag dafür, zu welcher Kaste eine Larve heranreift.

Allerdings wissen die Biologen bis heute nicht genau, welches Signal das Epigenom der jungen Ameisen umprogrammiert. Ähnlich wie bei den Bienenköniginnen könnte natürlich die Nahrung eine Rolle spielen, sagen Experten wie William Hughes von der University of Leeds, Großbritannien. Er tippt zudem auf Duftstoffe, die die erwachsenen Ameisen oder die Königin aussenden. Sogar die Temperatur und die Luftfeuchtigkeit an jener Stelle des Baus, an der eine Larve aufwächst, werden als heiße Kandidaten gehandelt. Für die letzten beiden Faktoren spricht immerhin, dass Ameisenforscher beobachtet haben, wie Arbeiterinnen die Larven im Bau herumtrugen und an Stellen mit verschiedenem Raumklima ablegten.

Dass Insekten prinzipiell in der Lage sind, die Entwicklung

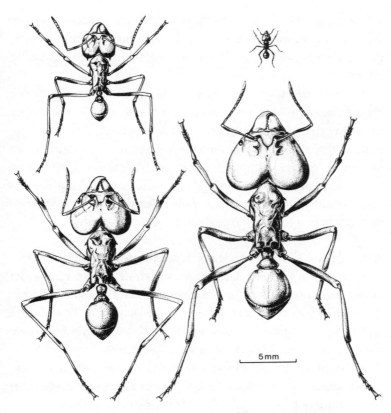

Kastensystem. Von 2 bis 16 Millimeter reicht die Größe der verschiedenen Typen von Arbeiterinnen der Blattschneiderameisen. Umwelteinflüsse sorgen dafür, zu welcher Kaste eine Larve in ihrem späteren Leben gehört.

ihres Nachwuchses über eine gezielte Veränderung der Temperatur zu steuern, fanden Biologen um Claudia Groh und Wolfgang Rössler von der Universität Würzburg heraus. Sie stellten fest, dass sich das Gehirn von Honigbienen unterschiedlich entwickelt, je nachdem, bei welcher Temperatur sie ihr Puppenstadium verbringen: «Indem die Ammenbienen die Umgebung der Puppen unterschiedlich temperieren, beeinflussen sie das spätere

Verhalten des Nachwuchses», sagt Rössler. Die Bienen benutzen zum mehr oder weniger starken Aufheizen ihres Stocks übrigens die eigene Flugmuskulatur. Diese erzeugt Wärme, wenn sie heftig zittert.

Eine so stark ausgeprägte Kastenbildung wie bei den Ameisen gebe es bei den Honigsammlern zwar nicht, sagt Rössler. Aber die erwachsenen Tiere würden verschieden oft den Bau verlassen, einige sogar nie: «Diese Unterschiede spielen im Sozialleben der Bienen sicher eine wichtige Rolle.» Und auch sie sind sehr wahrscheinlich epigenetisch bedingt, denn die Entwicklung des Gehirns wird letztlich ebenfalls von den Genaktivierungsprogrammen der beteiligten Zellen gesteuert.

Ameisen und Bienen befinden sich mit ihren empfindsamen Epigenomen in bester Gesellschaft: Bei vielen Reptilien entscheidet zum Beispiel die Umgebungstemperatur des Eis während einer sensiblen Phase über das spätere Geschlecht. Die Tiere haben keine geschlechtsbestimmenden X- und Y-Chromosomen, so dass das unterschiedlich gesteuerte Epigenom deren Aufgabe übernimmt. Krokodile, die bei 28 bis 31 Grad ausgebrütet werden, entwickeln sich deshalb zu Weibchen, ihre Geschwister, die einer Temperatur von 31 bis 34 Grad ausgesetzt sind, zu Männchen.

Das Schicksal von Wüstenheuschrecken hängt dagegen nicht von der Temperatur, sondern von der Populationsdichte ab: Vermehren sich die eigentlich ungeselligen grasgrünen Insekten so stark, dass sie sich nicht mehr aus dem Weg gehen können, werden sie braunschwarz und rotten sich zu riesigen Schwärmen zusammen. Diese fressen ganze Felder kahl und richten dermaßen große Zerstörungen an, dass sie sogar als biblische Plage Erwähnung fanden. Früher teilten Biologen die beiden epigenetisch grundverschiedenen Erscheinungsformen der gefräßigen Wanderer sogar in unterschiedliche Arten ein.

Michael Anstey von der University of Oxford hat gerade erst

82   Kapitel 2   Der Einfluss der Umwelt

entdeckt, dass die Insekten vermehrt den Nervenbotenstoff Serotonin produzieren, wenn sie ihren Artgenossen nicht mehr ausweichen können. Dadurch verändert sich die Programmierung ihres Erbguts. Und das verwandelt dann nicht nur ihr Äußeres von grün zu braun, sondern auch ihren Charakter vom Einzelgänger zum Schwarmtier.

Auf jeden Organismus prasseln unentwegt tausende verschiedene Botschaften aus der Umwelt ein. Und die Lebewesen haben die unterschiedlichsten Systeme entwickelt, damit umzugehen. Für besonders rasch auftretende Ereignisse, auf die sie schnell reagieren müssen, besitzen sie Sinnesorgane und eine Reflexkette. Andere Umwelteinflüsse wirken dagegen gleichbleibend über Jahre und Jahrzehnte hinweg. Bei ihnen macht die epigenetische Antwort Sinn. Lebt ein Mensch zum Beispiel in einer Dürrezeit, so ist es eine ideale Anpassung, wenn sich die Zellen seines Hormonsystems derart umprogrammieren, dass sich sein Stoffwechsel langfristig mit einer geringen Energiezufuhr zufriedengibt.

Ein Beispiel aus der Welt der Wasserflöhe zeigt, wie gut dieses Modell in der Realität funktioniert: Sobald sich zu viele ihrer Hauptfeinde, eine Art von Mückenlarven, im Wasser aufhalten, wachsen den winzig kleinen Krebsen Schutzhauben. Diese helfen bei der Flucht vor den Larven. Das Haubenwachstum verbraucht allerdings viel Energie, die dann bei anderen Aufgaben fehlt.

Ob die kleinen Krebse mit oder ohne Schutzhaube leben, hängt letztlich davon ab, welche der beiden Strategien zu einem bestimmten Zeitpunkt den größten Vorteil verschafft. Und das messen die Zellen der Wasserflöhe anhand eines bestimmten Signals aus der Umwelt: Sind größere Mengen einer Chemikalie im Wasser, die ihre Feinde absondern, schalten sie auf Haubenbau; nimmt die Menge der Substanz ab, schalten sie zurück, und es wachsen wieder vermehrt Wasserflöhe ohne Haube heran. Gibt es nur wenig Feinde, ist das Haubenwachstum Energieverschwendung. Gibt es viele, ist es lebensrettend.

Auch uns Menschen hat die Umwelt sehr viel stärker im Griff, als wir ahnen, weiß der Genforscher Jörn Walter. «Fast alles wirkt sich über die Epigenetik irgendwie auf unsere Gene aus: Essen, Verhalten, Gifte, Stress, möglicherweise sogar klimatische Veränderungen.» Äußere Faktoren beeinflussen etwa über das Nerven- und das Hormonsystem unsere Physiologie, bis hin zum Stoffwechsel der einzelnen Zelle. Jeder dieser Faktoren besitzt das Zeug zum Epigenom-Manipulator und hat damit das Potenzial, uns auf Dauer zu verändern.

Für Epigenetiker ist schon lange klar, dass wir Menschen von vielen ähnlichen Prozessen bestimmt sind wie Bienen, Ameisen, Reptilien oder Wasserflöhe. Wir brauchen uns zwar nicht mit Hauben vor Mückenlarven zu schützen und besitzen auch kein allzu strenges biomorphologisches Kastensystem. Aber auch in unserem Gehirn bewirken zum Beispiel persönliche Erfahrungen, dass manche Gene mehr oder weniger stark aktiviert werden, was schließlich unseren Charakter und unser Sozialverhalten ändert. Und selbstverständlich stehen unser Stoffwechsel, unsere Körpergröße oder unser Körpergewicht ebenfalls unter epigenetischem Einfluss.

Der Bostoner Stammzellforscher Rudolf Jaenisch spitzt Walters Aussage deshalb drastisch zu: «Was Sie heute Mittag gegessen haben, hat irgendwie seinen Weg zu Ihrem Erbgut gefunden. Wir wissen heute nur noch nicht, wie.» Dieses «Wie» aufzuklären – oder anders gesagt: die entscheidenden Epigenom-Manipulatoren zu finden – wird in den kommenden Jahren eine der zentralen Aufgaben der Epigenetiker sein. Dabei werden sie ganz nebenbei viele neue Wege aufzeigen, wie wir die Genaktivität unserer Zellen zielgenau und direkt im Dienste unserer Gesundheit beeinflussen können.

Vor der epigenetischen Revolution dachte man, Umwelteinflüsse wie Liebesentzug, Kultur oder die Nahrung könnten nur akut in das Verhalten, die Psyche oder das Hormonsystem eingreifen. Verschwänden die Signale, verschwände weitgehend auch ihre Wirkung. Die neue Sicht ist grundlegend anders: Die Zellen haben ein Gedächtnis, das mit Hilfe einer bleibenden Veränderung ihres Epigenoms Reaktionen auf die Umwelt speichert.

Viele Genetiker taten sich anfangs schwer, das anzuerkennen. Jörn Walter koordinierte zusammen mit Bernhard Horsthemke von 2002 bis 2008 ein Schwerpunktprogramm der Deutschen Forschungsgemeinschaft zum Thema Epigenetik. «Mit das Wichtigste scheint mir rückblickend gewesen zu sein, dass die Epigenetik als Forschungsfeld durch die Aufwertung der Deutschen Forschungsgemeinschaft einen ganz anderen Stellenwert bekommen hat», resümiert Walter. Es gebe inzwischen gleich mehrere Folgeprogramme und andere Länder hätten ähnliche Projekte angeschoben.

Epigenetiker hatten es lange nicht leicht. Noch vor einem Jahrzehnt wurden sie von den meisten Kollegen belächelt. «Ein bisschen stand immer der Vorwurf im Raum, wir würden keine solide Wissenschaft betreiben. Man hielt uns fast schon für so etwas wie esoterisch angehauchte Spinner», erinnert sich Walter. Dass allein die Gene im Zellkern das Sagen haben, war ein Dogma – ein falsches, wie man heute weiß.

Der Psychosomatik-Professor Joachim Bauer hat ganz ähnliche Erfahrungen gemacht: «Mein Buch ‹Das Gedächtnis des Körpers› wurde wegen der Aussage, dass der Lebensstil einen prägenden Einfluss auf das Erbgut hat, lange Zeit als unseriös abgekanzelt.» Dem Erfolg des 2002 erstmals erschienenen Buches hat das allerdings keinen Abbruch getan, und die faszinierende Botschaft war schon damals absolut korrekt.

Biologie des Schicksals

Warum sterben immer wieder Menschen an Krebs, die viel Sport gemacht, nie geraucht und zeitlebens auf eine gesunde Ernährung geachtet haben? Warum bekommen die einen schon im Alter von 70 Jahren Alzheimer, während andere geistig rege ihren hundertsten Geburtstag feiern? Was lässt die einen immer dicker werden und vielleicht sogar an Diabetes erkranken, obwohl sie auch nicht viel mehr essen als andere, die rank und schlank bleiben?

Unsere Konstitution, unsere Gesundheit, unser Stoffwechsel oder der Zustand unseres Nervensystems sind nicht beliebig variierbar. Vieles ist durch die Erbanlagen festgelegt: Es gibt zum Beispiel sogenannte Krebsgene; sind sie krankhaft verändert, erhöht das deutlich die Wahrscheinlichkeit, dass wir einen bösartigen Tumor bekommen. Zu den bekanntesten gehört das Brustkrebsgen *BRCA1*. Funktioniert das von ihm codierte Protein nicht richtig, sterben entartete Zellen nicht mehr von allein ab. Das steigert vor allem das Risiko für Brustkrebs, aber auch für Krebs an Eierstock, Darm oder Prostata.

Auch gibt es Genvarianten, die manche Menschen zu guten Nahrungsverwertern machen. Sie scheinen dann schon zuzunehmen, wenn sie «das Essen nur anschauen», während beispielsweise ihre Partnerinnen dünn bleiben, obwohl sie fast das Gleiche essen. In so einem Fall hat das Paar wahrscheinlich verschiedene Versionen des Gens *INSIG2* geerbt. Es enthält den Bauplan eines Proteins, das den Fettstoffwechsel reguliert und mit entscheidet, wie gut oder schlecht der Körper die Energie aus der Nahrung speichert.

Manche Menschen essen aber auch besonders viele Snacks und Süßigkeiten oder werden nicht rechtzeitig satt, was sie dann zu viel essen lässt. Auch das kann am Erbgut liegen, fanden US-Forscher um den Neurologen Eric Stice 2008 heraus: Wer eine bestimmte Variante des Gens für einen speziellen Botenstoffrezeptor im Gehirn geerbt hat, empfindet nach dem Genuss eines Schokoriegels weniger schnell Zufriedenheit als andere und möchte mehr. Denn bei diesen Menschen wirkt der Botenstoff Dopamin vergleichsweise schlecht. Mit dieser Substanz belohnt das Gehirn einen Menschen, indem es ihm gute Gefühle vermittelt.

Die Reihe solcher Beispiele ließe sich beliebig fortsetzen. Allerdings gibt es nur wenige Krankheiten oder Befindlichkeitsstörungen, für die ausschließlich veränderte Gene verantwortlich zeichnen. Allen ist gemein, dass es sich um seltene Leiden handelt. Sämtliche Volkskrankheiten dagegen – Infektionen einmal ausgenommen – haben eine Vielzahl von Ursachen. Es muss schon eine Menge zusammenkommen, damit jemand an Krebs, einem Herzinfarkt, Morbus Alzheimer, Fettsucht oder Diabetes erkrankt. Die Rolle der Gene wird dabei deutlich überschätzt. Das Brustkrebsgen *BRCA1* ist zum Beispiel je nach Analyse nur bei jeder zwanzigsten bis zwölften Frau mit Mammakarzinom mutiert. Und selbst wer ein verändertes Gen geerbt hat, muss nicht unbedingt an Krebs erkranken. Ärzte raten Betroffenen derzeit nur zu einem besonders intensiven Früherkennungsprogramm.

Auch bei der Veranlagung zum Übergewicht mischt das Erbgut nur teilweise mit. Bezogen auf das gerade erwähnte Beispiel *INSIG2* weiß der Wiener Genetiker Markus Hengstschläger: «Menschen, die diese Genvarianten tragen, sind zu 30 Prozent häufiger übergewichtig als andere.» Die restlichen 70 Prozent entfallen auf weitere Gene und Umwelteinflüsse: Schlafqualität, Nahrung, Alkoholkonsum, Bewegungsfreude, dauerhafte Medikamenteneinnahme, zurückliegende Krankheiten und vieles mehr.

Dank der Epigenetik gewinnen die äußeren Einflüsse wieder mehr an Bedeutung. «Es ist bekannt, dass typische Alterskrankheiten wie Alzheimer, Krebs oder Parkinson neben der genetischen Komponente wahrscheinlich auch eine sehr starke Umweltkomponente haben», weiß der Bostoner Rudolf Jaenisch. Da spiele dann zum Beispiel die Ernährung eine große Rolle: «Dass das, was man im Laufe seines Lebens isst, epigenetische Systeme verändern kann, wissen wir unter anderem von Krebs.» So sei der große Einfluss der Ernährung auf das Darmkrebsrisiko inzwischen mit «ganz harten Daten» eindeutig belegt.

Anders als viele Meinungsführer noch in den 1990er Jahren verkündeten, ist die Biologie des Schicksals also deutlich mehr als reine Genetik. Sie hat es vor allem mit den Auswirkungen des Lebensstils und der Umwelt auf Körper und Geist zu tun. Und dank der Epigenetik wissen wir inzwischen auch, wer die Vermittlungsarbeit dabei übernimmt: die Epigenome unserer Zellen.

Zahllose Studien belegen mittlerweile, wie gut es für uns ist, wenig tierische Fette, viel Fisch und reichlich frisches Obst und Gemüse zu essen sowie sich mehrfach in der Woche für längere Zeit körperlich zu betätigen und auf ausreichenden Schlaf zu achten. Es besteht kein Zweifel: Mit einer gesunden Lebensweise können wir unser biomedizinisches Schicksal verändern.

Die Macht des zweiten Codes geht allerdings noch weiter. Epigenetische Schalter sind in der Lage, mutierte Gene stummzuschalten. Damit können sie einerseits ein erhöhtes Risiko für Krankheiten wie Krebs oder Herzschwäche auf ein normales Maß zurückschrauben. Andererseits richten sie mitunter Schaden an, indem sie Gene stummschalten, deren Produkte unsere Zellen vor Zerstörung oder Entartung schützen.

Die Eingangsfragen dieses Kapitels sind damit aber noch immer nicht beantwortet: Wieso passiert es so oft, dass Menschen schwer erkranken, obwohl sie die vielen Tipps der modernen Lebensstilforschung verinnerlicht haben? Auch hier spielt neben der Genetik die Epigenetik die entscheidende Rolle: Ein Großteil der Genaktivierungsprogramme verschaltet sich schon im Mutterleib oder in den ersten Jahren nach der Geburt. Wie alle anderen

Organismen werden auch wir so bereits frühzeitig auf das spätere Leben vorbereitet.

Die allerersten epigenetischen Entscheidungen unserer Zellen leiten die programmierte biologische Entwicklung zum normalen Menschen ein. Die nächsten sorgen aber schon dafür, dass wir uns in einer spezifischen Umwelt besonders gut zurechtfinden. Sie verändern unsere Physiologie, damit sie möglichst lange und möglichst gut an das erwartete Leben angepasst ist. Offenbar sind dabei die meisten Weichenstellungen, die das Epigenom in einer frühen Lebensphase vornimmt, hartnäckiger als spätere Änderungen. Die Täler der epigenetischen Landschaft werden mit der Zeit eben immer tiefer.

Das heißt: Was unsere Mutter gegessen hat, während sie mit uns schwanger war, hat unter Umständen mehr Auswirkungen auf unsere Gesundheit im Alter als die Mahlzeiten, die wir gerade zu uns nehmen. Und der Botenstoff-Mix, der unser Gehirn in den Monaten vor und nach der Geburt überschwemmt, prägt unsere Persönlichkeit oft stärker als die Erziehung, die wir in den vielen Jahren danach genießen.

Es sei geradezu der Zweck der Epigenome, Reaktionen auf die Umwelt möglichst gut und frühzeitig «festzufrieren», erklärt der Basler Molekularbiologe Renato Paro. «Die Natur hat das epigenetische System entwickelt, damit es sicherstellt, dass Entscheidungen, die einmal in der Entwicklung getroffen wurden, auch möglichst lang erhalten bleiben.»

Das heißt nicht, dass es keinen Sinn macht, auf einen gesunden Lebensstil zu achten. Doch es ist für manche wichtiger als für andere: Wer sowohl genetisch als auch epigenetisch vorbelastet ist, muss sich ganz besonders anstrengen, um sein Erbgut noch entscheidend in die richtige Richtung umzuprogrammieren. In der epigenetischen Landschaft eines solchen Menschen muss die Murmel einen höheren Bergrücken als bei anderen überwinden, um ins Tal der Gesundheit und des langen Lebens zu gelangen.

Biologie des Schicksals   89

Dass uns die epigenetischen Veranlagungen oft genug schon in die Wiege gelegt werden, obwohl sie nicht geerbt sind, zeigen besonders anschaulich die neuen Forschungsresultate der Gruppe um den Psychobiologen Dirk Hellhammer von der Universität Trier. Körper und Geist reagieren bei verschiedenen Menschen unterschiedlich stark auf außergewöhnliche Belastungen, sagt Hellhammer. Nach seinen Beobachtungen bei 1200 Menschen werde diese Empfindlichkeit «zu etwa 70 Prozent in den Monaten um die Geburt im epigenetischen Muster des Gehirns und Hormonsystems festgelegt».

Am rätselhaften Schmerzleiden Fibromyalgie erkranken zum Beispiel überwiegend Frauen. Die Trierer Wissenschaftler entdeckten jetzt, dass die Mehrheit von ihnen ungewöhnlich früh geboren worden war. «Vermutlich hatte ihre Mutter im letzten Schwangerschaftsdrittel sehr viel Stress», erklärt der Psychobiologe. Der habe zum einen die verfrühte Geburt ausgelöst. Zum anderen gelangte durch ihn «in das fetale Blut sehr viel des mütterlichen Stresshormons Cortisol». Die eigenen cortisolproduzierenden Zellen in der Nebennierenrinde wurden dann bei den Feten vermutlich epigenetisch so umprogrammiert, dass sie selbst nur noch relativ wenig Cortisol herstellten.

Sofern keine außergewöhnliche Belastung auftritt, muss sich diese Eigenschaft im späteren Leben gar nicht weiter auswirken. Im Laufe der Evolution dürfte sich die Reaktion des Epigenoms sogar als sinnvolle Anpassung an eine stressreiche Umwelt bewährt haben – vor vielen Millionen Jahren. Im modernen Menschenleben hat sie aber manchmal ernste Folgen, vermutet Hellhammer.

Tritt irgendwann ein extremer körperlicher oder seelischer Stress auf – zum Beispiel durch den Krebstod der Schwester, die umfassende Pflege des alzheimerkranken Partners, ein eigenes ernsthaftes Leiden, die Beteiligung an einem schweren Unfall oder Ähnliches –, können Betroffene die Schutzfunktionen des Cortisols womöglich nur unzureichend mobilisieren. Das könnte

dann neben anderen Leiden auch einen Fibromyalgie-Schub bewirken. «Männer sind davon so selten betroffen, weil bei männlichen Feten wahrscheinlich weit weniger mütterliches Cortisol
in die Blutbahn gelangt», sagt Hellhammer.

Es scheint also äußerst hilfreich für unser Schicksal zu sein, wenn
unsere Zellen so früh wie möglich überzeugt davon sind, in eine
gute Welt hineingeboren zu sein.

Warum Zwillinge sich auseinanderleben

Lizzie Jaeger und Käthe Burlund sind 81 Jahre alt. Die ersten zwei
Jahrzehnte ihres Lebens verbrachten die Däninnen die meiste Zeit
zusammen – ganz wie es sich für eineiige Zwillinge gehört. Doch
dann gingen sie getrennte Wege, heirateten und wohnen seitdem
so weit voneinander entfernt, dass sie sich nur noch gelegentlich
besuchen. Die rüstigen Damen ähneln sich auch heute noch in
Kleidung, Blick und Körpersprache, insgesamt allerdings weniger
stark, als man erwarten würde. Der größte Unterschied zwischen
den beiden findet sich jedoch in ihren Krankenakten: Käthe hat
Diabetes, Lizzie nicht.
  Genauso geht es Doris Nielsen und Gerda Hansen, beide 77 Jahre alt und ebenfalls eineiige Zwillinge aus Dänemark. Sie gleichen
sich äußerlich zwar noch immer wie ein Ei dem anderen, mögen
ähnliche Farben, haben die gleiche Frisur und fast identische
Brillen – doch nur Doris leidet an der Zuckerkrankheit. Interes-
sant ist auch das Schicksal von Ana Maria und Clotilde Rodriguez.
Die Spanierinnen sind 70 Jahre alte eineiige Zwillinge. Trotz ihres
Alters machen sie sich offenbar noch immer gerne einen Spaß
daraus, ihre Mitmenschen mit nahezu identischen Frisuren und
dem gleichen Make-up zu narren. Ana Maria sagt allerdings über
Clotilde, sie sei viel geselliger. Der gravierendste Unterschied be-

trifft jedoch wie bei den dänischen Zwillingspaaren die Gesundheit: Ana Maria hat Brustkrebs, Clotilde nicht.

Eineiige Zwillinge. Für die Zeitschrift *Geo* hat der Fotograf Andreas Teichmann Zwillingspaare fotografiert, die an Studien von Epigenetikern teilgenommen hatten. Die Forscher fanden heraus, dass sich der zweite Code in den Zellkernen älterer Zwillingspaare deutlich unterscheidet. Das könnte erklären, warum Doris Nielsen an Diabetes leidet, ihre Schwester Gerda Hansen jedoch nicht (links) oder Ana Maria Rodriguez im Gegensatz zu ihrer Schwester Clotilde Brustkrebs hat (rechts).

Selbst in jungen Jahren können sich eineiige Zwillinge bereits deutlich voneinander unterscheiden, wenn es um die Biochemie in ihrem Körper geht. So hat die 23-jährige Spanierin Patricia García-Rama Pacheco eine Blutgerinnungsstörung namens *Pseudohämophilie*, ihre Schwester Concepcion nicht. Auch sonst ähneln sich die beiden gar nicht so sehr – Concepcion hat lange, glatte dunkle Haare und trägt einen braven rosafarbenen Pullover. Ihre Schwester Patricia bevorzugt eine modische Kurzhaarfrisur, schwarze Kleidung und auffällige Ohrringe. Der Versuch, sich voneinander zu unterscheiden, scheitert allerdings an den verblüffend ähnlichen Gesichtszügen: Beide schauen einen mit großen braunen Augen an und reden mit den gleichen sanft geschwungenen, vollen Lippen.

All diese Zwillingspaare hat der Fotograf Andreas Teichmann im Jahr 2007 für die Zeitschrift *Geo* porträtiert. Sie gehören zu den

Teilnehmern zweier Epigenetik-Studien aus Spanien und Dänemark. Untersucht wurde jeweils, ob und – wenn ja – warum sich eineiige Zwillinge mit zunehmendem Alter immer unähnlicher werden. Die Forscher nahmen gezielt den zweiten Code ihrer Probanden in den Blick. Und sie wurden fündig.

Mario Fraga vom Nationalen Krebszentrum in Madrid wertete mit einem internationalen Forscherteam Gewebeproben von 40 eineiigen Zwillingspaaren aus. Die jüngsten waren drei, die ältesten 74 Jahre alt. Eine erste Analyse ergab, dass alle Geschwister tatsächlich genetisch identisch waren. Wie erwartet, liegt es also nicht an den Genen, dass eineiige Zwillinge immer auch ein bisschen verschieden sind, unterschiedliche Charaktere und eine mehr oder weniger gute Gesundheit haben.

Die meisten Experten vermuten, dass die verschiedenen Einflüsse aus der Umwelt die Abweichungen bei Zwillingen verantworten. Für die Wissenschaft sind eineiige Zwillinge deshalb schon lange ein perfektes Experiment der Natur, machen sie doch anschaulich, wie groß der geerbte und wie groß der erworbene Anteil unserer Eigenschaften ist. Da ihre Gene identisch sind, können die verbliebenen Unterschiede der Theorie zufolge nur eine nichtgenetische Ursache haben. Sogenannte Zwillingsstudien sind daher ein beliebtes Forschungsfeld der Genetiker. Dank dieser Studien weiß man heute von so ziemlich jeder Eigenschaft, zu wie viel Prozent sie von den Genen determiniert ist und zu wie viel von anderen Faktoren.

Offen blieb dabei aber immer, wie es den Umwelteinflüssen überhaupt gelingt, die menschliche Physiologie nachhaltig zu verändern. Fraga und Kollegen tippten auf die epigenetischen Schalter, da sie die Auswirkungen des Lebensstils und anderer Umwelteinflüsse in unseren Zellkernen dauerhaft festhalten. Deshalb untersuchten sie, wie stark die DNA der Zwillinge an bestimmten Stellen methyliert war und ob dort unterschiedliche Anhängsel an die Histonproteine angelagert waren.

Das Resultat ist einer der besten Belege dafür, dass der zweite Code tatsächlich die Aufgabe hat, den Zellen eines Organismus die Kommunikation mit der Umwelt zu ermöglichen. «Die jüngsten Zwillingspaare sind epigenetisch gleich, während sich die ältesten Paare am deutlichsten voneinander unterscheiden», lautet Fragas Fazit. Je älter ein Zwilling ist, desto länger war er der Umwelt ausgesetzt, und desto häufiger hat deren Einfluss seine Epigenome verformt. Deshalb müssten die Unterschiede zwischen Zwillingsgeschwistern mit dem Alter zwangsläufig zunehmen, weil die Anzahl verschiedener epigenetisch prägender Erfahrungen ebenfalls wachse, so Fraga.

Eine Befragung der Zwillinge bestätigte diese Vermutung eindrücklich: Insgesamt entdeckten die Forscher bei etwa einem Drittel der Paare deutliche epigenetische Unterschiede. Es waren fast ausschließlich ältere Zwillingspaare, und unter diesen zeigten sich ausgerechnet bei jenen die ausgeprägtesten Differenzen, die einen größeren Teil ihres Lebens in getrennten sozialen Umfeldern gelebt hatten oder eine unterschiedliche «medizinhistorische Vergangenheit» aufwiesen.

Dass die 23-jährigen Schwestern Patricia und Concepcion trotz ihrer Jugend schon verschiedene Krankheiten haben, ist also eher ungewöhnlich. Das unterschiedliche Schicksal der älteren Probandinnen ist dagegen fast schon normal: Bekommt ein eineiiger Zwilling Diabetes, leidet nur in jedem dritten Fall auch der andere daran. Dies ist nicht nur ein weiterer Beleg dafür, dass die Volkskrankheit stärker von Umwelteinflüssen als vom Genom ausgelöst wird. Es unterstreicht auch, welche Macht der zweite Code insgesamt hat: «Schon kleine Unterschiede im Epigenom können große Auswirkungen auf den Phänotyp einer Person haben», schreiben Fraga und Kollegen.

Diesen Punkt wollte Pernille Poulsen vom Steno Diabetes Center in Gentofte, Dänemark, noch etwas genauer unter die Lupe nehmen. Im Jahr 2007 untersuchte sie mit dem Spanier Fraga und weiteren Kollegen gezielt die Epigenome von Zwillingspaaren aus Dänemark, von denen ein Geschwister an einer Alterskrankheit erkrankt war und das andere nicht. Ihr Fazit: Die epigenetischen Veränderungen, die im Alter zum Ausbruch einer Krankheit beitragen können, geschehen zum Teil rein zufällig, zum anderen Teil sind sie aber auch eine Folge von Umwelteinflüssen.

Ganz nebenbei belegen die Analysen aus Spanien und Dänemark damit, dass die Epigenetik viel mehr ist als ein Programm, das die Entwicklung, Individualisierung und Ausdifferenzierung einzelner Körperzellen steuert. Der zweite Code wandelt sich unser ganzes Leben lang, nicht nur während der Embryonalentwicklung. Und wir können ihn selbst im Alter noch positiv – aber natürlich auch negativ – beeinflussen.

Dass dieser Aspekt uns allen gehörig zu denken geben sollte, zeigt der drastischste Befund der dänisch-spanischen Epigenetiker: In den Zellen der Mundschleimhaut von Rauchern blockieren deutlich mehr Methylgruppen die Gene für krebshemmende Proteine als bei ihren nichtrauchenden Zwillingsgeschwistern. Offensichtlich hat der Nikotingenuss die Epigenome der Abhängigen derart verändert, dass sich ihre Zellen nicht mehr so gut gegen die Entartung wehren können. Das ist sicher einer der Gründe dafür, dass unter Rauchern Krebserkrankungen viel häufiger sind als unter Nichtrauchern.

Natürlich hat es sich schon längst herumgesprochen, dass Zigarettenkonsum das Risiko deutlich erhöht, an Lungenkrebs und vielen anderen Krebsarten zu erkranken. Und doch lassen sich nur wenige Raucher von ihrem gefährlichen Laster abbringen. Vielleicht ändern das die Studien der Epigenetiker. Denn sie bringen neue biologische Zusammenhänge ans Tageslicht: Wer sich dem Gift Nikotin aussetzt, spielt ein gefährliches Spiel mit den Schaltern an seinem Genom. Er verändert sie so, dass der Krebs in Zukunft kaum noch auf eine zelluläre Gegenwehr trifft und leichtes Spiel hat.

Viele Molekularbiologen sind heute überzeugt, in den epigenetischen Veränderungen, die jeder von uns im Laufe der Zeit in seinen Zellen anhäuft, eine der Hauptursachen dafür gefunden zu haben, ob Alterskrankheiten auftreten oder nicht. Doch bis vor kurzem war noch nicht einmal belegt, ob es diese Veränderungen tatsächlich gibt. Das änderte jetzt neben den Zwillingsstudien aus Spanien und Dänemark ein Team um Hans Bjornsson von der Johns Hopkins University in Baltimore, USA.

Die Forscher publizierten im Jahr 2008 epigenetische Analysen des Erbguts von 111 Isländern und 126 US-Amerikanern. Ihre Probanden waren zweimal im Abstand von 11 beziehungsweise 16 Jahren untersucht worden. Das eindeutige Resultat: Im Laufe der Zeit hatten sich die biochemischen Schalter an der DNA vieler getesteter Individuen deutlich verändert.

Seitdem ist klar, dass sich nicht nur die Epigenome zweier genetisch gleicher Menschen unterscheiden können, sondern auch die Epigenome desselben erwachsenen Menschen zu verschiedenen Zeitpunkten. Andrew Feinberg, einer der Autoren der Johns-Hopkins-Studie, interpretiert die bahnbrechenden Resultate wie folgt: «Wir beginnen zu sehen, dass die Epigenetik im Zentrum der modernen Medizin steht, denn die Ernährung oder andere Umwelteinflüsse können epigenetische Strukturen verändern, die in allen Zellen eines Körpers gleiche DNA-Sequenz aber nicht.»

Diese Erkenntnis hat fraglos eine Menge wichtiger Konsequenzen für unser tägliches Leben und für die Zukunft der biomedizinischen Wissenschaft.

KAPITEL 3
Die Entstehung der Persönlichkeit: Was den Charakter stark macht

Wenn Ratten ihre Kinder nicht lecken

Das sind doch alles ganz gewöhnliche Laborratten, denken die meisten Laien, wenn sie einen von Michael Meaneys Versuchsräumen an der McGill University in Montreal betreten. Richtig niedlich, wie überall kleine Grüppchen der Nager in ihren Käfigen umherwuseln, wie sie sich gegenseitig beschnuppern, putzen, kraulen und lecken oder Mütter mit ihren Kindern kuscheln. Doch der Eindruck täuscht: Manche Ratten sind anders als die anderen. Sie treten aggressiv, ängstlich, reizbar, ungesellig und hypernervös auf. Andere Versuchstiere wiederum zeigen sich besonders mutig, kuschelbereit, freundlich und auch lernfähig.

Der kanadische Hirnforscher und Verhaltensbiologe Meaney weiß genau, warum das so ist: Die Mütter der ängstlichen Tiere haben sich in den ersten acht Tagen nach der Geburt nicht ausreichend um die Kleinen gekümmert. Es sind sogenannte *non-licking mothers* – Mütter, die ihren Nachwuchs nicht lecken.

Die mutigen Tiere hingegen wurden in diesem Zeitfenster von ihren Müttern besonders gut umsorgt. Dabei spielte es übrigens keine Rolle, ob es sich um ihre eigenen Kinder handelte oder nicht: Vertauschten die Forscher die Jungen, wurden immer jene Ratten zu ängstlichen Tieren, deren Mütter sie vernachlässigten – ganz egal, ob sie mit ihnen verwandt waren oder nicht. Es sind also nicht die Gene, die für die massiven Charakterunterschiede bei den Versuchstieren verantwortlich sind, sondern deren erste Erfahrungen. Die Zeit nach der Geburt scheint eine besonders sensible Phase im Leben einer Ratte zu sein. Offenbar treffen ihre Gehirnzellen dann ein paar grundsätzliche und größtenteils bleibende Entscheidungen.

Diese Erkenntnis war eigentlich nicht neu, als Meaney und seine Kollegen Ian Weaver und Moshe Szyf ihre Resultate im Jahr 2004 publizierten. Berühmt und viel zitiert wurde die Studie, weil sie als erste zeigen konnte, dass das gegensätzliche Verhalten der Nager sich in Veränderungen des epigenetischen Musters von Gehirnzellen widerspiegelt.

Sogenannte *licking and grooming*-Experimente gab es bereits Ende der 1990er Jahre. Sie heißen so, weil die mütterliche Fürsorge bei Ratten denkbar einfach zu messen ist: anhand der Häufigkeit, mit der eine Mutter ihre Jungen leckt (*licking*) und putzt oder krault (*grooming*). Mit diesen Aktionen vermittelt sie ihren Jungen das Gefühl von Geborgenheit, das sie so dringend brauchen. Denn je geborgener die Kleinen sich fühlen, desto stabiler begegnen sie zukünftigen Bedrohungen, und desto ausgeglichener sind sie. Da die Erfahrungen der ersten Tage sich tief in ihr Gehirn «einbrennen», hält dieser Effekt, sofern nichts Außergewöhnliches dazwischenkommt, zeitlebens an.

Meaney und Kollegen entdeckten 2004, wie das «Einbrennen» der Information auf der epigenetischen Ebene funktioniert. Die ersten Erlebnisse beeinflussen in einer wichtigen Gruppe von Hirnzellen das Muster der Methylgruppen an der DNA und die Histonmodifikationen an einem bestimmten Gen. Dadurch kann dieses Gen mehr oder weniger gut abgelesen werden. Und dieses Gen enthält ausgerechnet den Bauplan einer Andockstelle für das Stresshormon Cortisol.

Wie die Kanadier in einem nächsten Schritt zeigten, haben die Jungen der *non-licking mothers* tatsächlich besonders wenig Stresshormon-Andockstellen im *Hippocampus*, einer zentralen Gehirnregion, deren Aufgabe das Erinnern und Verarbeiten von

98 Kapitel 3 Die Entstehung der Persönlichkeit

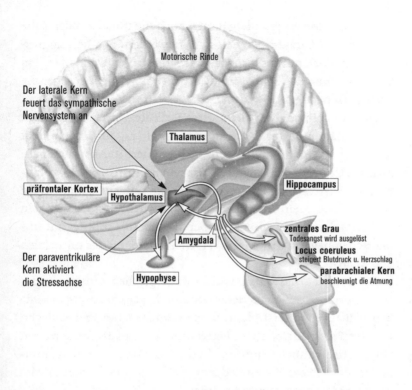

Zentren für Gedächtnis, Angst und Stress. Querschnitt durch das menschliche Gehirn: Pro Hirnhälfte gibt es einen *Hippocampus*, der Informationen aus dem Kurzzeitgedächtnis vor der Übertragung ins Langzeitgedächtnis auswertet und zwischenspeichert. Die *Amygdala* (Mandelkern) bewertet Eindrücke und löst Emotionen und Angst aus. Der *Hypothalamus* aktiviert die Stressreaktion des Körpers (Stressachse), indem er die *Hypophyse* (Hirnanhangdrüse) zur Ausschüttung von Botenstoffen veranlasst, die unter anderem den Cortisolspiegel anheben.

Erfahrungen ist. Dadurch schüttet ihre Hirnanhangdrüse auch schon bei vergleichsweise geringen Belastungen ungewöhnlich viele Signale zur Erhöhung des Stresshormonspiegels ins Blut.

Das erklärt, warum die vernachlässigten Tiere stressanfälliger sind als die häufig abgeleckten. Für sie sind manche Ereignisse bereits belastend, die andere Ratten noch nicht mal aus der Ruhe bringen. Ihr Charakter wandelt sich, sie werden ängstlich, aggressiv und können mitunter sogar schlechter lernen, weil unter dem Dauerbeschuss des Gehirns mit Cortisol ganz nebenbei sogar die Lernzentren leiden.

Evolutionsbiologisch bietet diese Reaktion durchaus Vorteile: Können Rattenmütter ihre Jungen nicht richtig umsorgen, liegt das meist an einer ungünstigen, sie besonders in Anspruch nehmenden Umwelt. Die Jungen entwickeln nun ein besonders empfindliches Stressreaktionssystem, das sie wie ein Schutzschild auf die schlechten Lebensbedingungen vorbereitet. Sie werden rücksichtsloser und misstrauischer als andere – mit der auf uns Menschen negativ wirkenden Begleiterscheinung des unsozialen Verhaltens.

Ein Beispiel, das den positiven biologischen Einfluss vieler Stresshormone auf einen heranwachsenden Organismus wesentlich plakativer unterstreicht, fanden Eunice Chin und Kollegen von der Trent University in Peterborough, Kanada. Sie spritzten eine cortisolähnliche Substanz in die Eier von Staren und simulierten deren Embryonen dadurch, dass sie in einer harten, riskanten Umwelt ausgebrütet wurden.

Nach drei Wochen machten die Forscher Flugtests mit den Jungvögeln. Und siehe da, die künstlich gestressten Vögel schnitten deutlich besser ab, stellten sich geschickter an, hatten kräftigere Flugmuskeln und größere Flügel als ihre gewöhnlichen Artgenossen. Das sei eine sinnvolle Anpassung an schlechte Umweltbedingungen, folgerten die Forscher. Jetzt könnten die Vögel der unwirtlichen Umgebung schlichtweg besser davonfliegen.

Nicht nur das Cortisol wirkt auf den zweiten Code, ist Michael Meaney überzeugt: «Vergleicht man die Genaktivität im *Hippocampus* der erwachsenen Nachkommen von Ratten, die ihre

Jungen besonders viel oder besonders wenig geleckt und gepflegt haben, so zeigen sich Unterschiede bei ein paar hundert Genen. Das legt nahe, dass die Intensität der mütterlichen Zuneigung das epigenetische Programm im Gehirn der Nachkommen im großen Stil verändert.» Potenzielle Ansatzpunkte für eine epigenetische Prägung unseres Charakters gibt es jedenfalls genug. Neben den Stresshormonen beeinflussen noch eine Vielzahl weiterer Botenstoffe die Erregbarkeit von Gehirnzellen – und damit das Verhalten und die Persönlichkeit von Tier und Mensch.

Da sind zum Beispiel Oxytocin und Vasopressin. Sie bestimmen neueren Studien zufolge entscheidend mit, wie sozial sich Säugetiere verhalten. Beide Stoffe «sind assoziiert mit der Entstehung von sozialer Bindung und elterlicher Fürsorge sowie mit der Regulation von Stress, sozialer Kommunikation und emotionaler Zuwendung», weiß Alison Fries, Psychologin von der University of Wisconsin in Madison, USA.

Oxytocin und Vasopressin werden auch als «Kuschelhormone» bezeichnet, weil Säugetiere sie immer dann in größeren Mengen ausschütten, wenn sie mit Artgenossen Zärtlichkeiten austauschen oder freundlich mit ihnen kommunizieren. Psychologen vermuten, dadurch entstünden angenehme Gefühle, die den zweiten Code beteiligter Gehirnzellen auf Dauer verändern. Das stärke die Bindungsfähigkeit und letztlich die Persönlichkeit.

Zumindest im Tierversuch ist inzwischen sogar nachgewiesen, dass es positive Folgen hat, wenn die Kuschelhormone besonders gut auf Zuwendung ansprechen. Dann steigt nämlich die Fähigkeit, soziale Bindungen aufzubauen und beizubehalten. Von Vasopressin zum Beispiel dachte man bisher, es beeinflusse vor allem das männliche Sozialverhalten. Inzwischen ist bewiesen, dass es auch die Intensität reguliert, mit der sich Mütter um ihre Jungen kümmern.

Diese brandneue Erkenntnis haben die Neurohormonforscher Oliver Bosch und Inga Neumann von der Universität Regensburg gewonnen. Sie entdeckten, dass ein Mangel an Vasopressin im Gehirn von Rattenmüttern schuld daran ist, wenn sie ihre Kinder nach der Geburt nicht ausreichend umsorgen. Die Forscher blockierten bei einigen Müttern das Vasopressinsystem und machten sie so zu *non-licking mothers*. Eine Verstärkung des Vasopressinsystems hatte den umgekehrten Effekt.

Nun mutmaßen Bosch und Neumann, zu wenig des Botenstoffs könne sogar eine Ursache der sogenannten postpartalen Depression bei Menschen sein. Dabei fallen Mütter nach der Geburt ihres Kindes in ein tiefes Stimmungstief und können keinerlei Zuneigung für den Nachwuchs aufbauen.

Auch Serotonin und Dopamin gehören zu den Stoffen, die Laune, Persönlichkeit und Temperament von Tier und Mensch beeinflussen. Da die beiden Hormone die Stimmung aufhellen, werden sie oft als «Glückshormone» bezeichnet. Sie haben eine Menge verschiedener Aufgaben. Eine der wichtigsten: Als zentraler Bestandteil unseres Belohnungssystems sorgen sie für das angenehme Gefühl, das wir immer dann empfinden, wenn das Gehirn entscheidet, wir hätten etwas gut gemacht – sei es nach dem Essen, nach Sex oder nach einem netten Gespräch. Auch Drogen wie Kokain und Nikotin beeinflussen das Belohnungssystem, ebenso der viele Zucker in Schokolade und Gummibärchen.

Der Franzose Michel Barrot von der Universität Straßburg untersuchte mit einem internationalen Forscherteam zum Beispiel Ratten, die mehrere Monate allein leben mussten. Sie wurden antriebsschwach, ängstlich und hatten weniger Lust, sich zu paaren. Als wahrscheinlichste Ursache für dieses abgestumpfte Verhalten fanden die Forscher eine epigenetische Veränderung in den *Nucleae accumbens*. Das sind kleine Teile des Gehirns, die das Dopamin ausschütten und damit als grundlegende Motivationszentren fungieren.

Und es gibt weitere Hirnregionen, die direkt auf Dopamin,

aber zum Beispiel auch auf Serotonin oder das Stresshormon Noradrenalin ansprechen. Dazu gehören die zentralen Angst- und Emotionszentren *Amygdalae*, wegen ihrer Form auch Mandelkerne genannt (siehe Graphik auf Seite 99). Dass auch hier wichtige Entscheidungen über die Persönlichkeit eines Menschen fallen, konnte im Jahr 2008 ein Forscherteam um Thorsten Kienast von der Abteilung für Psychiatrie an der Charité in Berlin zeigen.

Die Wissenschaftler erfassten zunächst die Dopaminkonzentration in den Mandelkernen von Testpersonen. Dann überprüften sie, wie ängstlich die Probanden auf schreckliche Bilder, beispielsweise von einem Autounfall, reagierten. «Je mehr Dopamin in der *Amygdala* vorhanden war, desto mehr Angst verspürten die Testpersonen beim Anblick der Bilder», beschreibt Kienast das Ergebnis.

Nun vermuten die Forscher, eine wichtige Ursache dafür gefunden zu haben, dass Menschen psychisch so verschieden sind: «Die Dopaminmenge ist bei jedem Menschen anders», erklärt Kienast. Das erkläre zumindest zum Teil, warum die einen grundsätzlich ängstlicher sind als andere. Doch wo kommen die Unterschiede im Dopaminsystem her? Eine schlüssige Antwort liefert einmal mehr die Epigenetik: Wenn ihre Schalter auch nur einen Bestandteil der komplexen Selbstbelohnungsmaschinerie stilllegen, kann ein Mensch plötzlich sehr viel mutiger oder ängstlicher werden als zuvor.

Zum Glück aber fahren die molekularbiologischen Prozesse zur Ausbildung eines Charakters nicht auf einer Einbahnstraße. Auch das konnte Michael Meaneys Team mit seinen Rattenexperimenten zeigen: Die Forscher gaben den vernachlässigten Tieren chemische Stoffe, die die Histonstruktur sowie das Methylierungsmuster verändern – und damit den epigenetischen Code der Hirnzellen. So gelang es ihnen, aus ängstlichen Nagern wieder ganz normale Tiere zu machen. Das ist ein klarer Beleg dafür, dass das ungewöhnliche Verhalten der Tiere tatsächlich auf den zweiten Code zurückzuführen ist.

Der pharmazeutische Weg ist jedoch nicht der einzige, um Versuchstiere wieder mutiger und geselliger zu machen. In einigen Experimenten setzten die Forscher ihre ängstlich-aggressiven Ratten für längere Zeit in eine sogenannte «angereicherte Umwelt» (*enriched environment*). Dort hatten die Tiere viel Platz und Gelegenheit zum stressfreien Spielen, Toben und Erkunden in anregender, abwechslungsreicher Umgebung mit vielen «Spielsachen». Und dort wurden sie nach und nach wieder normal. Auch wenn die Tiere noch im fortgeschrittenen Jugendalter wieder zu einer fürsorglichen Mutter kommen, die sie eifrig leckt und krault, wandelt sich ihre negative Entwicklung ein Stück weit zurück.

Die Epigenome können also umlernen. Die ersten acht Tage im Leben einer Ratte mögen zwar besonders prägend sein, unumkehrbar seien ihre Folgen aber nicht, bilanziert Michael Meaney: «Unsere Resultate zeigen, dass eine Programmierung aus der Umwelt strukturelle Modifikationen an der DNA bewirken kann, dass diese aber trotz der allgemeinen Stabilität epigenetischer Strukturen dynamisch sind und potenziell rückgängig gemacht werden können.»

Stresskrankheiten und warum nicht jeder sie bekommt

Natürlich liegt es nahe, die Ergebnisse aus den Tierversuchen von Meaney, Barrot oder den Regensburgern Bosch und Neumann auf uns Menschen zu übertragen. Auch wir leiden oft dauerhaft unter psychischen Traumata. Auch uns scheinen Eindrücke aus der frühesten Kindheit besonders zu prägen. Und auch bei uns sind diese Prozesse nicht unumkehrbar.

Für die Übertragbarkeit der Tierversuche sprechen ganz neue

Daten der Psychologin Alison Fries. Sie untersuchte Kinder, die von ihren leiblichen Eltern vernachlässigt worden waren und deshalb längere Zeit in Heimen gelebt hatten. Später wurden die Kinder adoptiert und wuchsen in gewöhnlichen Verhältnissen auf. Dennoch hatte die mangelnde Fürsorge in ihrer frühesten Kindheit Spuren im Regulationssystem für das Stresshormon Cortisol hinterlassen. «Die schwersten Ablehnungserfahrungen waren verbunden mit den höchsten gemessenen Cortisolspiegeln», schreibt Fries. Je größer die Vernachlässigung in frühester Kindheit war, desto empfindlicher reagierte das Stressreaktionssystem also auch noch Jahre danach.

Eine Untersuchung aus dem Jahr 2009 zeigt, dass sich traumatische Erlebnisse während der frühen Kindheit sogar auf das Immunsystem auswirken. Elizabeth Shirtcliff von der University of New Orleans verglich 80 Kinder im Alter von 9 bis 14 Jahren, die zeitlebens in stabilen Verhältnissen aufgewachsen waren, mit 75 gleichaltrigen Kindern, die einen Teil ihrer frühesten Kindheit im Heim verbracht hatten oder wiederholt körperlicher Gewalt ausgesetzt gewesen waren. Sie stellte fest, dass die Mitglieder der ersten Gruppe signifikant weniger Antikörper gegen Herpes-simplex-Viren im Blut hatten, obwohl auch die Mitglieder der zweiten Gruppe schon lange in geregelten Verhältnissen lebten. Ein erhöhter Antikörpergehalt gegen dieses Virus gilt als Indikator einer insgesamt geschwächten Krankheitsabwehr.

In dieses Bild passen auch die Forschungsergebnisse des Trierer Psychobiologen Dirk Hellhammer über den Zusammenhang zwischen der psychischen Belastung der Mutter im letzten Schwangerschaftsdrittel und dem späteren Auftreten von Stresserkrankungen wie Fibromyalgie. Wie der Trierer sind inzwischen viele Forscher fest davon überzeugt, dass es die Epigenome des Stressreaktionssystems von Kindern durcheinanderbringt, wenn die Eltern ihnen und sich selbst vor und nach der Geburt dauerhaft zu viel zumuten. Auslöser kann sein, dass sie von besonders ernsten Sorgen, Trauerfällen oder Depressionen geplagt werden.

«Je nachdem, in was für einer Entwicklungsphase das Gehirn gerade ist, kann ein extremer Stress der Mutter ganz unterschiedliche Folgen für das Kind haben», sagt Hellhammer. Vor allem gelte jedoch: «Veränderungen der Epigenetik während der Schwangerschaft und in den ersten Monaten nach der Geburt eines Kindes scheinen der wichtigste Faktor bei der späteren Stressverwundbarkeit eines Menschen zu sein.»

Ist die sogenannte Stressachse (siehe Graphik auf Seite 99) erst einmal falsch programmiert, kann das eines Tages fatale Folgen haben. Die Kinder sind dann im späteren Leben besonders anfällig für Belastungen aller Art. «Dadurch werden sie auch empfindlicher für alle Krankheiten, die mit extremem Stress zusammenhängen, zum Beispiel Depressionen, Schlaflosigkeit, Herzinfarkt, Fibromyalgie, Allergien oder Diabetes», weiß Hellhammer.

Dass Menschen mit einer Veranlagung zu Depressionen ein überaktives Stresshormonsystem haben, ist schon lange bekannt. Man weiß sogar, dass Kinder, die in den ersten Lebensmonaten vernachlässigt wurden, im Erwachsenenalter eher als andere eine Depression entwickeln. Im Umkehrschluss bedeutet das aber auch, dass Eltern für die Gesundheit ihrer Kinder schon erstaunlich früh vorsorgen können: Sie haben es mit in der Hand, aus ihnen Menschen zu machen, bei denen Stresskrankheiten vergleichsweise wenig Chancen haben.

Entscheidend scheinen dabei die Schwangerschaft und die ersten Lebensjahre der Kinder zu sein. Wenn die Lebensumstände der Eltern dann eine halbwegs belastungsfreie Zeit garantieren, wenn sich Mutter und Vater viel Zeit für sich selbst, ihre Beziehung und ihre Kinder nehmen, dürfte die Chance ihrer Töchter und Söhne auf ein langes, gesundes Leben steigen.

Niemand muss deshalb gleich seine ganze Existenz umkrempeln. Letztlich geht es vor allem darum, kaum zu bewältigende Belastungen aus dem Weg zu räumen. Normaler Stress, der nicht in extremen, ungesunden Dauerstress ausartet, wird die eigene Persönlichkeit schwerlich derart beeinflussen oder die eigene Blutbahn so sehr mit Stresshormonen überschwemmen, dass die Epigenome des Nachwuchses sich in eine ungewünschte Richtung verändern.

Entscheidend ist, sich dieser Zusammenhänge bewusst zu werden und entsprechend zu handeln. Fühlt man sich als Mutter oder Vater überfordert, sollte man etwa frühzeitig die professionelle Hilfe einer Familienberatung oder Psychotherapie suchen oder bei der Krankenkasse eine Kur beantragen. Doch auch kleine Auszeiten können bereits helfen, den Stresshormonspiegel wieder zu senken. Warum sollen Eltern zum Beispiel nicht auf das Hilfsangebot von Großeltern eingehen, für ein paar Tage den Haushalt zu führen? Das bietet Gelegenheit, sich mal wieder richtig auszuschlafen oder einfach mal ein Ründchen spazieren oder joggen zu gehen. Der Stoffwechsel der Eltern und damit auch sein Einfluss auf den zweiten Code der Feten und Neugeborenen reagiert vermutlich sofort.

Oft lehnen Mutter und Vater solche Hilfe geradezu empört ab, weil sie meinen, sie seien sonst zu egoistisch. Die Epigenetik lehrt sie jetzt, wie wichtig es gerade für ihre Kinder ist, dass auch die Eltern sich wohl fühlen und geistig wie körperlich halbwegs ausgeruht und gesund sind. «Spüren» die Epigenome der Kinder, dass die Welt ihrer Eltern eine freundliche und lebenswerte ist, justieren sie sich wohl so, dass liebevolle, zufriedene, bindungsfähige und ausgeglichene Persönlichkeiten entstehen. Zudem dürfte das Risiko der Kinder sinken, später eine von vielen möglichen ernsten Krankheiten zu bekommen.

Angesichts solcher Erkenntnisse sollten eigentlich eher jene Eltern ein schlechtes Gewissen haben, die fest daran glauben, für ihre Kinder alles besonders gut zu machen, und dabei überhaupt nicht mehr an sich selbst denken.

Auch wenn diese Thesen sehr verallgemeinern und bei weitem noch nicht im Detail wissenschaftlich abgesichert wurden, so sind die Folgerungen dennoch nicht weit hergeholt. Die Gruppen von Hellhammer und seinem Kollegen Stefan Wüst untersuchen seit Jahren, ob der Stoffwechsel von Menschen anders auf Stress reagiert, wenn ihre Mütter während der Schwangerschaft einer ungewöhnlichen Belastung wie dem Tod eines nahen Verwandten ausgesetzt waren. Unter normalen Umständen gelangen kaum mütterliche Stresshormone in den Blutkreislauf des Ungeborenen. Doch große Mengen Cortisol, wie sie bei starkem Dauerstress auftreten, machen vor allem bei Mädchen das Abschirmungssystem löchrig. Dann kann das mütterliche Cortisol das Stressreaktionssystem im Gehirn des Kindes epigenetisch umprogrammieren.

Sonja Entringer – eine der aufstrebenden jungen Forscherinnen aus dem Trierer Stressforschungszentrum – hat unlängst in Experimenten mit 43 Studenten gezeigt, dass es uns Menschen prinzipiell ähnlich ergeht wie Meaneys Ratten. Das Stresshormonsystem von Probanden, deren Mütter während der Schwangerschaft psychisch viel verkraften mussten, reagierte in einem psychologischen Stresstest deutlich anders als das Stresshormonsystem von Testpersonen, deren Mütter eine unbelastete Schwangerschaft hatten.

Dann gelang es Entringer sogar, den direkten Zusammenhang zu einer Stresskrankheit herzustellen. Sie bat ihre Versuchspersonen zunächst, einen freien Vortrag vor einer Gruppe kritischer Zuschauer zu halten, und ließ sie dann einen kniffligen Rechentest absolvieren. Vor dem Test mussten die Probanden eine Glukoselösung trinken. Danach war bei den Stressanfälligeren auch der Blutzuckerspiegel deutlich erhöht, während er bei den anderen niedrig blieb. «Das deutet darauf hin, dass die Glukosetoleranz gestört ist, was wiederum eine Vorstufe von Diabetes ist», erklärt Hellhammer.

Das heißt natürlich nicht, dass diese Menschen nun eines Tages zwangsläufig die Zuckerkrankheit bekommen. Ihr Risiko dafür ist aber eindeutig erhöht, und sie sollten vermehrt auf die neuesten Vorbeugungsempfehlungen achten: schon in jungen Jahren den Bauchumfang im Normalbereich halten sowie viel und regelmäßig Sport treiben. Diese Tipps wurden in großen Untersuchungen wie der EPIC-Studie des Deutschen Instituts für Ernährungsforschung in Potsdam-Rehbrücke abgesichert.

Aus Sicht der Epigenetiker sollte die Vorsorge natürlich schon eine Generation früher ansetzen. Krankenkassen und Arbeitgeber könnten schwangeren Müttern eine Haushaltshilfe zur Seite stellen oder jungen Eltern eine Extraportion bezahlten Elternurlaub spendieren. Und der Staat könnte das Kindergeld deutlich erhöhen – zumindest für Kinder bis zu einem gewissen Alter.

Es ist sehr wahrscheinlich, dass sich das langfristig bezahlt macht. Der Freiburger Psychosomatiker Joachim Bauer sagt: «Ein Staat, der Eltern nicht ausreichende Möglichkeiten einräumt, sich in der frühen Lebensphase ihrer Kinder intensiv um diese zu kümmern, zahlt später einen hohen Preis – in Form einer Zunahme psychischer, insbesondere depressiver Störungen und anderer Stresskrankheiten.»

Warum die Liebe zählt

Der Montrealer Epigenetiker Moshe Szyf muss erst einmal lachen, als ich ihn frage, ob Eltern sich angesichts der neuen Studien noch mehr bemühen sollten, liebevoll zu ihren Kindern zu sein. «Das können wir heute eigentlich noch nicht sagen. Menschen sind keine Ratten. Und wir wissen nicht, ob die Evolution uns mit den gleichen Mechanismen ausgestattet hat wie Nagetiere. Wir wissen ja noch nicht einmal, was das ideale Rezept ist, ein Kind zu erziehen – ob es dieses Rezept überhaupt gibt», antwortet er.

Allerdings hätten Michael Meaney und er sich die Ratten ja nicht umsonst als Versuchstiere ausgesucht: «Ich bin überzeugt, dass das Tiermodell bis zu einem gewissen Grad tatsächlich das widerspiegelt, was bei uns Menschen passiert.» Aus epidemiologischen Studien wisse man, wie dramatisch es das spätere Leben eines Menschen negativ beeinflusse, wenn er als Neugeborener und kleines Kind von seinen Eltern abgelehnt werde. «Am besten untersucht ist, dass dann das Stresssystem verrücktspielt. Wir wissen, was für langfristige Effekte starker Stress hat, und wir wissen, auf welchen Wegen sich Stress im Gehirn auswirkt», erklärt Szyf. Doch in Wahrheit dürfte im Gehirn vernachlässigter Kinder noch viel mehr Negatives passieren.

Dank der Ratten konnten Meaney und Szyf immerhin die Abläufe ergründen, die höchstwahrscheinlich hinter all diesen Effekten stehen: «Sie können lebenden Menschen zwar nicht das Gehirn aufschneiden und das überprüfen», sagt Szyf. Doch wieso sollten die epigenetischen Veränderungen, die ihr Team im Nagetierhirn beobachtet habe, nicht auch so ähnlich bei Menschen ablaufen? Das sei sogar wahrscheinlich, da die messbaren Folgen im späteren Leben durchaus vergleichbar seien.

Das öffentliche Interesse an ihrer biopsychologischen Forschung – die man auch Neuroepigenetik nennen könnte – ist entsprechend groß. Szyf wundert das nicht: «Allmählich sehen die Menschen, dass die soziale Umwelt eines Kindes – das Verhalten der Eltern, der Erzieher, Freunde und Lehrer – einen tiefgreifenden Einfluss hat, nicht nur auf das gesamte spätere soziale Verhalten, sondern auch auf die Physiologie des ganzen Körpers.»

Die Erkenntnisse aus Montreal, Trier, Madison und vielen anderen Laboratorien auf der Welt untermauern jedenfalls, was sensible Eltern intuitiv schon immer gespürt haben und Psycho-

110   Kapitel 3   Die Entstehung der Persönlichkeit

logen mit ihren Analysen schon oft belegen konnten: Ein Kind entwickelt sich besser, wenn es in einer Umgebung aufwächst, die Geborgenheit und sinnvolle Anregungen aller Art zugleich bietet. Die Epigenetiker decken allmählich auf, welche positiven Prozesse im Gehirn der Kinder angestoßen werden, wenn Erwachsene sie lieb haben, ihnen häufig vorlesen, sich viel mit ihnen unterhalten und sich die Zeit nehmen, so oft es geht, mit ihnen zu spielen.

«Es geht darum, den Kindern ein möglichst reichhaltiges Angebot zu machen», sagt Szyf. Natürlich sollte man sie dabei auch hin und wieder sich selbst überlassen, damit sie ihre eigenen Erfahrungen sammeln können. Die Kleinen ständig vor den Fernseher zu setzen oder sie rund um die Uhr mit Computerspielen ruhigzustellen hat mit einem reichhaltigen Angebot allerdings gar nichts zu tun. Es beschäftigt die Kleinen viel zu einseitig und behindert ihre Kreativität.

Doch auch hier gilt, nicht allzu dogmatisch zu sein. Letztlich wollen natürlich alle Eltern aus ihren Kindern starke, liebevolle, freundliche, gute und glückliche Menschen machen. Oft genug setzen sie sich dabei jedoch unter einen überflüssigen Leistungs- und Erfolgsdruck, der vielleicht sogar kontraproduktiv werden kann. Deshalb sollten Eltern immer daran denken: Am Wichtigsten scheint zu sein, dass sie einfach ihren innersten Gefühlen folgen, ihre eigenen Interessen dabei nicht aus dem Blick verlieren, und die Kinder, so oft es geht, spüren lassen, wie lieb sie sie haben.

Ein fürsorglicher Umgang mit Töchtern und Söhnen stabilisiert übrigens nicht nur das Stresshormonsystem, sondern auch das Zusammenspiel anderer Botenstoffe, die für das Sozialverhalten wichtig sind. Das fand im Jahr 2005 die Psychologin Alison Fries aus Madison in einer ihrer ersten Untersuchungen mit Adoptivkindern heraus. Die 18 Testpersonen waren gerade mal ein bis zwei

Jahre alt, als sie zu ihren neuen Eltern und damit in eine liebevolle, fürsorgliche Umgebung kamen. Dennoch hatte die schwere Zeit nach der Geburt bleibende Spuren hinterlassen: Auch nach etwa drei Jahren zeigte sich bei vielen von ihnen, dass die Systeme der Kuschel- und Bindungshormone Oxytocin und Vasopressin nicht so reagierten wie bei anderen Kindern.

Eigentlich antwortet das Kindergehirn auf soziale Interaktionen, wie zum Beispiel das Spielen mit den Eltern, indem es den Blutspiegel der Kuschelhormone deutlich ansteigen lässt. Das erhöht langfristig über eine Veränderung von epigenetischen Programmen die Bindungsfähigkeit der Kinder. Doch bei den meisten der kleinen Probanden von Alison Fries hatte die schwere frühe Kindheit das System der Botenstoffe offenbar auf längere Zeit unempfindlich gemacht: Es reagierte auf zärtliche Zuwendung der Eltern deutlich schwächer als bei einer Vergleichsgruppe.

Dieses Resultat liefere einen schlüssigen Erklärungsansatz, warum Menschen, die in frühester Kindheit verstoßen wurden, als Erwachsene überdurchschnittlich häufig zu antisozialem Verhalten tendierten, folgern die Forscher.

Selbstmord als Programm?

Seit März 2009 sind jene Skeptiker deutlich kleinlauter geworden, die behaupten, die Montrealer Michael Meaney und Moshe Szyf könnten ihre Experimente mit den mehr oder weniger geselligen Ratten nicht auf den Menschen übertragen. Endlich scheint den Kanadiern diese Übertragung nämlich zu gelingen. Für diesen Zweck haben sie sich eines der drastischsten Negativbeispiele ausgesucht, die man sich vorstellen kann: Mit ihrem Mitarbeiter Patrick McGowan untersuchten sie die Gehirne von Selbstmördern, die in ihrer Kindheit missbraucht oder verstoßen worden waren.

(Die Opfer hatten schon Jahre zuvor verfügt, dass ihr Körper nach dem Tod wissenschaftlichen Zwecken dienen dürfe.)

Dass eine solche Vergangenheit das Selbstmordrisiko im späteren Leben erhöht, ist bekannt. Die Wissenschaftler wollten jetzt herausfinden, ob daran vielleicht auch ähnliche Veränderungen des zweiten Codes beteiligt sind wie jene, die das antisoziale Verhalten vernachlässigter Ratten auslösen. Sie schauten sich deshalb gezielt die Zellen des *Hippocampus* an, der für das Lernen und die Ausbildung des Gedächtnisses besonders wichtig ist.

Dort besaßen die ängstlich-aggressiven Ratten wie beschrieben aufgrund einer epigenetischen Veränderung zu wenig Andockstellen für das Stresshormon Cortisol. Und tatsächlich zeigte sich bei den Menschen mit der schrecklichen frühen Kindheit exakt das gleiche Bild. Die Forscher verglichen deren *Hippocampus*-Zellen mit jenen von Selbstmördern, die eine normale Kindheit hatten, und mit einer Gruppe von Unfallopfern. In beiden Fällen war das Gen für den Cortisolrezeptor bei den Menschen, die keine Missbrauchsvergangenheit hatten, deutlich aktiver. Und eine biochemische Analyse ergab zudem wie bei den früheren Experimenten mit den Ratten, dass tatsächlich Verschiedenheiten des epigenetischen Codes Schuld an diesen Unterschieden sind.

Perfekt ins Bild passt eine zweite Beobachtung von McGowan, Szyf und Meaney, die sie in den Gehirnen der Selbstmörder gemacht haben. Schon länger ist bekannt, dass Menschen, die als Kind missbraucht wurden, oft unterentwickelte *Hippocampi* aufweisen. Auch daran scheinen veränderte DNA-Methylierungsmuster und ein ungewöhnlicher Histon-Code schuld zu sein. Die Epigenetiker analysierten nämlich nicht nur das Gen für die Cortisol-Andockstelle, sondern auch einen DNA-Abschnitt, der die Aktivität mehrerer Gene steuert, deren Produkte besonders wichtig für die allgemeine Herstellung von Proteinen sind. Ist er weniger aktiv, behindert das das Wachstum der gesamten Hirnregion.

Tatsächlich ergab auch hier die Epigenom-Analyse, dass die

Forscher goldrichtig lagen. Im untersuchten DNA-Abschnitt waren bei den Selbstmördern alle 26 möglichen Stellen im Durchschnitt häufiger per angekoppelte Methylgruppe blockiert als bei einer Vergleichsgruppe von Unfallopfern, die in ihrer Kindheit nicht misshandelt worden waren. An 21 Stellen war der Unterschied statistisch signifikant. Meist lag der Mittelwert der DNA-Methylierung bei den Unfallopfern etwa ein Drittel unter dem der Selbstmörder. Und einige Stellen waren bei den Selbstmördern sogar mehr als doppelt so oft stummgeschaltet wie bei der Vergleichsgruppe.

Dabei handelte es sich nicht nur um eine allgemeine Veränderung, sondern die *Hippocampus*-Zellen der Selbstmörder reagierten auf diese Weise gezielt auf die traumatischen Erfahrungen in der frühen Kindheit. Das belegt der Vergleich mit Zellen aus dem Kleinhirn: Die waren von der Änderung des zweiten Codes nämlich nicht betroffen und unterschieden sich zwischen beiden Gruppen nicht.

Tatsächlich haben frühkindliche Erfahrungen also höchstwahrscheinlich auch bei Menschen einen prägenden Einfluss auf die Epigenome der Gehirnzellen. Und im Extremfall kann dieser Einfluss psychiatrische Auffälligkeiten nach sich ziehen. «Es ist geradezu verführerisch, darüber zu spekulieren, ob epigenetische Prozesse jene bis ins Erwachsenenalter anhaltenden Effekte vermitteln, die soziale Ablehnung während der Kindheit auf das Gehirn bewirkt, und das Selbstmordrisiko erhöhen», sagt Moshe Szyf in der gewohnt vorsichtigen Wissenschaftlersprache.

Im Klartext heißt das, er ist eigentlich schon so gut wie überzeugt, dass die Epigenome der Gehirnzellen jene Orte sind, an denen grundlegende Erfahrungen und Erlebnisse gespeichert werden. Und Szyf hält es mittlerweile zumindest für denkbar, dass ein ungünstiges epigenetisches Programm im drastischsten Fall den Selbstmord eines Menschen als einer von vielen Faktoren mit verschulden kann.

Sollten sich ihre Erkenntnisse noch mehr verfestigen, wollen die Montrealer sogar einen Früherkennungstest entwickeln, der mit Hilfe einer Blutanalyse die entscheidenden negativen Veränderungen des zweiten Codes erkennt. Der soll dann helfen, das Selbstmordrisiko beispielsweise eines Menschen mit Depressionen besser als bisher einzuschätzen. Ist dieses wirklich erhöht, wollen Szyf und Kollegen in einem nächsten Schritt gezielt mit Medikamenten gegensteuern, die das Methylierungsmuster der DNA beeinflussen.

Solche Medikamente sind bisher allerdings nur Zukunftsmusik. Im Moment arbeitet Michael Meaney daran, bei vergleichsweise normal aufgewachsenen Menschen Hinweise für eine epigenetische Steuerung ihres Verhaltens zu finden, die die Resultate der berühmten Rattenexperimente ebenfalls bestätigen können. Bereits in wenigen Jahren wird er uns deshalb vermutlich sehr viel konkreter als heute verraten können, was auch wir tun sollten, damit unsere Kinder angenehme, offene Zeitgenossen werden, die besonders gut mit psychischen Belastungen aller Art umgehen können.

In der auf fünf Jahre angelegten *MAVAN*-Studie (*Maternal Adversity Vulnerability and Neurodevelopment*) will er herausfinden, welche Auswirkungen der Grad der elterlichen Fürsorge auf die Entwicklung von Kindern hat. Letztlich geht es um die Frage, ob und wenn ja, welchen Einfluss es hat, wie häufig Eltern mit ihren Kindern schmusen und spielen, sie loben, sich mit ihnen streiten oder sie wegen Überforderung überhaupt nicht beachten.

Dazu vergleicht der Forscher die Entwicklung von Kindern depressiver Frauen mit einer Vergleichsgruppe von gesunden Müttern. Dass Frauen, die an einer schweren Depression leiden, oft keine feste liebevolle Bindung zu ihren Kindern aufbauen können, ist bekannt. Meaney geht es darum, die möglichen epigenetischen Folgen dieses Verhaltens einzukreisen. (Selbstverständlich bietet er den kranken Müttern parallel eine Behandlung ihres Leidens an.)

Einige Untersuchungen zeigen bereits: Die Depression der Mutter erhöht die Gefahr, dass die Kinder am sogenannten Aufmerksamkeitsdefizit- und Hyperaktivitätssyndrom (ADHS oder «Zappelphilipp-Syndrom») leiden sowie auffallend aggressiv und antisozial werden. Lebenslaufstudien an chronisch depressiven Menschen passen ebenfalls ins Bild. «Sie verraten uns, dass Depressive schon als kleine Kinder häufig einen Mangel an sicheren Bindungen hatten», sagt Joachim Bauer.

Inwieweit dabei der zweite Code mitmischt, hofft Meaney jetzt mit Hilfe von regelmäßigen Bluttests bei den beobachteten Kindern herauszufinden. Gemessen wird die Aktivität von 22 Genen, die das Sozialverhalten von Menschen beeinflussen. Zusätzlich ermittelt Meaney per Fragebogen und direkte Beobachtung das Verhalten von Eltern und Kindern, speziell in Sachen Aggression, Lernfähigkeit und Ängstlichkeit. Gemeinsam dürften diese Analysen Aufschluss darüber geben, ob die Epigenome der beiden Testgruppen sich durch das unterschiedliche Verhalten der Mütter in verschiedene Richtungen entwickeln.

Die Ergebnisse werden von vielen Fachleuten, Journalisten und interessierten Eltern ungeduldig erwartet. Denn sie könnten eine entscheidende Trendwende einleiten, wie die gesamte Gesellschaft mit einigen ihrer unschuldigsten Mitglieder – den Kleinkindern – in Zukunft umgeht.

Traumata und ihre Folgen

Im März 2009 jährt sich der Einmarsch internationaler Truppen in den Irak zum sechsten Mal. Etwa 150 000 US-amerikanische Soldaten sind in dem Land an Euphrat und Tigris stationiert. Insgesamt waren dort seit Kriegsbeginn mehr als eine Millionen ihrer Kollegen in brutale Kämpfe verwickelt. Knapp 4000 sind gefallen.

Wie viele der Überlebenden nach der Rückkehr in die Heimat psychische Probleme hatten, weiß man nicht. Sicher ist jedoch: Es handelt sich um eine erschreckend hohe Zahl. Recherchen des US-Fernsehsenders CBS ergaben, dass die Selbstmordrate unter Veteranen der letzten US-Kriege deutlich höher ist als in der Allgemeinbevölkerung. Sie liegt danach bei etwa 20 Suiziden pro 100 000 Einwohner, die der Gesamtbevölkerung nur bei 8,9.

Hauptverantwortlich für die hohe Selbstmordrate unter Veteranen dürfte eine psychische Krankheit sein, die viele Menschen als Folge einer besonders intensiven, anhaltenden und schrecklichen Erfahrung bekommen: die Posttraumatische Belastungsstörung. Die Erlebnisse des Krieges haben Spuren im Gehirn der Soldaten hinterlassen. Sie sind ausgebrannt und antriebsschwach, haben Schlaf- und Konzentrationsstörungen, Angst- und Panikzustände, depressive Schübe, gelegentliches Herzrasen und plötzliche, wie aus dem Nichts kommende, massive Selbstmordgedanken. Kurz gesagt: Sie sind völlig traumatisiert.

Dass Kriegserlebnisse besonders oft zu posttraumatischen Störungen führen, ist ebenso bekannt wie naheliegend. Doch auch etwa sieben Prozent der Opfer von Verkehrsunfällen und ungefähr die Hälfte aller Opfer von Vergewaltigungen und schwerer körperlicher Misshandlung behalten von ihrem akuten Trauma eine dauerhafte Belastungsstörung zurück. Auch Rettungssanitäter, Polizisten und Lokführer sind besonders gefährdet. «Knapp acht Prozent der Normalbevölkerung leiden irgendwann im Laufe ihres Lebens unter posttraumatischen Stresssymptomen», weiß der Psychosomatiker Joachim Bauer.

Doch wieso werden die Betroffenen ihre negativen Erfahrungen nicht los? Warum verselbständigen sich die Folgen bei ihnen sogar und bleiben noch bestehen, wenn die Erinnerungen verblasst sind? Den Vermutungen der Hirnforscher zufolge bringt das Trauma bei diesen Menschen das fein austarierte Alarm-, Angst- und Emotionssystem im Gehirn so sehr durcheinander, dass es nicht mehr von alleine in seinen gesunden Normalzustand zurückfindet. Die Systeme sind nachhaltig umprogrammiert.

Vor allem das zentrale Emotions- und Angstzentrum in der *Amygdala* scheint betroffen (siehe Graphik auf Seite 99): «Die *Amygdala* behält durch das Traumaerlebnis eine bleibende Erhöhung ihrer Empfindlichkeit zurück», sagt Joachim Bauer. Der Regelpunkt der Emotionskontrolle sei verstellt: «Der emotionale Gedächtnisspeicher reagiert von nun an auf Alltagssituationen viel empfindlicher als zuvor.»

Ausgelöst wird dieses Krankheitsbild vermutlich durch ein gestörtes Stresshormonsystem und durch eine zu lange anhaltende Überflutung des Gehirns mit Botenstoffen, die Panikgefühle transportieren. Diese Signale greifen ständig regulierend in die DNA-Aktivierung der Nervenzellen ein. Je nach Individuum reagieren früher oder später die Epigenome. Sie verändern sich, und die beteiligten Zellen befolgen von da an ein anderes Genaktivierungsprogramm. Ist diese Schwelle überschritten, nimmt die Krankheit ihren Lauf.

Natürlich reagiert jeder Mensch anders auf Belastungen. Was die einen schon traumatisiert, ist den anderen nur ein müdes Lächeln wert. Meaneys und Hellhammers Beobachtungen lassen vermuten, dass daran zum Beispiel die Erfahrungen im Mutterleib oder in der Zeit kurz nach der Geburt schuld sind, die ja ebenfalls nachweislich das Erbgut umprogrammieren. Deshalb kann niemand vorhersagen, wie viel die Psyche eines Menschen aushält und wie massiv die Erlebnisse oder Belastungen sein müssen, um das seelische Gleichgewicht zu gefährden.

An der Entstehung nahezu jeder psychischen Krankheit – egal ob Depression, Borderline-Syndrom, Angst- und Zwangsstörung, Schizophrenie oder Posttraumatische Belastungsstörung –

sind ohnehin immer sehr viele verschiedene Faktoren beteiligt. Bestimmte, von den Eltern geerbte Gene sorgen dafür, dass man mehr oder weniger anfällig ist. Zudem müssen Auslöser aus der Umwelt hinzukommen – und ein ungünstiges epigenetisches Programm.

Denn die Methylgruppen, Histonschwänze und Mikro-RNAs an der Erbsubstanz der beteiligten Neuronen sind eine Art Speicher für bisherige Lebenserfahrungen: für die lange zurückliegenden ebenso wie für Ereignisse aus der jüngeren Vergangenheit. Die Lage und Form der Epigen-Schalter entscheidet also mit, wie belastbar die Psyche eines Menschen ist und ob sie aus dem Gleichgewicht gerät. So sind sich Psychiater zum Beispiel einig, dass einer der Hauptgründe für das sogenannte Borderline-Syndrom in frühkindlichen Gewalterfahrungen und Misshandlungen der Betroffenen liegt.

Nachdenklich stimmt, dass diese Krankheit derzeit die häufigste psychiatrische Diagnose überhaupt ist. Der Umkehrschluss, dass Betroffene immer misshandelt wurden, gilt allerdings nicht. Als Erwachsene haben Borderline-Patienten eine gestörte Beziehung zu sich selbst, sie grenzen Teile ihrer Persönlichkeit regelrecht aus, spalten sie ab, handeln oft paradox und neigen zu Depressionen. Vor allem aber nehmen sie sich erschreckend oft das Leben.

Wahrscheinlich ist auch an diesen Effekten der zweite Code beteiligt. Die Studien von McGowan über die Gehirne von Selbstmördern, die in ihrer Kindheit traumatisiert worden waren, spricht jedenfalls klar dafür. Viele Psychiater sagen heute ohnehin, das Borderline-Syndrom sei im Grunde eine Art Posttraumatische Belastungsstörung. Allerdings sei zwischen dem Trauma und dem Auftreten der Krankheit ein besonders langer Zeitraum verstrichen.

Warum Psychotherapie wirkt

Psychische Störungen können also immer auch das unerwünschte Resultat davon sein, dass das Epigenom des Gehirns allzu intensiv mit der Umwelt kommuniziert hat. Gemeinsam mit anderen Faktoren verändern epigenetische Schalter die biochemische Ordnung des Nervensystems. Immer mehr Forscher vertreten deshalb die Ansicht, seelische Krankheiten hätten vor allem eine physiologische, sprich körperliche Basis: «Die Depression ist im Grunde eine Stoffwechselstörung des Gehirns, so wie Diabetes eine Störung des Energiestoffwechsels ist», sagt zum Beispiel Florian Holsboer, Direktor am Max-Planck-Institut für Psychiatrie in München schon seit Jahren.

Er hat zwanzig Augenzeugen der Terroranschläge vom 11. September 2001 untersucht, die aus unmittelbarer Nähe erlebt hatten, wie die zwei Flugzeuge ins New Yorker World Trade Center flogen, und deshalb bis heute unter schweren seelischen Folgen leiden. Beim Vergleich mit einer gleich großen Gruppe von Augenzeugen, die keine psychischen Folgen erlitten, kam heraus, dass bei den Betroffenen eine große Zahl von Stress-Genen überaktiv war, während bei den anderen Probanden keine höhere Aktivität festgestellt werden konnte. «Der 11. September hat seine Spuren im Erbgut von Menschen hinterlassen, die davor psychisch gesund waren und jetzt chronisch krank sind», kommentiert Holsboer.

Angesichts solcher Ergebnisse hofft er, die Epigenetik werde einst einen neuen therapeutischen Ansatz für Traumapatienten bringen. «Derzeit ist alles im Fluss.» Holsboer sieht in den neuen Erkenntnissen vor allem eine Menge Chancen: Wenn das Gehirn auch im späteren Leben wandelbar sei, dann könne man seine Biochemie gezielt in eine positive Richtung verändern.

Dieselben Schlüsse ziehen Nadia Tsankova und Eric Nestler, Psychiater von der University of Texas in Dallas, USA, aus den vielen verschiedenen Experimenten ihres Teams zur Entstehung

120   Kapitel 3   Die Entstehung der Persönlichkeit

psychischer Krankheiten aller Art bei Tieren. Unter anderem lösen sie bei Mäusen eine Art Depression oder Posttraumatische Belastungsstörung aus, indem sie sie über lange Zeit in kleinen Käfigen mit Artgenossen halten, die einen deutlich höheren Rang haben. Dieser Dauerstress macht sie antriebsschwach, lustlos und furchtsam. «Mäuse, die wiederholter Aggression ausgesetzt sind, entwickeln anhaltende Aversionen gegenüber sozialen Kontakten», sagt Nestler.

Auf der Suche nach den Ursachen für das schwermütige Verhalten der Versuchstiere wurden die Forscher bei epigenetischen Schaltern fündig. In den Nervenzellen der *Hippocampi* verringern epigenetische Histonveränderungen offenbar die Aktivierbarkeit der Kontrollregion für ein bestimmtes Gen um bis zu zwei Drittel. Das Gen codiert wiederum ein Protein, das nachweislich in die Stimmungslage der Tiere eingreift.

Die Texaner nehmen nun natürlich an, dass epigenetische Prozesse auch bei Menschen für das Auftreten mancher Depression verantwortlich sind. In einem nächsten Schritt möchten sie deshalb versuchen, die Depressionen im «Modellsystem Maus» direkt mit pharmazeutischen Mitteln zu behandeln, die das Epigenom verändern.

Für Nestler liegen die überragenden Vorteile des neuen Ansatzes auf der Hand: Ein Medikament, das die Epigenome umprogrammiert, würde viel schneller wirken und könnte psychisch kranke Menschen nachhaltiger heilen als herkömmliche Psychopharmaka. Ist die Genregulation der betroffenen Nervenzellen erst wieder in Ordnung, können die Patienten das Medikament absetzen. Sie sind dann nicht mehr chronisch krank und auf die Mittel angewiesen. Der Münchner Florian Holsboer sieht es genauso: «Dank der neuen Studien zur Epigenetik von Gehirnzellen bin ich noch mehr als früher davon überzeugt, dass Sigmund Freud eigentlich ins Chemielabor gehört.»

Die Experten rechnen also schon heute fest mit einer neuen

Klasse von Psychopharmaka, die den zweiten Code des Gehirns verstellen. Natürlich dürfte es noch lange dauern, bis solche epigenetischen Medikamente tatsächlich bei Menschen zur Anwendung kommen. Vorher müsse man die hochkomplexen Zusammenhänge bei der Entstehung seelischer Krankheiten noch viel besser kennenlernen, räumt Nestler ein. Dass eine epigenetische Ära in der psychiatrischen Behandlung eines Tages aber tatsächlich einsetzen wird, daran zweifelt er kaum noch.

So könnte es neben neuen Antidepressiva zum Beispiel auch Medikamente zur gezielten Vorbeugung vor Posttraumatischen Belastungsstörungen geben, hofft Holsboer. Ärzte würden dann Unfall- oder Vergewaltigungsopfer sowie Katastrophenhelfer direkt nach einem tragischen Erlebnis mit Substanzen behandeln, die verhindern, dass sich Methylgruppen an die DNA anlagern oder Histone sich modifizieren. Die fürchterliche Erinnerung hätte keine Chance, die Psyche der Opfer dauerhaft zu manipulieren.

Schade also, dass Holsboers Akutmedikament gegen psychische Traumatisierungen derzeit noch genauso weit entfernt liegt wie die Substanz zur Selbstmordprävention, die Moshe Szyf einst entwickeln will, oder das epigenetische Antidepressivum, von dem Eric Nestler träumt. Doch vermitteln all diese Ideen eine gute Nachricht, von der zahlreiche Menschen schon lange Zeit profitieren: Auch der Stoffwechsel des Gehirns ist bis zu einem gewissen Maß flexibel. Epigenetische Programme können sich ändern, seelische Leiden und weniger ernsthafte psychische Ungleichgewichte sind also grundsätzlich therapierbar. Haben sich die Epigenome in eine unerwünschte Richtung verstellt, lässt sich das zumindest theoretisch zurückdrehen.

Hier setzt beispielsweise das oft erfolgreiche Konzept mancher Psychologen an, Depressionen mit regelmäßigem Ausdauersport zu therapieren, von dem der RNA-Interferenz-Forscher Thomas

Tuschl – wie im ersten Kapitel erwähnt – so begeistert ist. Sport wirkt vermutlich deshalb stimmungsaufhellend, weil er das an vielen Depressionen beteiligte Dopaminsystem verändert. Eine kleine Veränderung des Lebens sorgt also dafür, dass unsere innere Motivierbarkeit und Stimmung wieder steigen. Es gelingt ihr, indem sie bis in den Stoffwechsel der Hirnzellen hineinwirkt. Und das kann der entscheidende Impuls sein für eine Umprogrammierung des Erbguts in eine langfristig gesundmachende, nachhaltig antidepressive Richtung.

Auf den gleichen Mechanismen beruht schon seit mehr als hundert Jahren der Erfolg der seriösen Psychotherapie – egal welcher Fachrichtung. Es scheint nämlich nicht zuletzt der zweite Code zu sein, dem klassische Psychotherapien ihre längst in zuverlässigen Studien nachgewiesenen Erfolge verdanken. Sie verstellen höchstwahrscheinlich epigenetische Schalter, und das sorgt dafür, dass unsere Nervenzentren dauerhaft umlernen.

Wer über Monate hinweg regelmäßig zu einer Gesprächs- oder Familientherapie geht, eine Verhaltenstherapie mitmacht oder sich jahrelang im Wochenrhythmus mit einem Psychoanalytiker trifft, der lässt immer wieder ganz bestimmte Erfahrungen an sich und sein Gehirn heran. Er ändert dadurch sein Leben und schafft sich eine neue Umwelt, die – wenn alles gutgeht – irgendwann ihre Spuren im epigenetischen Code der Hirnzellen hinterlässt.

Bei sehr ernsten Störungen wird natürlich immer eine begleitende medikamentöse Therapie nötig sein, etwa um akuten Gefahren wie einer Selbstzerstörung vorzubeugen. Und es ist gewiss richtig, sich bei der Suche nach einer Therapie auf das Urteil von Experten zu verlassen, beispielsweise von Beratungsstellen oder dem Hausarzt. Die sollten anerkannte Fachverbände kennen sowie Angebote von Scharlatanen von wissenschaftlich fundierten, in ihrer Wirkung gut untersuchten Programmen unterscheiden können. Und sie sollten wissen, welche spezielle Therapie für eine besondere Störung am besten geeignet ist.

Denn auch wenn die Epigenetik einen sehr guten Erklärungsansatz für das Funktionieren vieler Psychotherapien liefert: Man sollte vorerst noch sehr skeptisch sein, wenn selbsternannte «Epigenetik-Experten» einem das Blaue vom Himmel versprechen. Noch gibt es keine seriöse, völlig neuartige und spezialisierte Methode zur Behandlung von psychischen Problemen aller Art, die auf der Basis der neuen Wissenschaft entwickelt worden ist.

Derzeit ist die Erforschung des zweiten Codes und seiner Einflüsse auf das menschliche Gehirn längst noch nicht weit genug, um daraus zielgenaue psychotherapeutische Verfahren ableiten zu können. Wer das behauptet, ist entweder sehr naiv oder will nur schnelles Geld verdienen. Zumindest ist er aber ein etwas zu großspuriger, sich selbst überschätzender Visionär. Denn ganz unbegründet ist die Hoffnung nicht, dass es in einigen Jahren tatsächlich eine «epigenetische Psychotherapie» geben wird.

Wie das Epigenom beim Lernen hilft

Science-Fiction-Autoren spielen schon lange mit der Idee, gezielt Erinnerungen bei Menschen zu löschen. Und in dem parodistischen Kinofilm «Men in Black» wurde sie herrlich aufs Korn genommen. Supercool kämpft der von Will Smith gespielte Agent Jay gegen außerirdische Monster aller Art, die heimtückisch versteckt oder perfekt getarnt mitten unter uns weilen.

Damit keine Panik ausbricht, soll die Normalbevölkerung von Jays Tätigkeit tunlichst nichts mitbekommen. Und für den Fall, dass aus Versehen doch einmal ein Zeuge mit ansieht, wie er ein achtbeiniges, siebzehnköpfiges oder sonstwie furchterregendes Schwabbelwesen verhaftet, hat die «Behörde zur Bekämpfung Außerirdischer» vorgesorgt: Jay zückt einen schwarzen Stab, setzt sich eine Sonnenbrille auf und «blitzdingst» dem Zeugen gezielt in die Augen. Das schwarze «Dings» erzeugt dabei einen grellen Blitz, der eine sofortige amnesische Wirkung hat – der Zeuge kann sich an keine Monster mehr erinnern.

Diese Geschichte ist nicht so utopisch, wie sie scheint. Es gibt ein Labor an der University of Alabama in Birmingham, USA, in dem Ratten chemisch «geblitzdingst» werden. Die Neurobiologen Courtney Miller und David Sweatt lehren ihre Versuchstiere zunächst das Fürchten, indem sie sie zeitweise in einen kleinen Trainingskäfig setzen, durch dessen Boden immer wieder schwache, ungefährliche, aber schmerzhafte Ströme fließen. Die Ratten lernen rasch, wie unangenehm der Aufenthalt an diesem Ort ist und erstarren jedes Mal vor Furcht, wenn sie wieder dorthin müssen. Es sei denn, die Forscher spritzen ihnen direkt nach den ersten negativen Erfahrungen eine Substanz namens *Zebularin* in die sogenannte *CA-1-Region* des *Hippocampus*. Dann ist die Erinnerung an den Trainingskäfig bei den meisten Tieren gelöscht, und sie erkunden ihn am folgenden Tag so frei und neugierig, als beträten sie ihn zum ersten Mal.

Offenbar löst die Substanz einen teilweisen Gedächtnisverlust aus. Die generelle Lernfähigkeit der Tiere leidet darunter allerdings kein bisschen: Machen sie erneut die unangenehme Bekanntschaft mit den Stromstößen und erhalten anschließend kein *Zebularin*, zeigen die meisten von ihnen tags darauf die typische Angststarre, die anzeigt, dass sie genau wissen, was sie erwartet.

Soweit klingt die Studie gar nicht so sensationell. Denn es gab in letzter Zeit einige Publikationen, in denen Hirnforscher zeigten, dass sie die Lernfähigkeit von Versuchstieren verändern können, indem sie Gene im Gehirn manipulieren. Aber dabei schalteten sie immer ganz direkt Teile des Erbguts ab, die wichtig sind, um Verknüpfungen zwischen Nervenzellen zu verstärken und neu zu bauen. Dass diese Prozesse die Grundlage aller Lernvorgänge sind, ist schon lange bekannt.

Zebularin wirkt aber eine Ebene tiefer: Es hemmt das im ersten

Kapitel vorgestellte Enzym *DNMT*, das hilft, Methylgruppen an die DNA anzulagern und so Abschnitte des Erbguts epigenetisch stillzulegen. Miller und Sweatt konnten zudem zeigen, dass sich nach einer schlechten Erfahrung besonders viel *DNMT* in den Zellen des *Hippocampus* ihrer Versuchstiere befindet. Und das Experiment belegt, dass eine chemische Blockade des Enzyms die Erinnerung nachhaltig löscht. Ihre neue Erkenntnis lässt sich also auf eine ganz kurze Formel bringen: Ohne den zweiten Code und sein Veränderungspotenzial gäbe es kein Langzeitgedächtnis.

Es scheint, als helfe das Methylierungsenzym normalerweise bei der Ausbildung von Erinnerungen, indem es epigenetische Schalter verstellt. Auf diese Weise trägt es vermutlich wesentlich dazu bei – gemeinsam mit Veränderungen der Histonstruktur –, Informationen aus dem Kurz- in das Langzeitgedächtnis zu übertragen, folgern Miller und Sweatt.

Die Forscher aus Alabama hätten als Erste belegt, dass die DNA-Methylierung ein dynamischer, für die Gedächtnisbildung wichtiger Prozess sei, kommentiert die schweizerische Epigenetikerin Isabelle Mansuy von der Universität Zürich. Und damit habe sich endlich eine Idee bestätigt, die der Nobelpreisträger und Entdecker der DNA-Doppelhelixstruktur Francis Crick bereits im Jahr 1984 formuliert hat: «Das Gedächtnis wird vielleicht in besonderen Bereichen der chromosomalen DNA codiert.» Diese Bereiche scheinen die epigenetisch an- oder abgeschalteten Teile des Erbguts zu sein.

Als Miller und Sweatt sich die *Hippocampi* ihrer Versuchstiere noch genauer anschauten, entdeckten sie sogar, welche Stellen im Erbgut der zweite Code bei der Gedächtnisausbildung wandelt: Das Gen für eine spezielle *Phosphatase* – ein Enzym, das Phosphatgruppen von Proteinen entfernt – wird durch Methylgruppen stummgeschaltet. Es ist bereits bekannt, dass dieses Gen im aktiven Zustand hilft, überflüssige Erinnerungen zu löschen. Ist

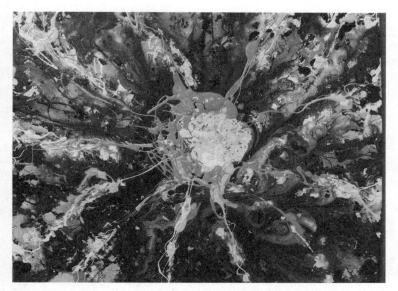

DNA-methylation in memory formation. DNA-Methylierung in der Gedächtnisausbildung: So nennt der US-amerikanische Hirnforscher David Sweatt sein abstraktes Acrylgemälde. Inspiriert haben ihn seine eigenen Erkenntnisse zur Epigenetik des Lernens.

es still, bleibt die Erinnerung dagegen erhalten – sie ist dann offenbar als nicht überflüssig bewertet worden.

Auf der anderen Seite bauen Nervenzellen auch Methylgruppen ab, wenn sie umlernen, etwa an dem Gen für sogenanntes *Reelin*. Wie das passiert, ist noch unbekannt. Fest steht aber, dass auch diese Veränderung dem Gedächtnis auf die Sprünge hilft: *Reelin* unterstützt die Ausbildung und Verstärkung neuer Nervenkontakte. Ist es besonders zahlreich in der Zelle vorhanden, steigert das also direkt die Speicherfähigkeit.

David Sweatt ist überzeugt, mit diesen Resultaten einen äußerst wichtigen Schritt zum allgemeinen Verständnis des Lernens gemacht zu haben: «Ich möchte annehmen, dass die von uns beobachtete Regulierung der DNA-Methylierung ein allgemeingültiger molekularer Weg ist, der in jeder Form der Gedächtnisbildung involviert ist», sagt er. «Überall dürften Neuronen diesen fundamentalen Mechanismus benutzen.»

Der renommierte Genetiker vom Bostoner Whitehead Institute Rudolf Jaenisch denkt ähnlich: «Alle Zellen kommunizieren durch ihr Epigenom mit der Umwelt, warum soll das nicht auch im Gehirn passieren?», fragt er. Leider könne man Nervenzellen extrem schwer untersuchen und man finde kaum systematische Gemeinsamkeiten. «Denn jede Nervenzelle ist anders als alle anderen.» Deshalb wisse man über diese Zusammenhänge noch nicht sehr gut Bescheid.

Immerhin gibt es noch eine weitere Untersuchung, an der Jaenisch übrigens beteiligt war, die die Thesen von Miller und Sweatt bestätigt. Kimberley Siegmund von der University of Southern California in Los Angeles verglich mit Kollegen das Muster der Methylgruppen an den DNAs menschlicher Nervenzellen aus dem Großhirn. Dort sind unser Langzeitgedächtnis und Bewusstsein angesiedelt. Die Forscher analysierten Proben von 125 Menschen; der jüngste war ein 17 Wochen alter Embryo, als er starb, der älteste hatte 104 Jahre gelebt.

Das faszinierende Resultat: Der zweite Code des Großhirns scheint sich während des gesamten Lebens zu wandeln. Als übergeordneter Trend nimmt die Zahl der DNA-Methylierungen zu, das Denkorgan schaltet also zunehmend Gene stumm. Es gibt aber auch Ausnahmen, bei denen Gene, die in früher Kindheit stillgelegt waren, im späteren Leben dank der Entfernung einer Methylgruppe plötzlich aktivierbar werden.

Auch hier kommen die Forscher zu dem Schluss: «Die DNA-Methylierung im menschlichen Großhirn ist ein dynamisch über die gesamte Lebensspanne hinweg regulierter Prozess.» Interessanterweise scheint der Umbau des Epigenoms in den ersten Monaten und Jahren nach der Geburt, wenn das Gehirn sich am raschesten entwickelt und am meisten lernt, auch am wandelbarsten zu sein.

Lernen ist also offensichtlich auch ein epigenetischer Prozess. Das wundert eigentlich kaum. Denn nirgends scheint es für Zellen nötiger zu sein, sich als Reaktion auf einen äußeren Reiz umzubauen, als im Gehirn: Damit es überhaupt funktioniert, damit es ein Gedächtnis ausbilden und sich an unvorhersehbare Umweltbedingungen anpassen kann, muss es sich zeitlebens wandeln und entwickeln können.

Das Gehirn ist das komplexeste Ding, das wir Menschen kennen. Eine seiner Hauptaufgaben ist die Speicherung von Information. Und dieses Gedächtnis, dem wir unser Menschsein verdanken, schenken ihm offenbar die Abermilliarden winzig kleiner Zellen, aus denen es besteht, mit ihrer Fähigkeit, sich zu erinnern und verschiedene Zustände anzunehmen.

Hunger und Sucht

Gegen Ende des Zweiten Weltkriegs, im September 1944, begann in den Niederlanden eine ganz besonders fürchterliche Zeit. Die deutsche Besatzungsmacht schnitt sämtliche Versorgungswege in den Westen des Landes ab und überließ Millionen von Menschen einer katastrophalen Hungersnot.

Die Blockade dauerte zwar «nur» sechs Wochen. Weil der Winter außerordentlich kalt und lang war und sich die Versorgungslage kaum normalisierte, bekamen die meisten Menschen aber erst im späten Frühjahr wieder ausreichend zu essen. Zwischen Februar und Mai 1945 sank die durchschnittliche Tagesration der Niederländer unter 1000 Kalorien. Zeitweilig gab es nichts anderes zu essen als Suppe aus Kartoffelschalen, die gegen Essensmarken ausgeteilt wurde.

Die Episode ging als «Hungerwinter 1944–45» in die Geschichte ein. Ihre grausame Bilanz: Mehr als 20000 Menschen starben direkt oder indirekt an Unterernährung. Besonders schlimm war es in den Großstädten. Sogenannte Hungertöchter liefen sich die Füße blutig, weil ihre Familien sie aufs Land schickten, um Essen zu besorgen. Die Mütter fuhren zum Einkaufen mit dem Fahrrad bis in den weniger stark betroffenen Norden oder Osten des Landes. Zahllose Menschen zogen als Obdachlose übers Land und waren auf das Mitleid der Bauern angewiesen.

Doch gerade diese bittere Zeit hilft heute der Wissenschaft entscheidend weiter: In großen epidemiologischen Untersuchungen vollziehen Forscher seit eineinhalb Jahrzehnten nach, welche langfristigen körperlichen und geistigen Folgen die Hungersnot für die betroffenen Menschen hatte. Der schreckliche Hungerwinter wird in diesem Buch also noch häufig Erwähnung finden.

Ernst Franzek vom Bouman Zentrum für geistige Gesundheit in Rotterdam befragte zum Beispiel mit Kollegen zwei Gruppen von Menschen, die in den Jahren 1944 bis 1947 in den Niederlanden geboren worden waren. Eine Gruppe bestand aus drogenabhängigen Patienten der Rotterdamer Suchtklinik, die andere aus ganz normalen Bürgern der Stadt.

Das Ergebnis erschien 2008 und ist ebenso fatal wie statistisch eindeutig: Waren werdende Mütter während des Hungerwinters im ersten Drittel ihrer Schwangerschaft, haben ihre Kinder bis heute ein erhöhtes Risiko, drogenabhängig zu werden. Absolut gesehen sind die Zahlen zwar nicht so hoch, da so oder so die große Mehrheit der Menschen keine Suchterkrankung bekommt. Trotzdem müsse es für das Resultat eine physiologische Erklärung geben, sagen die Forscher. Und die vermuten sie in einer epigenetisch fixierten Fehlentwicklung jener Teile des Gehirns, die das spätere Suchtverhalten steuern.

Dabei handelt es sich um das Belohnungssystem, also die

Summe jener Gehirnzentren, die nach positiven Erfahrungen die Botenstoffe Dopamin und Serotonin ausschütten und damit für motivierende Gefühle sorgen. Dass sie das menschliche Suchtverhalten auslösen, weiß man schon lange. Noch weitgehend unbekannt ist hingegen, welche Faktoren genau entscheiden, dass einige Menschen eher abhängig werden als andere und besonders rasch und intensiv Entzugserscheinungen bekommen, wenn ihnen der «Stoff» ausgeht.

Franzeks Analyse legt nun nahe, dass die Mangelernährung und vielleicht auch der psychische Dauerstress, den die Hungersnot bei den werdenden Müttern in den Niederlanden ausgelöst hatten, die Epigenome der sich noch entwickelnden Kindergehirne zu Fehlschaltungen veranlasst hat. Allerdings: «Hunger nach den ersten drei Monaten einer Schwangerschaft ergab kein erhöhtes Risiko für Suchtstörungen», weiß Franzek. Das untermauere die Annahme, «dass vor allem die erste Schwangerschaftszeit für die Entwicklung des Belohnungssystems im Gehirn ausschlaggebend ist.» Danach sei dieses System ausgereift und der Hunger könne zumindest an dieser Stelle keinen epigenetischen «Schaden» mehr anrichten.

Suchterkrankungen gehören zu den sogenannten komplexen psychiatrischen Krankheiten, bei denen neben ererbten Einflüssen auch Umweltfaktoren eine wichtige Rolle spielen. Die Rotterdamer Studie hat gezeigt, dass Umweltfaktoren in einer sensiblen Zeit der Entwicklung die Suchtanfälligkeit eines Menschen beeinflussen können.

Doch mit Hilfe der Epigenetik lässt sich nicht nur erklären, warum manche Menschen suchtanfälliger sind, sondern auch, warum manche Substanzen süchtig machen und wie Sucht funktioniert, sind die texanischen Psychiater Eric Nestler und William Renthal überzeugt. «Eine wachsende Zahl an Belegen unterstreicht, dass die stabilen Änderungen der Genaktivität in den betroffenen Nervenzellen des Belohnungssystems zumindest zum Teil auf epigenetischen Mechanismen beruhen», schreiben sie. Zum Beispiel habe man inzwischen nachgewiesen, wie Kokain in den als Motivationszentren bekannten *Nucleae accumbens* wirkt. Es baut Histonschwänze am Erbgut der Zellen auf vielfältige Weise um. Mit anderen Worten: Nicht nur die Veranlagung zur Drogenabhängigkeit, sondern auch die Sucht selbst ist ein Stück weit ein epigenetisches Phänomen. Menschen bekommen Entzugserscheinungen und können körperlich wie geistig oft nicht mehr von ihrer Droge lassen, weil sich im Belohnungssystem an den Genomen der Zellen Schalter verstellt haben.

Auch hier ergibt sich also ein vielversprechender Ansatzpunkt für epigenetische Pharmakologie: Würde ein Medikament an den richtigen Stellen die chemischen Strukturen an den Schwänzen der Histone modifizieren, könnte es zumindest in der Theorie Suchtkranke schlagartig heilen.

Autismus, FAS, Schizophrenie: Fehler im zweiten Code?

Was für die Sucht gilt, dürfte so ähnlich auch bei vielen anderen komplexen psychischen Leiden ausschlaggebend sein, vermuten Hirnforscher: Epigenetisch fixierte Störungen des Wachstums und der frühen Entwicklung des Nervensystems sind der dritte Faktor, der das Erkrankungsrisiko bestimmt. Die anderen beiden sind die Gene und direkte Umwelteinflüsse.

Werdende Mütter sollten deshalb gerade in der ersten Zeit nach der Empfängnis, wenn sich beim Embryo Rückenmark und Gehirn ausbilden, vorsichtig sein. Außergewöhnliche körperliche und seelische Belastungen, Alkohol, viel Koffein, Nikotin, verbotene Drogen aller Art und Abmagerungskuren sollten in dieser Zeit – wie eigentlich während der gesamten Schwangerschaft – absolut tabu sein. Das hilft mit Sicherheit entscheidend dabei,

132   Kapitel 3   Die Entstehung der Persönlichkeit

das Risiko des werdenden Kindes zu senken, im späteren Leben ein ernstes seelisches Leiden zu bekommen.

Aber bitte keine Panik: Der Umkehrschluss ist nur in den allerwenigsten Fällen erlaubt. Wenn Mütter diese Regeln – aus welchen Gründen auch immer – missachten, bekommen sie nicht automatisch ein krankes Kind oder eines, das später erkrankt. Dazu sind die meisten der in Frage kommenden Leiden zu komplex.

Lediglich bei Drogen wie Alkohol und Nikotin, die den Körper des Kindes regelrecht vergiften, gibt es eigentlich kein Pardon. Was die wenigsten wissen: Alkohol gelangt in gleicher Konzentration und genauso schnell ins Blut des Fetus wie in das der Mutter. Er wird dort aber 25-mal langsamer abgebaut und kann gerade im sich entwickelnden kindlichen Gehirn massive bleibende Schäden anrichten. Es ist naheliegend, dass auch diesen Vergiftungserscheinungen zum großen Teil epigenetische Fehlschaltungen zugrunde liegen.

Der altbekannte Ratschlag, Alkohol in der Schwangerschaft zu meiden, findet noch immer viel zu selten Gehör. Das belegen aktuelle Zahlen aus Deutschland: 2008 gaben in einer Befragung der Berliner Charité 58 Prozent der Schwangeren an, gelegentlich Alkohol zu trinken. Eine erschreckend hohe Zahl angesichts der Folgen. Jedes Jahr werden hierzulande 10 000 eindeutig alkoholgeschädigte Kinder geboren, davon 4000 mit einer schweren geistigen und körperlichen Behinderung, dem Fetalen Alkoholsyndrom, kurz FAS.

«Es gibt keinen sicheren Grenzwert für den ungefährlichen Alkoholkonsum während der Schwangerschaft», sagt Sabine Bätzing, Drogenbeauftragte der Bundesregierung. Ein vollständiger Alkoholverzicht sei während der Schwangerschaft «unabdingbar». Haben Kinder besonders ernste Schäden, erkennen Ärzte diese schon direkt nach der Geburt. Betroffene sind dann mit einer Wahrscheinlichkeit von 80 Prozent ihr ganzes Leben lang auf Betreuung angewiesen.

Bei den anderen Geschädigten kann es sein, dass die alkoholbe-
dingten Fehlentwicklungen gar nicht bemerkt werden oder erst
später im Leben auftreten. Insofern ist nicht annähernd abzuse-
hen, wie viele Kinder vielleicht einfach nur ein bisschen schlauer
oder ruhiger oder umgänglicher oder weniger krankheitsanfällig
wären, wenn ihre Mütter während der Schwangerschaft die Ab-
stinenzempfehlungen ernster genommen hätten.

Für Schwangere ist Vorsicht also auf vielerlei Ebenen geboten.
Das zeigt auch eine weitere Studie aus dem Jahr 2008: Ali Khashan
von der University of Manchester wertete mit Kollegen Daten von
1,38 Millionen Dänen aus. Dabei handelte es sich um Mütter und
ihre Kinder, die zwischen den Jahren 1973 und 1995 geboren worden waren. Von den Müttern hatten mehr als 36 000 kurz vor oder
während der Schwangerschaft damit fertigwerden müssen, dass
ein naher Verwandter starb oder eine ernste Krankheitsdiagnose
gestellt bekam.

Bei der ausführlichen Analyse der Daten fanden die Forscher
schließlich eine klar eingrenzbare Gruppe von Menschen, deren
Schizophrenie-Risiko um zwei Drittel gegenüber der Normalbevölkerung erhöht ist. Es sind jene, deren Mütter während
der ersten Schwangerschaftsmonate den Tod eines nahen Angehörigen hinnehmen mussten. Das gleiche tragische Ereignis
zu einer anderen Zeit hatte keinen gesicherten Einfluss auf das
Schizophrenie-Risiko der Kinder. Die Psychiater folgern, dass –
ähnlich wie bei den Suchterkrankungen – das sich entwickelnde
Gehirn besonders sensibel auf störende Umwelteinflüsse wie den
Stress der Mutter reagiert. Diese bewirken ein Ungleichgewicht
im Nervennetzwerk, was wiederum die Neigung zur Krankheit
erhöht.

Dass die Belastung indes sehr ausgeprägt sein muss, damit
sie messbare Spuren im Gehirn hinterlässt, dafür spricht ein
anderes Resultat: Mussten die Mütter «nur» verkraften, dass

ein naher Angehöriger an Krebs, Herzinfarkt oder einem ähnlich schweren Leiden erkrankte, aber nicht daran starb, stieg das spätere Schizophrenie-Risiko ihrer Kinder rein statistisch gesehen nicht an.

Einen besonders spannenden Erklärungsansatz für die Entstehung der Schizophrenie, bei dem die Epigenetik ebenfalls eine zentrale Rolle spielt, liefern Gurjeet Singh und Amar Klar vom National Cancer Institute in Frederick, USA. Klar zufolge «kann es Krankheiten wie Schizophrenie, Autismus oder die Manisch-Depressive Erkrankung begünstigen», wenn der Unterschied zwischen den beiden Hirnhälften eines Menschen besonders groß ist oder sich eine Hirnhälfte nicht korrekt entwickelt.

Die Forscher gehen der Frage nach, warum sich die beiden menschlichen Hirnhälften überhaupt unterscheiden. Und sie haben Indizien gefunden, dass bei jedem Menschen schon jene Zellen epigenetisch etwas verschieden sind, aus denen sich die späteren Hemisphären entwickeln. Ob ein Mensch Links- oder Rechtshänder werde, habe hier vermutlich seine Ursache, sagt Klar. Und wenn die Unterschiede beider Hirnhälften zu drastisch würden, erhöhe das eben das Risiko seelischer Krankheiten. Amar Klar spricht in diesem Zusammenhang von «einer genetischen Krankheit ohne Mutation».

Es zeichnet sich immer deutlicher ab, dass diese Definition auf viel mehr Leiden zutreffen dürfte, als klassisch denkende Genetiker wahrhaben wollen. Sie suchen meist ausschließlich nach Veränderungen im Erbgut, die Auslöser von Fehlentwicklungen sind. Dabei übersehen sie, dass eine falsche Schaltung der Epigenome ganz ähnliche Wirkungen haben kann.

«Wir sprechen in diesem Zusammenhang von Epimutationen», erklärt Bernhard Horsthemke von der Universitätsklinik Essen. Er hat sich auf die Erforschung und Behandlung einiger Leiden spezialisiert, die daraus entstehen. Es handelt sich allerdings um sehr seltene, folgenschwere Störungen der geistigen und körperlichen Entwicklung, wie zum Beispiel das Angelman- oder das Prader-Willi-Syndrom.

Horsthemke untersucht diese Krankheiten vor allem, weil er den betroffenen Kindern und Eltern helfen will. Aber sie liefern ihm auch weitergehende Erkenntnisse: «Wir lernen sehr viel darüber, was generell passiert, wenn das epigenetische System gestört ist», erklärt der Essener. «Denn wir untersuchen Modellkrankheiten, bei denen der Zusammenhang zwischen einer Epimutation und ihren Folgen besonders klar zu sehen ist und deshalb auch schon bis ins Detail erforscht wurde.»

Da sich die epigenetische Fehlschaltung bei diesen Leiden sehr früh in der Entwicklung eines Menschen ereignet, sind der gesamte Körper oder zumindest große Teile davon betroffen. Ungleich schwieriger ist die Diagnose Epimutation natürlich, wenn der Fehler später geschieht und etwa nur Teile eines Organs betrifft, wie zum Beispiel bei den Fehlentwicklungen im Gehirn, die Schuld an FAS, Schizophrenie oder Autismus sein können.

Der Großteil der folgenden Kapitel dieses Buches beschäftigt sich mehr oder weniger direkt mit Epimutationen. Denn sie bringen die komplizierte, oft etwas abgehobene Wissenschaft vom zweiten Code ganz nah an uns gewöhnliche Menschen heran. Inzwischen wissen Forscher zum Beispiel definitiv, dass krankhafte Fehlschaltungen des zweiten Codes auch eine Reihe von Tumorleiden auslösen können. Und die Experten glauben, dass das noch lange nicht alles ist: «Der Beitrag der Epimutationen zu allen möglichen menschlichen Krankheiten wird meiner Ansicht nach weit unterschätzt», sagt Horsthemke.

Prinzipiell können alle Leiden, die entstehen, weil ein Gen durch Mutation funktionsunfähig wurde, auch eine epigenetische Ursache haben. Denn das gleiche Gen kann durch eine angelagerte Methylgruppe, eine passende Mikro-RNA oder besonders fest sitzende Histone abgeschaltet worden sein. Und dies ist keine

136   Kapitel 3   Die Entstehung der Persönlichkeit

weit hergeholte Theorie: Statistisch ist eine krankhafte Veränderung des zweiten Codes nämlich viel wahrscheinlicher als eine echte DNA-Mutation.

Horsthemke zufolge gibt es einige Kriterien, die darauf schließen lassen, dass am Ausbrechen einer Krankheit auch epigenetische Faktoren beteiligt sind. «Diese Kriterien erfüllen vor allem die sogenannten komplexen Leiden, also gerade auch die großen Volkskrankheiten wie Diabetes, Herz-Kreislauf-Störungen oder Alzheimer.» Selbst das Altern könne man genau genommen als eine epigenetische Krankheit betrachten. Denn je älter wir werden, desto mehr Umbauten am Epigenom häufen sich theoretisch an, und die führen letztlich dazu, dass wir krankheitsanfälliger und weniger leistungsstark werden.

Die gute Nachricht dabei ist: Während wir genetische Fehler nicht mit unserem Lebensstil, unserer Ernährung, unserem Bewegungsdrang und sozialen Kontakten zurückdrehen können, haben all diese Handlungen sehr wohl eine Auswirkung auf den zweiten Code in unseren Zellkernen. Viele Epimutationen können wir mit unseren Entscheidungen zumindest ein wenig verhindern, begünstigen oder sogar rückgängig machen. Sie sind der Teil unseres biologischen Schicksals, den wir selbst in der Hand haben.

KAPITEL 4
Epigenetik der Gesundheit: Vorsorge beginnt im Mutterleib

Eine Scheidung verkürzt das Leben

Wer hätte das gedacht: Wenn Paare sich scheiden lassen, kostet das rein statistisch gesehen die Frauen 9,8 und die Männer 9,3 Jahre ihres Lebens. Haben Menschen Bluthochdruck, raubt ihnen das je nach Geschlecht sogar 12,4 oder 7,4 Jahre. Und sind sie starke Raucher, verkürzt sich ihr Leben im Mittel um ganze 22 beziehungsweise 18,2 Jahre. Ein ziemlich überzeugendes Argument, den Glimmstängel endlich beiseitezulegen!

Dies sind nur einige der teils überraschenden Ergebnisse einer Modellkalkulation, die Elena Muth, Anne Kruse und Gabriele Doblhammer vom Rostocker Max-Planck-Institut für demographische Forschung im Jahr 2008 publizierten. Sie haben zahlreiche Datenbanken ausgewertet, um zu ermitteln, wie stark sich verschiedene Einflüsse auf die Lebenserwartung der Durchschnittsdeutschen auswirken.

Dann konstruierten sie eine theoretische Idealfrau und einen Idealmann, die 50 Jahre alt sind und alle Eigenschaften in sich vereinen, die nach dieser Auswertung die Lebenserwartung verlängern helfen. Dazu zählen Dinge wie nicht zu rauchen und keine chronische Krankheit wie Diabetes oder Bluthochdruck zu haben. Schließlich berechneten sie, wie viel kürzer 50-Jährige statistisch gesehen noch zu leben haben, die jeweils nur einen der positiven Faktoren nicht aufweisen.

Die Resultate lassen sich natürlich nicht einfach übertragen, weil es diese Idealmenschen in der Realität nicht geben kann und sich die einzelnen Faktoren im Leben niemals voneinander trennen lassen. Keinesfalls sollte man also den Fehler machen, die Zahlen einfach zu addieren. Und wer mit 50 Jahren nur das Rauchen aufgibt, ohne sich ansonsten zu verändern, wird deshalb auch nicht unbedingt zwei Jahrzehnte länger leben. Dennoch liefern die Berechnungen konkrete Hinweise darauf, wie sehr sich unser Lebensstil und unsere sozialen wie körperlichen Lebensumstände auf die Gesundheit auswirken.

Zunächst stellten die Rostockerinnen etwas Erfreuliches fest: Die Menschen werden hierzulande, wie in allen Industrieländern, nach wie vor immer älter. Der deutsche Durchschnittsmann starb 2006 erst im Alter von 77 Jahren, die deutsche Durchschnittsfrau mit 82 Jahren und vier Monaten.

Schon seit dem Mittelalter steigt die Lebenserwartung. Ausschlaggebend sind vor allem der medizinische und hygienische Fortschritt. Doch dessen positive Effekte scheinen heutzutage zumindest bei den jüngeren Menschen weitgehend ausgereizt zu sein. Der Blick auf die Todesraten in jeder einzelnen Altersgruppe ergibt nämlich, dass es fast nur noch die Älteren sind, die den Rückgang der Gesamtsterblichkeit bewirken. Von den Jüngeren starben 2006 fast genauso viele wie in den 1990er Jahren.

Ganz genau sind es laut der demographischen Analyse vor allem die Männer ab 55 und die Frauen ab 65, denen wir die Erhöhung der allgemeinen Lebenserwartung verdanken. Eine Menge spricht dafür, dass dazu das gewachsene Gesundheitsbewusstsein beiträgt. Immer mehr Menschen sorgen heute schon in jungen Jahren dafür, dass sie im Alter länger fit bleiben: mit einer ausgewogenen Ernährung, viel Bewegung und anderen Vorbeugungsmaßnahmen.

«Wie viele Jahre jenseits der 50 noch zu erwarten sind, ist durch eine Reihe von Faktoren beeinflussbar, die ihrerseits wiederum aufeinander wirken können und im Zusammenspiel ein

140   Kapitel 4   Epigenetik der Gesundheit

Risikoprofil der Sterblichkeit bestimmen», schreiben Muth und Kolleginnen. Viele dieser Einflüsse setzten schon bei jungen Menschen an. Besonders entscheidend seien Lebensbedingungen wie «die Familienform, der Bildungshintergrund oder die berufliche Qualifikation, das Einkommen oder der soziale Status, die körperlichen und psychischen Anforderungen des Alltags oder gesundheitsgefährdende Gewohnheiten sowie eine individuelle Krankheitsgeschichte.»

Mit der Modellrechnung ist es jetzt gelungen, die Bedeutung der einzelnen Faktoren zu quantifizieren: Mit Abstand am meisten Lebenszeit raubt uns eine ungesunde Lebensweise. Die gravierendsten Folgen haben nämlich starker Alkohol«genuss» (Frauen minus 23,1, Männer minus 16,2 Jahre), starker Nikotinkonsum (siehe oben) und eine Erkrankung an Diabetes mellitus (Frauen minus 20,8, Männer minus 21,4 Jahre). Zumindest in der als Altersdiabetes bezeichneten Typ-2-Form wird diese eindeutig von einer übermäßigen und unausgewogenen Ernährung sowie Bewegungsmangel mitverursacht.

Es überrascht allerdings und gibt zu denken, *wie* drastisch die Konsequenzen einer ungesunden Lebensweise sind. Anlass zum Staunen geben auch die zum Teil dramatischen Effekte sozialer Einflüsse: Nicht nur eine Scheidung verringert die Lebenszeit, auch Arbeitslosigkeit (Frauen minus 12,6, Männer minus 14,3 Jahre) oder geringer Bildungsgrad (Frauen minus 9,1, Männer minus 7,2 Jahre).

Es wird eindeutig klar: Ein langes, gesundes Leben ist kein Zufall. Die Umwelt – und folglich auch der zweite Code – entscheiden immer mit darüber, wie lange wir fit sind, ob wir eines Tages eine ernste lebensverkürzende Krankheit bekommen und wann wir sterben.

Allerdings gibt es noch einen weiteren wichtigen Einflussfaktor. Ihn konnten die Rostockerinnen nicht auswerten, weil es über seine realen Auswirkungen bis heute keine zuverlässigen, quantifizierbaren Daten gibt: Die Lebenserwartung hängt vermutlich auch davon ab, was unsere Mutter während der Schwangerschaft gegessen hat und was uns unsere Eltern in den ersten Jahren auftischten.

Wir sind, was unsere Mutter gegessen hat

Gewöhnliche Gelbe Agouti-Mäuse sind nicht unbedingt zu beneiden. Sie sind dick, träge und bekommen im Alter besonders leicht Diabetes oder Krebs. Allenfalls ihr blassgelbes, fast goldfarbenes Fell mag schöner sein als das Dunkelbraun, das ganz normale Mäuse tragen.

Die Fellfarbe vieler Säugetiere hängt vom sogenannten Agouti-Gen ab. Es enthält den Code für ein Enzym, das die Haarfollikel zwingt, statt des standardmäßig erzeugten schwarzen Farbstoffs eine hellere Variante zu bilden. Mischen sich die Farben, entsteht braun. Ist das Agouti-Gen inaktiv, werden die Tiere schwarz. Und arbeiten die Agouti-Gene an verschiedenen Stellen des Körpers unterschiedlich gut (was übrigens auch epigenetisch gesteuert wird), werden die Tiere gestreift, getigert oder gescheckt.

Bei der Gelben Agouti-Maus ist das farbregulierende DNA-Stück so verändert, dass das von ihm codierte Enzym den schwarzen Fellfarbstoff fast völlig unterdrückt. Und weil dieser Botenstoff zusätzlich ein paar andere wichtige Regelkreise im Stoffwechsel durcheinanderbringt, werden die betroffenen Tiere zudem besonders leicht fettleibig, haben Probleme mit der Insulinerzeugung und bekämpfen bösartige Geschwülste in ihrem Körper schlechter als gewöhnliche Mäuse.

Genau an dieser Stelle setzt ein Experiment an, das zu den ganz großen Erfolgen der Epigenetik gehört. Es brachte dem verantwortlichen Wissenschaftler Randy Jirtle im Jahr 2007 sogar

142   Kapitel 4   Epigenetik der Gesundheit

eine Nominierung zur «person of the year» des *Time Magazine*
ein. Der Krebsforscher und Toxikologe an der Duke University in
Durham, USA, kam vor ein paar Jahren mit seinem Mitarbeiter
Robert Waterland auf die Idee, trächtige Gelbe Agouti-Mäuse
mit großen Mengen bestimmter Nahrungsergänzungsmittel zu
füttern. Die beiden wollten herausfinden, ob sich das auf die Fellfarbe der Jungen auswirkt.

«Wir wussten, dass am *Promotor* des Agouti-Gens eine Stelle
sitzt, an die Methylgruppen besonders leicht binden und das
Gen abschalten können», erinnert Jirtle sich. «Also dachten wir,
wenn wir die Methylierung in den Zellen der Jungen über die Ernährung ihrer Mütter beeinflussen würden, sähen wir das sehr
wahrscheinlich auch sofort daran, mit welcher Fellfarbe sie auf
die Welt kommen.» Jirtle und Waterland mischten nun einigen
der trächtigen Tiere Substanzen ins Futter, die der Methylierungsmaschinerie der Zelle helfen – sie sozusagen besonders
gut schmieren: Folsäure, Vitamin B$_{12}$, Cholin und Betain. Diese
Substanzen brauchen nämlich jene Enzyme für ihre Arbeit, die
Methylgruppen an die DNA «kleben». Andere werdende Agouti-
Maus-Mütter erhielten gewöhnliches Futter.

Und tatsächlich zeigte sich, dass die Nachfahren der beiden
Gruppen unterschiedlich gefärbt zur Welt kamen. Die Nager
mit der Methylierungsdiät gebaren zum Großteil ganz normale,
schlanke braune Jungtiere, die auch später im Leben nicht häufiger dick und krank wurden als gewöhnliche Mäuse. Die Mütter
hingegen, die kein Spezialfutter erhalten hatten, brachten Gelbe
Agouti-Mäuse zur Welt. Trotz dieser Unterschiede hatten alle
Jungen das fehlerhafte Agouti-Gen geerbt.

Schließlich machten Waterland und Jirtle die entscheidende
Entdeckung: Bei den Mäusen, die ein braunes Fell hatten, saßen
viel mehr Methylgruppen am Agouti-Gen als bei den dicken gelben Tieren. Offenbar war das krankheitsauslösende DNA-Stück
während der Embryonalentwicklung epigenetisch stillgelegt

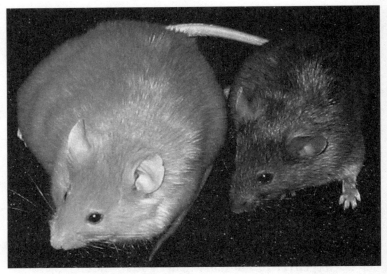

Die Nahrung der Mutter macht's möglich. Dick und gelb oder schlank und braun? Bei den Gelben Agouti-Mäusen im Labor von Randy Jirtle entscheidet darüber vor allem, was die Mutter während der Schwangerschaft im Futter hatte.

worden. Und offenbar war die Methylierungsdiät dafür verantwortlich.

«Wir wussten schon lange, dass die mütterliche Ernährung die Krankheitsanfälligkeit der Nachkommen tiefgreifend beeinflusst, aber wir konnten uns niemals den Ursache-Wirkungs-Zusammenhang erklären», sagt Krebsforscher Jirtle. «Doch dann haben wir als Erste überhaupt gezeigt, wie eine gezielte Nahrungsergänzung bei der Mutter die Genexpression ihres Nachwuchses zeitlebens verändern kann, ohne die Gene selbst zu manipulieren.»

Der Mensch ist, was er isst – das ist klar. Doch nun wissen wir: Wir sind auch das, was unsere Mutter gegessen hat. Denn selbstverständlich ist das Agouti-Gen nicht das einzige Stück Erbgut, das methyliert werden kann. Und Mäuse sind nicht die einzigen

Wesen, die während der Embryonalentwicklung Gene epigenetisch stummschalten. Die Forscher aus Durham haben bei ihren Gelben Agouti-Mäusen ein generelles Prinzip entdeckt, das so oder so ähnlich ganz bestimmt auch bei uns Menschen gilt.

Aktuelle Tierversuche bestätigen sogar, dass ein Mangel an bestimmten Nahrungsbestandteilen schon dann einen Einfluss auf den zweiten Code hat, wenn er in die Zeit um die Zeugung fällt. Kevin Sinclair von der University of Nottingham, Großbritannien, und Kollegen fütterten Schafe acht Wochen vor und sechs Tage nach einer Befruchtung mit einer Spezialnahrung, die etwas zu wenig epigenetisch wichtige Spurenelemente und Vitamine enthielt. Danach pflanzten sie die Embryonen in normal ernährte Schafe um, damit sich die Mangelernährung nicht länger auswirken konnte.

Bei der Geburt hatten die Jungen zwar ein gewöhnliches Gewicht und wirkten auch ansonsten ganz normal. Der langfristige Vergleich mit ebenfalls verpflanzten Jungen, deren Mütter aber immer gut ernährt worden waren, brachte indes ein erstaunliches Resultat: «Die moderate und im physiologisch normalen Rahmen gebliebene frühe Nahrungsveränderung führte zu erwachsenen Nachkommen, die schwerer und dicker waren als die anderen Tiere», schreiben die Forscher. Außerdem hatten vor allem die männlichen Tiere ein verändertes Immunsystem, zeigten eine gestörte Blutzuckerregulation und wiesen erhöhte Blutdruckwerte auf. So eindeutig konnten Forscher zuvor noch nie belegen, dass gesundheitsrelevante Prägungen eines Säugetiers bereits in den allerersten Tagen nach der Befruchtung einsetzen.

Um letzte Zweifel auszuräumen, analysierte Sinclair die Epigenome in den Leberzellen der Schafe. Die DNA-Methylierungsmuster in den beiden Gruppen waren grundverschieden: An jeder 25. möglichen Stelle waren Gene der einen Tiere epigenetisch stummgeschaltet und die der anderen nicht. Damit ist klar, dass an der unterschiedlichen Gesundheit der erwachsenen

Tiere höchstwahrscheinlich ein veränderter epigenetischer Code Schuld war.

Auch bei Menschen dürften Enzyme bereits die ersten Methylgruppen an die DNA anlagern, wenn der Embryo frühe Anlagen für Organe und Extremitäten bildet. Bei jedem von uns dürften also bereits in den ersten Tagen nach der Verschmelzung von Ei und Spermium wichtige Weichen für den Rest des Lebens gestellt worden sein. So rechtzeitig wissen Mütter im Allgemeinen aber noch gar nicht, dass sie schwanger sind und mit einer gesunden Ernährung ihren Kindern Gutes tun können. Auf vitaminreiche Ernährung sollten Frauen also bereits dann achten, wenn sie planen, ein Kind zu bekommen.

Ein bislang nicht detailliert erforschtes, aber sehr gut zu diesen Beobachtungen passendes Beispiel ist der sogenannte offene Rücken, *Spina bifida*. Mit ihm wird noch immer etwa eines von 1000 Kindern in Mitteleuropa geboren. Man weiß mittlerweile, dass diese ernste und im Schwerstfall tödliche Entwicklungsstörung des Rückenmarks vermieden werden könnte, wenn die schwangere Mutter ausreichend Folsäure zu sich nähme. Das Gleiche gilt zum Beispiel für die Ausbildung einer Lippen-Kiefer-Gaumenspalte. Deshalb kann man heute mit Folsäure versetztes Speisesalz kaufen. Frauen, die schwanger werden wollen, erhalten zudem oft als Nahrungsergänzung Präparate mit diesem Vitamin. Und in Kanada und den USA ist sogar per Gesetz ein Folsäurezusatz im Mehl vorgeschrieben.

Epigenetiker haben herausgefunden, dass die Folsäure einem epigenetischen Enzym bei der Arbeit hilft, das Methylgruppen an die DNA anlagert. Sie vermuten deshalb, dass auch *Spina bifida* letztlich die Folge eines gestörten Epigenoms ist.

Es ist allerdings auch denkbar, dass die epigenetischen Schalter eine mögliche Neigung zur Krankheit mit Hilfe der Folsäure unterdrücken können. Ähnliches kennen die Forscher von einer

Reihe anderer Krankheiten: Haben Kinder eine genetische Veranlagung dazu geerbt, kann sie Folsäure vor dem Krankheitsaus-
bruch bewahren. Das Vitamin hilft dann dabei, das veränderte
Stück Erbgut epigenetisch auszuschalten – ganz so, wie es Randy
Jirtle bei seinen Mäusen mit dem Gelben Agouti-Gen gelang.

Das tödliche Quartett

Die einen nennen es das tödliche Quartett. Andere sagen Syn-
drom-X. Doch der bekannteste Name ist Metabolisches Syndrom. Seit gut zehn Jahren beschäftigen sich immer mehr Ärzte,
Physiologen, Ernährungsexperten und Gesundheitspolitiker mit
diesem Leiden – gezwungenermaßen. In den USA ist fast ein Viertel der Gesamtbevölkerung erkrankt. Und auch hierzulande sind
nach einer aktuellen Erhebung etwa 24 Prozent der Bevölkerung
betroffen. Das sind rund 19 Millionen Menschen! Selbst unter
Kindern und Jugendlichen wird das Syndrom immer häufiger,
obwohl es eigentlich ein Altersleiden ist.

Beim Metabolischen Syndrom laufen gleich mehrere wichtige
Stoffwechselvorgänge aus dem Ruder. Die Betroffenen werden
übergewichtig, bekommen oft schon früh Altersdiabetes, neigen
zu Herz- und Gefäßkrankheiten und krankhaftem Schnarchen
mit Atemaussetzern, Schlafapnoe-Syndrom genannt. Eines Tages
sterben sie dann mit hoher Wahrscheinlichkeit an einem Herzinfarkt oder Schlaganfall.

Nach der gängigsten Definition müssen Patienten für die Diagnose Metabolisches Syndrom mindestens drei der folgenden
vier Kriterien erfüllen (deshalb tödliches Quartett): Sie haben
Bluthochdruck, besitzen wegen einer Fettstoffwechselstörung
zu viel LDL-Cholesterin und/oder zu wenig HDL-Cholesterin im
Blut, haben auch nüchtern einen zu hohen Blutzuckerspiegel und
weisen ein deutliches, bauchbetontes Übergewicht auf (Apfel-,

nicht Birnentyp). Davon redet man definitionsgemäß ab einem Taillenumfang von 102 Zentimetern bei Männern und 88 Zentimetern bei Frauen. Erschreckenderweise überschreiten ungefähr ein Drittel der Deutschen diese eigentlich recht großzügig angesetzten Bauchfettgrenzwerte.

Meist gelingt es gar nicht erst oder reicht nicht aus, jedes der Symptome für sich zu therapieren, außerdem verstärken sich die Mitglieder des tödlichen Quartetts gegenseitig. Deshalb schufen Ärzte den Begriff Metabolisches Syndrom. Seitdem suchen sie im Stoffwechsel – dem Metabolismus – fieberhaft nach der tieferliegenden, gemeinsamen Ursache des Krankheitskomplexes. Mitverantwortlich scheint fast immer eine Fehlregulation der Appetitzentren des Gehirns zu sein. Dort im *Hypothalamus* misst die übergeordnete Stoffwechselsteuerung des Körpers Signale wie den Blutzuckerspiegel. Dann bestimmt sie über Botenstoffe, wie satt oder hungrig wir uns fühlen und ob die Bauchspeicheldrüse Insulin ausschütten soll oder nicht.

Hinzu kommt, dass die Fettzellen im Bauch oft der Anfang eines Teufelskreises sind. Denn sie produzieren bei Übergewichtigen zu große Mengen des appetitsteigernden Botenstoffs *Leptin*, um ihren Energiehunger zu befriedigen. Größerer Appetit führt aber zu mehr Fettzellen, die wiederum per *Leptin* den Appetit steigern und so fort.

Als beste Vorsorgemaßnahme gegen das Volksleiden propagieren alle Experten mehr Bewegung, ausreichenden und erholsamen Schlaf sowie eine gesunde Ernährung. Die Kombination ist dabei entscheidend: mindestens drei- bis viermal die Woche eine halbe Stunde Ausdauersport wie Jogging, Walking oder Fahrradfahren, dazu regelmäßig die Treppe statt den Fahrstuhl nehmen und zu Fuß zur Arbeit gehen. Außerdem sollte man darauf achten, nicht zu viele Kalorien und ungesunde Fette mit einem hohen Anteil an gesättigten Fettsäuren zu sich zu nehmen, und etwas gegen eventuelle Schlafstörungen unternehmen. Alles zusammen bekämpft meist erstaunlich effektiv das überschüssige Bauchfett und hilft sowohl direkt als auch indirekt gegen die anderen Mitglieder des tödlichen Quartetts.

Krankhaftes Übergewicht – auch Fettsucht oder Adipositas genannt – ist der mutmaßliche Hauptauslöser des Metabolischen Syndroms. Beide sind die Zivilisationskrankheiten schlechthin. Herzinfarkt als eine ihrer logischen Folgen ist schon seit Jahren die globale Todesursache Nummer eins. Offensichtlich essen in der industrialisierten Welt zu viele Menschen mehr als genug und bewegen sich zu wenig.

Eine fatale Kombination! Denn unser Stoffwechsel ist noch viel zu sehr auf Steinzeit ausgelegt: Damals war das Nahrungsangebot oft knapp, und die Menschen mussten weite Wege zurücklegen, bevor sie etwas Essenswertes fanden. Da war es evolutionsbiologisch natürlich sinnvoll, sich in fetten Zeiten Reserven anzufuttern, von denen der Körper bei knappem Nahrungsangebot zehren konnte. Die meisten Tiere und selbst Pflanzen verhalten sich ähnlich. Doch bei unserer derzeitigen Lebensweise macht es uns schlicht krank, wenn wir dem Verlangen von Fettgewebe und *Hypothalamus* nach pausenloser Energiezufuhr nachgeben.

Allerdings scheinen diese krankmachenden Stoffwechselprogramme nicht bei jedem Menschen gleich stark ausgeprägt zu sein. Das liegt natürlich an den individuell verschiedenen Genaktivitätsmustern in den beteiligten Zellen des Gehirns, der Stoffwechselorgane und des Fettgewebes. Und die sind wiederum zum Teil angeboren. Zu einem ganz entscheidenden Teil sind sie aber auch epigenetisch fixiert.

So spricht eine Menge dafür, dass die Epidemie der Fettsucht, die derzeit in vielen westlichen Ländern grassiert, ihre Ursache auch und vielleicht sogar gerade in charakteristischen Veränderungen des zweiten Codes hat.

Warum die einen krank macht, was andere gesund hält

Bei der Geburt haben alle Menschen die gleiche Anzahl von Schweißdrüsen in ihrer Haut. Diese sind jedoch inaktiv und beginnen erst nach etwa drei Jahren mit der Ausscheidung des salzigen Sekrets, das unserem Körper beim Abkühlen hilft. Wie viele der Drüsenanlagen dann tatsächlich funktionsfähig sind, hängt davon ab, wie warm es in den ersten drei Lebensjahren auf der Körperoberfläche war.

Wer also in heißem Klima aufwächst, schwitzt in seinem späteren Leben mehr als Menschen aus kühlen Weltregionen – eigentlich eine ausgesprochen sinnvolle, epigenetisch gesteuerte biologische Anpassung. Wenn überfürsorgliche Eltern allerdings hierzulande das Kinderzimmer immer extra gut heizen und ihren Kleinen selbst im Sommer Pullover und dicke Socken anziehen, damit sie auch ja nie frieren, dann sollten sie sich nicht wundern, dass ihre Kinder später «Käsefüße» haben.

Hinter diesem kuriosen Beispiel verbirgt sich ein aufregendes Konzept: das der frühkindlichen Programmierung. Danach gibt es während der frühen Entwicklung des Organismus sensible Zeiten, in denen epigenetische Prägungen stattfinden. Sie bereiten das Kind auf das spätere Leben vor.

Ist zum Beispiel das Nahrungsangebot im Mutterleib extrem knapp, stellt sich der Stoffwechsel epigenetisch auf magere Zeiten ein. Das aber treibt Säuglinge und Kinder rasch ins Übergewicht, sobald sie nicht mehr hungern müssen und vermutlich oft sogar dann, wenn sie sich relativ normal ernähren. Dadurch programmieren sich die Stoffwechselzellen der Kleinen erneut epigenetisch um, und der Grundstein für das Metabolische Syndrom ist gelegt. Ähnlich ergeht es Kindern, die, ohne vorher gehungert zu haben, im Mutterleib oder in den ersten Lebensjahren überernährt werden: Auch ihr Stoffwechsel stellt sich auf das zu

150   Kapitel 4   Epigenetik der Gesundheit

große Angebot ein. Die beteiligten Zellen programmieren sich so, dass sie besonders viel Nachschub verlangen. Das Kind wird und bleibt höchstwahrscheinlich dick.

Der britische Epidemiologe David Barker äußerte in den 1990er Jahren eine vielbeachtete Idee zur Entstehung des Metabolischen Syndroms, die er *developmental origins theory* nannte. Sie führte die Krankheit auf die Entwicklung im Mutterleib zurück. Diese Idee wurde als Barker-Hypothese berühmt: Das Risiko eines Menschen, Übergewicht, Typ-2-Diabetes, Bluthochdruck sowie einen Herzinfarkt oder Schlaganfall zu bekommen, ist umso größer, je geringer sein Geburtsgewicht war. Die Unterernährung im Mutterleib verursacht laut Barker «permanente Änderungen in der Struktur des Körpers, in der Physiologie und dem Stoffwechsel, die im Erwachsenenleben Herzkrankheiten und Schlaganfälle auslösen».

Vor mehr als 20 Jahren hatte der Brite Millionen Daten aus England und Wales verglichen. Dabei entdeckte er, dass immer dort besonders viele Menschen an Herzinfarkt starben, wo rund 60 Jahre zuvor eine auffallend hohe Säuglingssterblichkeit geherrscht hatte. Wenn viele Neugeborene starben, waren damals meistens Hungersnöte schuld. War Herzinfarkt etwa eine Krankheit der armen Leute? Hatten die Menschen, deren Eltern hungern mussten, eine besonders schlechte Chance auf ein gesundes Leben? Sollte umgekehrt ein Kind sein Leben lang davon profitieren, wenn seine schwangere Mutter nicht hungern musste?

Diesen Fragen ging Barker nach, und er fand als Erster den Zusammenhang zwischen Geburtsgewicht und Herzinfarktrisiko. Ins Bild passt auch die Gesundheitsgeschichte der Menschen, die im niederländischen Hungerwinter oder kurz danach geboren wurden. Sie leiden überdurchschnittlich oft an Herz-Kreislauf-Krankheiten, Diabetes und Übergewicht und sind besonders klein. Untersuchungen aus den USA, Finnland und Indien kamen zu ähnlichen Resultaten.

Dass all diese Effekte tatsächlich auf eine frühe Anpassung des zweiten Codes zurückgehen dürften, legt eine Studie aus dem Jahr 2008 nahe. Bastiaan Heijmans, Molekularepidemiologe aus Leiden, führte Gentests an Überlebenden des Hungerwinters durch. Noch sechs Jahrzehnte später fand er charakteristische Auffälligkeiten im Muster der DNA-Methylierungen. Bei jenen 60 ausgewählten Menschen, deren Mütter in der Hungersnot schwanger gewesen waren, hatte das Gen für den sogenannten *insulinähnlichen Wachstumsfaktor 2 (IGF-2)* deutlich weniger angelagerte Methylgruppen als bei ihren früher oder später geborenen Geschwistern gleichen Geschlechts. Schon lange ist bekannt, dass IGF-2 epigenetisch stark kontrolliert wird und als Botenstoff zentrale Schritte bei der frühen Entwicklung des Körpers steuert.

Zuvor konnten Forscher überdies zeigen, dass auch in den ersten Monaten nach der Geburt eine Unterernährung das Risiko erhöht, am Metabolischen Syndrom oder einer seiner Komponenten zu erkranken. Sie sprechen deshalb nicht mehr von einer fetalen Programmierung, die sich nur im Mutterleib vollzieht, sondern von der perinatalen Programmierung, die rings um die Geburt herum erfolgt.

Und es gibt erste Hinweise, dass beim Menschen sogar das Risiko für andere Erkrankungen wie Osteoporose oder chronische Lungenkrankheiten steigt, wenn jemand im Mutterleib und während der frühen Kindheit hungern musste. Selbst der Beginn der Pubertät und die spätere Fruchtbarkeit eines Menschen unterliegen vermutlich Einflüssen aus dem Zeitfenster rings um die Geburt.

Natürlich hat die Veränderung der Epigenome während der Prägungsphasen nur eine mittelbare Wirkung: Ob ein Leiden eines Tages tatsächlich ausbricht, hängt auch vom späteren Lebensstil ab – und umgekehrt. Wer sich als Erwachsener zu wenig bewegt und zu viel und ungesund isst, erhöht immer sein Risiko für eine der Zivilisationskrankheiten. Das geschieht zum einen direkt,

152   Kapitel 4   Epigenetik der Gesundheit

zum anderen aber, weil ein ungesunder Lebensstil auf Dauer die Epigenome ebenfalls negativ beeinflussen dürfte. Kommt zum falschen Programm aus der Zeit als Fetus und Baby eine ungesunde Lebensweise hinzu, kann man dem Metabolischen Syndrom vermutlich kaum noch ausweichen.

Mit der Epigenetik lässt sich darüber hinaus eine rätselhafte Beobachtung erklären, die die Menschen in sogenannten Schwellenländern betrifft: Offenbar sind sie anfälliger für Zivilisationskrankheiten als Bewohner der seit längerem industrialisierten Zonen. Ihre Gesundheit leidet schon, wenn sie noch gar nicht so übergewichtig sind und noch gar keinen so starken Bluthochdruck oder Blutzuckerspiegel haben wie die Menschen in den Industrieländern. Das könnte eine Folge einer anderen perinatalen Programmierung sein.

Auch Menschen, die aus einem armen Land in ein reiches einwandern, bekommen eher das Metabolische Syndrom als Einheimische, die einen vergleichbaren Lebenswandel führen. Sie leiden also doppelt darunter, dass sie im Mutterleib und in ihrer frühen Kindheit auf Hunger programmiert wurden. Denn ihre Stoffwechsel- und Hormonsysteme reagieren viel empfindlicher auf die vermeintlichen Segnungen der westlichen Welt, von Junkfood über Schreibtischarbeit bis zur automobilen Gesellschaft.

Vielen Ländern, die sich derzeit in dramatischem Tempo an die globalisierte Weltwirtschaft anpassen, droht also ein gigantisches volksgesundheitliches Problem. Vor allem in China, aber zum Beispiel auch in Mexiko türmt sich dem US-Amerikaner Barry Popkin zufolge ein regelrechter Krankheitsberg auf, den beide Länder schon heute mit großangelegten Sport- und Ernährungsprogrammen abtragen sollten.

Epigenetiker hoffen, dass sich angesichts dieser Erkenntnisse das gesellschaftliche und medizinische Verständnis von Krankheiten prinzipiell ändert. Der wachsende, sich selbst organisierende Körper habe verblüffende Fähigkeiten, auf prägende Umweltbedingungen mit dauerhaften Anpassungen zu reagieren. Das müsse in Zukunft Berücksichtigung finden, wenn es um die Vorsorge vor und Bekämpfung von Krankheiten gehe. «Die orthodoxe Sicht, dass für Herz-Kreislauf-Krankheiten allein der Lebensstil im Erwachsenenalter und genetische Faktoren verantwortlich sind, hat zu keiner zufriedenstellenden Präventionsstrategie geführt. Das Modell der Entstehung chronischer Krankheiten als Folge einer speziellen biologischen Entwicklung zeigt uns jetzt endlich einen neuen Weg nach vorne», erklärt denn auch der Epidemiologe David Barker.

Es scheint, als habe im Laufe der Embryonal- und Kindheitsentwicklung jedes Organ seine sensible Phase zu einer anderen Zeit. Leber, Bauchspeicheldrüse, Herz, Bronchien, Knochen, Fettgewebe und Muskeln bauen in diesen Zeitfenstern offenbar besonders eifrig das *Chromatin* in ihren Zellen um und lagern reichlich Methylgruppen an ihre Erbsubstanz an.

Genau dann scheint das jeweilige System auch sehr empfindlich auf äußere Einflüsse aller Art zu reagieren. Deshalb kann Unterernährung, je nachdem wann sie auftritt, unterschiedliche Alterskrankheiten begünstigen: Osteoporose zum Beispiel, wenn gerade die Knochen aufgebaut werden; Typ-2-Diabetes, wenn sich die insulinproduzierenden Zellen in der Bauchspeicheldrüse entwickeln; Herzinfarkt, wenn sich das Herz ausbildet; und vermutlich sogar chronische Atemwegserkrankungen, wenn die Bronchien heranwachsen.

Eltern sollten also versuchen, extreme Lebensumstände bei ihren Kindern dauerhaft zu vermeiden. Das schafft den reifenden Organen ein ausgewogenes, gesundes Umfeld. Und es dürfte die Kinder mit Hilfe des zweiten Codes für den Rest ihres Lebens mit einer besonders robusten Gesundheit belohnen. Solchen Menschen wird eine ungesunde Lebensweise vergleichsweise wenig anhaben. Andere aber werden vielleicht eines Tages mit ihrem Schicksal hadern und sich fragen, warum ausgerechnet sie krank geworden sind und nicht der Nachbar, der viel weniger auf seine Ernährung achtet, oder die Cousine, die nie Sport getrieben hat und weitaus fülliger ist.

Warum wir immer dicker werden

«Der perinatalen Programmierung kommt inzwischen die Rolle einer dritten, grundsätzlichen Säule in der allgemeinen Krankheitslehre zu», glaubt Andreas Plagemann, Leiter der Arbeitsgruppe für experimentelle Geburtsmedizin an der Berliner Charité. Er ist seit 2006 zudem am King's College in London der weltweit erste Professor für perinatale Programmierung.

Behält er recht, bahnt sich eine dramatische Veränderung in der Krankheitsvorsorge an. «Die geburtsübergreifende Perinatalmedizin könnte zu einem Weichensteller für Gesundheit und Krankheit im gesamten späteren Leben werden», sagt Plagemann und freut sich darüber, dass die Epigenetik nun endlich den Ideen seines Vorgängers an der Charité, Günter Dörner, ein solides theoretisches Fundament baut. Dörner hatte schon Anfang der 1970er Jahre das Konzept der Programmierung von Krankheitsveranlagungen im Zuge der biologischen Entwicklung entworfen.

Tatsächlich scheint in den Lebensumständen vor und nach der Geburt auch der Grund für die zunehmende «Verfettung» der Europäer und Nordamerikaner zu liegen. «Dick sein beginnt heute offenbar bereits im Mutterleib», weiß Plagemann. «Seit langem ist bekannt, dass dicke Babys auch dicke Erwachsene werden.» Selbst dass dicke Mütter besonders oft dicke Babys bekommen, sei nicht wirklich neu. Das konnten Forscher zum Beispiel in Tierversuchen über bis zu vier Generationen hinweg belegen. Recht neu ist dagegen die Erkenntnis, dass diese Beobachtungen – anders als man auf Anhieb vermuten mag – nicht unbedingt mit Genetik zu tun haben, sondern auch ein Resultat der Epigenetik sein können.

Denn offenbar gibt es in unserer Gesellschaft nicht nur immer mehr Menschen mit einem epigenetisch falsch programmierten Stoffwechsel, sie übertragen diesen über ihr Essverhalten vor, während und nach der Schwangerschaft auch auf ihre Kinder. Die Gesellschaft befindet sich in einem Teufelskreis, der sie immer dicker werden lässt. Daran sind selbstverständlich auch die Väter schuld. Sie bestimmen über ihre eigene Ernährung und ihren individuellen Bewegungsdrang ganz entscheidend mit, wie sich der Rest der Familie verhält.

Wenn es um die epigenetische Veranlagung zum Dicksein geht, ist nach einer Fülle von neuen Daten der alles bestimmende Faktor eine heftige, übermäßige Gewichtszunahme vor der Geburt oder in den ersten Lebensjahren. Die Kinder, die dick zur Welt kommen, haben diesen Schub bereits im Mutterleib hinter sich gebracht. Viele der Menschen hingegen, die zum Beispiel im niederländischen Hungerwinter, aber auch im Nachkriegsdeutschland geboren wurden, holen ihn bei ausreichendem Nahrungsangebot, sobald es ging, nach.

Letztlich sind sowohl ein zu niedriges als auch ein zu hohes Geburtsgewicht risikobehaftet, klärt Plagemann auf. Das stimme insofern nachdenklich, als derzeit durch die Fortschritte in der Geburts- und Neugeborenenmedizin vermehrt untergewichtige Babys zur Welt kämen, vor allem aber, weil der Anteil übergewichtiger Neugeborener steige. Natürlich stelle dabei nicht das «Geburtsgewicht per se einen Risikofaktor dar». Entscheidend seien die mit ihm «ursächlich verknüpften metabolischen und hormonalen Entwicklungsbedingungen».

Anders ausgedrückt: Wenn sich die Eltern vor der Geburt ihres Kindes zu ungesund ernähren und zu wenig bewegen oder es nach der Geburt in falschverstandener Fürsorge übermäßig «mästen», senden sie falsche Signale an dessen Epigenome. Völlig egal, ob das Kind dadurch übergewichtig wird oder nicht, erhöht es sein späteres Krankheitsrisiko.

So wird es zum biologischen Schicksal eines Menschen, eines Tages selbst einen ordentlichen Bauch zu bekommen, mit großer Wahrscheinlichkeit Typ-2-Diabetes zu entwickeln und im mehr oder weniger fortgeschrittenen Alter an Herzinfarkt oder Schlaganfall zu sterben. «Wir können nur allen Schwangeren raten, auf eine ausgewogene, vitaminreiche Ernährung zu achten und Junkfood wie Kartoffelchips und Süßigkeiten oder Fastfood nur gelegentlich zu konsumieren», warnt deshalb der Präsident des deutschen Berufsverbands der Frauenärzte, Christian Albring.

Natürlich ist neben der Qualität der Nahrung auch die Menge entscheidend. Die Deutsche Gesellschaft für Ernährung (DGE) empfiehlt als Richtschnur, normalgewichtige Frauen sollten während der Schwangerschaft etwa 200 bis 300 Kilokalorien pro Tag mehr verzehren als sonst. Übergewichtige sollten schon vorher etwas abnehmen. Und je nachdem, wie schlank die Frauen bei Beginn der Schwangerschaft sind, empfiehlt die DGE in den folgenden neun Monaten eine unterschiedliche Gewichtszunahme: «12,5 bis 18 kg für untergewichtige Frauen; 11,5 bis 16 kg für normalgewichtige Frauen; 7 bis 11,5 kg für übergewichtige Frauen sowie mindestens 6 kg für adipöse Frauen».

Gerade in der fehlerhaften Prägung des ganzen Organismus liegt aber auch die Ursache, warum die vielen gutgemeinten Gesundheitskampagnen wie «Fit statt fett» so oft versagen und fast jede erfolgreiche, medizinisch erforderliche Gewichtsabnahme dem berühmten Jojo-Effekt zum Opfer fällt. Nur zwei von hundert übergewichtigen Zuckerkranken schaffen es, ein positives Abspeckungsresultat über mehrere Jahre zu halten. Endlich wird klar: Die meisten dicken Menschen sind gar nicht in der Lage, ihre Ernährung dauerhaft und allein durch Willenskraft von heute auf morgen umzustellen. Ihr Körper folgt einem falschen Programm, das sie umso schwerer ändern können, je früher in ihrem Leben die Fehlprogrammierung stattgefunden hat.

Wer dennoch wie die Aktionspläne der Gesundheitspolitik unterstellt, übergewichtige Menschen seien nicht fit, stigmatisiert und diskriminiert sie, schadet damit ihrem Selbstbewusstsein und treibt sie letztlich noch mehr ins Übergewicht. So sieht es zumindest der Soziologe Friedrich Schorb von der Universität Bremen: «Das Motto künftiger Gesundheitskampagnen sollte lieber ‹Fit und fett› oder ‹Gesund und rund› lauten. Denn körperliche Bewegung, gesunde Ernährung und Übergewicht müssen sich keinesfalls ausschließen.»

Gerade bei Menschen, die zu viele Pfunde auf die Waage bringen, ist Sport die perfekte Vorsorgemaßnahme – selbst dann, wenn sie dadurch aufgrund ihrer Epigenome zunächst gar nicht oder nur wenig abnehmen. Übergewichtige, jedoch sportlich trainierte Menschen, die täglich eine halbe Stunde Ausdauersport machen, haben ein geringeres Risiko für einen Tod durch Herzinfarkt oder Schlaganfall als untrainierte schlanke Menschen. Das hat der Sportmediziner Michael LaMonte vom Cooper Institute in Dallas, USA, herausgefunden. Und ganz langfristig gesehen verändern sie irgendwann mit einer solchen Lebensweise vermutlich doch noch ein paar Histonschwänze und Methylgruppen an den DNAs ihrer Stoffwechselzellen. Damit machen sie sich Stück für Stück auf einen langfristigen, aber vergleichsweise effektiven Weg aus ihrem Dilemma heraus.

Bei Eltern müssen also vor allem dann die Alarmglocken schrillen, wenn ihre einstmals dünnen Kinder im Laufe der ersten fünf oder sechs Lebensjahre schlagartig pummelig werden. Dann heißt es sofort: Limonade, gesüßte Kindertees oder kalorienreiche Fruchtsäfte möglichst oft durch Wasser ersetzen und das Essen von Süßigkeiten, überzuckerten Nachtischen, Fastfood sowie fettigen Snacks auf ein vernünftiges Maß begrenzen. Außerdem sollten sie das Kind in einem Sportverein anmelden und mit ihm viel spazieren gehen, toben und Fahrrad fahren.

Auch auf ausreichenden und gesunden Schlaf sollten Eltern bei ihren Kindern großen Wert legen. Noch Fünf- bis Zehnjährige brauchen im Mittel zehn bis zwölf Stunden Schlaf pro Nacht. Bekommen sie die nicht, steigt ihr Übergewichtsrisiko. Sogar auf Schlafstörungen wie das Schlafapnoe-Syndrom sollten Mütter und Väter achten. Dabei schnarchen die Kinder praktisch jede Nacht – nicht nur wenn sie erkältet sind – und haben gelegentliche Atemaussetzer, die die Schlafqualität erheblich beeinflussen. Eine Mandeloperation kann dann helfen und damit letztlich vielleicht sogar einem Jahrzehnte später auftretenden Herzinfarkt oder Schlaganfall vorbeugen.

Andreas Plagemann empfiehlt noch eine früher ansetzende, sehr effektive Vorbeugungsmaßnahme: «Wenn es irgend möglich ist, sollten Mütter ihre Kinder stillen.» Sein Team habe in einer Analyse von 100 000 Teilnehmern herausgefunden, dass «das Stillen anstelle der vergleichsweise kalorienhaltigen Flaschenernährung Neugeborener deren langfristiges Übergewichtsrisiko um etwa 30 Prozent senkt». Einen derart großen Erfolg könne bisher keine andere Vorsorgemaßnahme dauerhaft erzielen – noch nicht einmal die Empfehlung spezieller Diäten.

Auch die standardmäßige Untersuchung aller Schwangeren auf einen krankhaft erhöhten Blutzuckerspiegel sei dringend geboten: «Allein durch die adäquate Therapie des Schwangerschaftsdiabetes könnte die Häufigkeit eines Übergewichts bei den betroffenen Babys halbiert und ihre langfristige Gesundheit verbessert werden.» Derzeit wird der sogenannte Gestationsdiabetes in Deutschland nur bei etwa 17 500 Frauen pro Jahr entdeckt, obwohl tatsächlich etwa 70 000 Schwangere pro Jahr daran leiden dürften. Eine effektive Therapie der in diesem Fall durch die

Schwangerschaft direkt ausgelösten Zuckerkrankheit senkt dann übrigens nicht nur das Übergewichtsrisiko der Kinder, sondern auch die Gefahr von Fehlbildungen und Fehlgeburten.

Welches Essen gesund ist

Die Versorgung im Mutterleib scheint nicht nur den Stoffwechsel umprogrammieren zu können. Sie hat auch einen epigenetischen Einfluss darauf, wie hoch das spätere Krebsrisiko ist. Und sie bestimmt mit, wie gut die Fähigkeit des Körpers ist, eine Krebserkrankung aus eigener Kraft in Schach zu halten.

Die neueste von mehreren Studien, die das nahelegen, erschien im Dezember 2008. Vesela Kovacheva und Kollegen von der Boston University, USA, hatten trächtige Ratten mit unterschiedlichen Mengen Cholin gefüttert. Dieser Stoff enthält besonders viele Methylgruppen und unterstützt deshalb die DNA-Methylierungs-Enzyme. Anschließend lösten die Forscher bei den Jungen mit einem Giftstoff Brustkrebs aus. Der Krebsauslöser war so stark, dass unabhängig von der Ernährung der Mutter 70 Prozent der Jungtiere erkrankten.

Allerdings hatten die Tiere, deren Mütter cholinreich ernährt worden waren, viel bessere Prognosen als die anderen. Ihre Tumore wuchsen langsamer und waren weniger aggressiv, so dass ihre Überlebenszeit sich deutlich verlängerte. Eine genaue Analyse ergab, dass etwa 70 Gene bei den Vergleichsgruppen unterschiedlich aktiv waren.

Besonders bitter für die Jungen mit Cholinmangel: Der schlechte Vorrat des Lieferanten für Methylgruppen im mütterlichen Blut, den der zweite Code offenbar so dringend brauchte, hatte ihr Erbgut in Richtung zunehmender Bösartigkeit umprogrammiert. Bei ihnen war eine Gruppe von Genen ungewöhnlich still, deren Aktivität typisch für vergleichsweise harmlose Tumore ist.

160   Kapitel 4   Epigenetik der Gesundheit

Eine andere Gengruppe dagegen, die bei aggressiven Krebszellen meist angeschaltet ist, wurde besonders heftig in Proteine übersetzt. Den Grad der Aktivität beider Gengruppen benutzen Krebsärzte übrigens auch bei Menschen, um eine Prognose über die Aggressivität eines bösartigen Geschwulsts abzugeben.

Randy Jirtle, der Onkologe mit den Agouti-Mäusen, zieht weitreichende Schlüsse aus all den Experimenten und Beobachtungen der letzten Zeit. «Die meisten Krankheiten entstehen nicht erst im Erwachsenenalter. Ihr Ursprung liegt oft bereits in den frühesten Entwicklungsstadien direkt nach der Befruchtung.» Dass der sicht- und spürbare Effekt dieser Weichenstellungen ganze ein bis sechs Jahrzehnte auf sich warten lasse, könne keine biologische Struktur so gut erklären wie das epigenetische System. Die Methylgruppen an der DNA, die bleibenden Modifikationen des *Chromatins* und eine dauerhaft geänderte Regulation einzelner Mikro-RNAs – «das sind die Speicherchips», sagt Jirtle.

Der epigenetische Einfluss auf unsere Gesundheit sei viel größer als bisher angenommen, ist der US-Amerikaner überzeugt: «Es wird sich eines Tages herausstellen, dass genetische Mutationen nur die Spitze des Eisberges sind. Die Basis der meisten Leiden ist die Epigenetik. Denn Krankheiten entstehen nun mal leichter durch eine falsche Regulation der Gene als durch falsche Gene selbst.»

Wenn wir also etwas für unsere eigene Gesundheit und das langfristige Wohl unserer Kinder tun wollen, dann sollten wir dafür sorgen, dass das epigenetische System möglichst jederzeit gut funktioniert und die richtigen Signale erhält. In der Summe heißt das: Wir sollten uns und unsere Kinder gesund ernähren, sportlich aktiv sein und für eine liebevolle, geborgene Umwelt sorgen.

Man könne diese Empfehlungen gar nicht oft genug wiederholen, sagt auch Randy Jirtle. Und konkreter lasse sich eine

Welches Essen gesund ist   161

spezielle epigenetische Vorbeugung derzeit leider noch nicht formulieren. Man arbeite daran, brauche aber noch ein paar Jahre intensiver Forschung. «Vor allem müssen wir zeigen, dass bei Menschen ähnliche Prozesse ablaufen wie bei Mäusen oder Ratten.»

Mit am besten belegt sind die Zusammenhänge zwischen einer ausgewogenen, vitaminreichen Ernährung und den Reaktionen des epigenetischen Systems. Jirtles Experimente mit den Gelben Agouti-Mäusen haben zum Beispiel gezeigt, wie wichtig Methylgruppenlieferanten in der Nahrung sind, etwa Methionin, Betain und Cholin. Und auch Substanzen wie Vitamin B-12, Folsäure oder Zink sollten wir immer ausreichend mit dem Essen zu uns nehmen. Sie transportieren Methylgruppen im Körper oder helfen bei der Montage der biochemischen Riegel an die Erbsubstanz.

Solche und viele andere Umwelteinflüsse «wirken sehr früh in unserer Entwicklung am effektivsten auf das Epigenom, aber sie tun es auch noch später im Leben», sagt Randy Jirtle. Es liege auf der Hand, dass ein Mangel an den Stoffen, die unser zweiter Code während der Embryonalentwicklung braucht, in jeder Phase unseres Lebens die gesunde Kommunikation zwischen der Umwelt und unseren Zellen behindert – mit mehr oder weniger gravierenden Konsequenzen. Dafür sprechen ja auch die Analysen der Epigenome unterschiedlich alter eineiiger Zwillingspaare.

Niemand muss jetzt aber in Panik verfallen, nur weil er unlängst im Fastfood-Restaurant war – auch nicht Eltern, die ein Kind bekommen wollen oder eines erwarten. Vitaminarme, zu fettreiche Ernährung sollte nur nicht zur Regel werden. Wer sich überwiegend normal und gesund ernährt, nimmt die epigenetisch wichtigen Substanzen in ausreichender Menge zu sich. Frisch und abwechslungsreich sollte das Essen sein sowie viel Obst und Gemüse enthalten. Das ist besser als jede Vitamintablette und macht sie im Übrigen auch überflüssig.

Cholin ist zum Beispiel in Eiern, Sojabohnen, Erdnüssen und Salat enthalten. Die Aminosäure Methionin findet sich in Brokkoli, Tofu, Knoblauch, Spinat, Eiern, Vollkornbrot, Paranüssen, Reis und grünen Erbsen, aber auch in Fisch, Rindfleisch oder Huhn. Folsäure steckt in Weizenkeimen, roter Beete, grünem Blattgemüse, Brokkoli, Vollkornbrot, Tomaten, Karotten, Spargel, Erbsen, Bohnen, Eigelb und Obst. Genug Vitamin B_{12} erhalten wir, wenn wir gelegentlich Fisch, Fleisch oder Milchprodukte aller Art zu uns nehmen. In Obst oder Gemüse kommt dieser Stoff allerdings kaum vor.

Es gibt also mehr als genug Nahrungsmittel, die dem Epigenom auf die Sprünge helfen. Nur strenge Veganer, die weder Fleisch noch Tierprodukte essen, können mit der Vitamin-B_{12}-Versorgung ein Problem bekommen und sollten im Zweifel ihren Hausarzt um eine Blutanalyse bitten. Haben sie dann tatsächlich zu wenig des Vitamins im Blut, sollten sie den Bedarf fortan mit Tabletten decken. Und werdende Mütter sollten wegen der bereits beschriebenen Zusammenhänge Folsäurepräparate einnehmen.

Soja, Kurkuma, Grüner Tee: Die epigenetische Diät

Der absolute Insidertipp auf der epigenetischen Speisekarte sind derzeit Grüner Tee, Kurkuma und Sojabohnenprodukte aller Art. Sie beeinflussen nachweislich Enzymsysteme des Epigenoms und haben damit zumindest theoretisch das Potenzial, den zweiten Code in unseren Zellen zu verstellen.

Vom Grünen Tee ist beispielsweise schon länger bekannt, dass er im Tiermodell das Wachstum einiger Krebsarten verringern kann, vor allem Magen- und Speiseröhrenkrebs. Eine der Ursachen dafür scheint ein Inhaltsstoff namens *Epigallocatechin-3-Gallat*, kurz *EGCG*, zu sein. Ming Zhu Fang und Kollegen von der Rutgers University in New Jersey, USA, entdeckten, dass diese Substanz in

Krebszellen die DNA Methyltransferase (DNMT) hemmt, also jenes Enzym, das Methylgruppen an die Erbsubstanz anbaut.

Es ist denkbar, das der Grüne Tee damit auch sogenannte Tumorsuppressorgene – also «Tumorunterdrücker» – wieder aktiviert. Das könnte Krebserkrankungen vorbeugen. Denn die Produkte dieser Gene schützen gesunde Zellen vor der Entartung, sind in bösartigen Zellen aber meist per DNA-Methylierung abgeschaltet.

Krebspatienten, die bereits therapiert werden, müssen aber vorsichtig sein. Forscher um Encouse Golden aus Los Angeles publizierten im Januar 2009, dass Inhaltsstoffe des Grünen Tees das Antikrebsmittel Bortezomib und verwandte Substanzen unwirksam machen können. Diese werden gegen sogenannte *Multiple Myelome* eingesetzt. Andere Medikamente waren von diesem Effekt allerdings nicht betroffen. Die Experten raten Krebspatienten deshalb, eine geplante Selbstmedikation mit Grünem Tee immer mit ihren Ärzten abzustimmen. Generell gilt: Naturstoffe, die eine medikamentenähnliche Wirkung auf den Körper haben, haben natürlich auch ein medikamentenähnliches Nebenwirkungspotenzial. Gerade Schwerkranke sollten solche Präparate niemals ohne Wissen ihres Arztes einnehmen.

Auch Kurkuma scheint das Epigenom zu verändern. Das knallgelbe Gewürz wird aus der getrockneten Wurzel der gleichnamigen indischen Pflanze gewonnen und verleiht dem Curry seine Farbe. Curcumin, der wichtigste Inhaltsstoff des Gewürzes, beeinflusst die Histone genannten Proteine, die je nachdem, mit welchen chemischen Gruppen ihre Schwänze beladen sind, den Erbgutfaden mehr oder weniger fest wie Kabeltrommeln um sich wickeln. Das fanden gleich mehrere Forscherteams in den vergangenen Jahren heraus.

Dass Kurkuma eine besondere Wirkung auf unseren Körper hat, ahnen die Menschen in Asien schon lange. In der indischen

Heilkunst Ayurveda wird es seit 4000 Jahren eingesetzt und gilt als entzündungshemmendes und energiespendendes Mittel. Das kann natürlich keine aussagekräftigen Studien ersetzen, wie sie die moderne evidenzbasierte Medizin fordert. Deshalb analysieren Pharmakologen aus aller Welt derzeit die biochemischen Signale des Curcumins an den Körper. Sie hoffen, auf diese Art neue Ansatzpunkte für die Entwicklung eines vielversprechenden Antikrebsmedikamentes zu finden. Und es gibt tatsächlich erste Hinweise, dass Curcumin zumindest im Reagenzglas Enzyme aktiviert, die Histone an bestimmten Stellen des Erbguts dazu veranlassen, vor Krebs schützende Gene zum Ablesen freizugeben.

Selbstverständlich ist es viel zu früh, Kurkuma oder Grünen Tee als medikamentenähnliche Substanzen einzustufen. Noch ist die Wirkung dieser Stoffe beim Menschen nicht belegt – und selbst wenn sie wirken, dann vermutlich nur in sehr hohen Konzentrationen. Es ist schon wahrscheinlicher, dass es eines Tages synthetische Mittel geben wird, die einem ähnlichen Wirkmechanismus gehorchen wie die Naturprodukte.

Der Dritte im Bunde bei den neu entdeckten epigenetischen Nahrungsmitteln ist die Sojabohne. Sie enthält Genistein, ein sogenanntes *Phytoöstrogen*. So nennt man eine pflanzliche Substanz, die ähnlich aussieht wie das weibliche Geschlechtshormon Östrogen und auch ähnlich wirkt. In übergroßen Mengen gilt Genistein deshalb sogar als Giftstoff, der die Fruchtbarkeit von Männern und Frauen nachweislich herabsetzen kann.

Allerdings hat die Substanz vermutlich auch das Potenzial, vor Krebs und Übergewicht zu schützen. Schon lange vermuten Experten nämlich, dass die Ostasiaten sich so sojareich ernähren, sei die Lösung zweier großer Rätsel: Warum erkranken die Menschen in Japan, Korea oder China so viel seltener an Krebs und Adipositas mit all ihren Folgekrankheiten als die Menschen in westlichen Ländern? Und warum verschwindet dieses Phänomen bei vielen asiatischen Familien, die zum Beispiel in die USA ausgewandert sind?

Jetzt haben Epigenetiker die Soja-These ein Stück weit erhärtet. Denn wie sie herausfanden, verstellt auch Genistein den zweiten Code. Und ähnlich wie Folsäure und Co. scheint es während der Zeit im Mutterleib besonders nachhaltig zu wirken. Die Substanz bindet an Andockstellen für Östrogen, was wiederum hilft, manche Kabeltrommel-Proteine in den Zellkernen zu verändern. In einem nächsten Schritt binden dann oft Methylgruppen an die DNA und bringen Gene dauerhaft zum Verstummen. Theoretisch könnte dieser Mechanismus Gene sperren, deren Aktivität Menschen langfristig krank macht. Das würde sie ein Leben lang vor Krebs, Übergewicht und Herz-Kreislauf-Leiden aller Art schützen.

Zugegeben: Diese biochemische Reaktionskette klingt auf Anhieb ziemlich spekulativ. Außerdem ist es denkbar, dass das Genistein auch «gute» Gene abschaltet. Aber dennoch funktioniert die Theorie in der Praxis: Randy Jirtles Team wiederholte seine Experimente mit den Gelben Agouti-Mäusen, in denen es zuvor den schützenden Effekt von Folsäure und Co. belegt hatte. Doch dieses Mal gaben die Forscher aus Durham unter Federführung der Doktorandin Dana Dolinoy nur eine Extraportion Genistein ins mütterliche Futter. Die Resultate waren trotzdem die gleichen wie in den früheren Experimenten.

Wieder wurden die Jungtiere, deren Mütter das Spezialfutter erhalten hatten, braun und schlank, und sie bekamen zeitlebens seltener Krebs und Diabetes. Und wieder konnten die Forscher Methylgruppen an den entscheidenden Stellen der DNA entdecken, die das fehlerhafte Agouti-Gen stummschalteten und so all die wünschenswerten Effekte höchstwahrscheinlich verantworteten. (Das Foto auf Seite 144 stammt übrigens von diesen Experimenten.)

Besonders überzeugend: Für diesen Effekt reichten Genisteinmengen, die vergleichbar sind mit denen, die viele Menschen im

166   Kapitel 4   Epigenetik der Gesundheit

asiatischen Raum tagtäglich mit den Sojabohnenprodukten in ihrer Nahrung zu sich nehmen. Das erkläre nicht nur den schon lange bekannten Effekt, dass Laborratten seltener herzkrank werden, wenn ihre Mütter viel Soja im Futter hatten, sagt Jirtle. «Vorausgesetzt, die Befunde bestätigen sich bei Menschen, erklären sie auch, warum Übergewicht und Krebs in asiatischen Ländern seltener ist als in den USA oder Europa.» Noch fehle aber die entscheidende Verbindung zwischen dem Modellsystem Agouti-Maus und uns Menschen.

Hände weg von Plastikflaschen

Dass Randy Jirtle ein schlauer Mann mit feinem Gespür für Forschungstrends ist, dürfte angesichts seiner bisher präsentierten Studien kaum noch jemand bezweifeln. Als Nora Volkow, eine der führenden Suchtforscherinnen, ihn im *Time Magazine* für die Wahl zur Person des Jahres 2007 vorschlug, begründete sie das mit euphorischen Worten: «Seine bahnbrechenden Arbeiten haben uns ein unermesslich weites Feld aufgetan, in dem ein Gen nicht mehr an ein unerbittliches Urteil erinnert, sondern eher wie ein Anknüpfungspunkt für die Umwelt erscheint, mit dem sie das Genom verändern kann.»

Dennoch macht der Forscher aus Durham mit seinen Resultaten noch immer nicht das schnelle Geld. Es gibt keine «Randy-Jirtle-Pillen», die all die wunderbaren Nahrungsergänzungsmittel enthalten, die den Labormäusen so guttun, und auch kein «Epigenetisches Wunderpulver für Schwangere», das sie zum Wohle ihrer zukünftigen Kinder ins Essen streuen sollten.

Ich frage den Forscher, warum er seine Erkenntnisse nicht offensiver zu Markte trägt. Oder glaubt er zumindest, dazu beigetragen zu haben, dass die Menschen sich bewusster ernähren und es in absehbarer Zeit staatlich subventionierte epigenetische

Ernährungsprogramme für Schwangere gibt? «Sie sind ein Träumer», antwortet er nachdenklich, «ich bin dagegen Pessimist.»

Die meisten Menschen ließen sich nicht so leicht vorschreiben, was sie essen sollen – und das sei vielleicht sogar gut so. Man wisse nämlich noch gar nicht, ob eine übertriebene Methylierungsdiät nicht auch Schaden anrichte. Niemand könne bisher ausschließen, dass ein Übermaß an Folsäure oder Genistein vielleicht auch zur Stummschaltung von nützlichen Genen führe, deren Aktivität uns zum Beispiel vor Krebs schützt. «Gerade bei älteren Menschen kann das eine Rolle spielen.»

Dann würden Pillen mit einer Extraportion dieser Substanzen das Gegenteil von dem bewirken, was sie eigentlich erreichen sollen: Sie würden uns langfristig gesehen kränker machen, als wir ohne sie wären. In seinen Versuchen hat Jirtle zwar noch keine Hinweise auf solche Effekte gefunden, aber sie seien theoretisch denkbar. Er habe von Anfang an darauf hingewiesen, dass man seine Resultate zum Beispiel auch als gutes Argument gegen eine übertriebene Extraversorgung Schwangerer mit Folsäure interpretieren könne.

Tatsächlich entdeckte der Allergologe John Hollingsworth, der wie Jirtle an der Duke University in Durham, USA, forscht, dass die gleiche Nahrungsergänzung, die den Gelben Agouti-Mäusen hilft, anderen Tieren schaden kann. Der Forscher testete das bei schwangeren Mäusen, die wegen einer erblichen Veranlagung besonders leicht an allergischem Asthma litten. Bei ihren ebenfalls dazu neigenden Jungen verstellte die Folsäurediät den zweiten Code so, dass sie stärker an Asthma litten als Vertreter einer Vergleichsgruppe, deren Mütter normale Nahrung erhalten hatten.

Jirtles knappes Fazit: Man dürfe es nicht übertreiben, «das Entscheidende ist die Dosis.» Zu wenig Folsäure, Genistein oder Cholin sei definitiv schlecht, viel zu viel sei aber vermutlich auch nicht gut. Gerade von hochdosierten Vitaminpräparaten müsse man deshalb abraten. Und auch die in den USA und Kanada vorgeschriebene Beimengung von Folsäure ins Mehl bewertet er kritisch. Bei Menschen, deren Stoffwechsel das Vitamin schlecht abbaue, reichere sich die Substanz dadurch vielleicht zu stark an. «Die optimale Dosis variiert zwischen den Individuen.» Sein Kollege Hollingsworth gibt sogar zu bedenken, die zunehmende Versorgung schwangerer Frauen mit großen Mengen an Folsäure sei womöglich verantwortlich für den derzeitigen Anstieg der Asthmafälle bei Kindern.

Von der Folsäuregabe für werdende Mütter wollen die Forscher aber doch nicht lassen. Nach dem derzeitigen Wissensstand scheinen deren Vorzüge zu überwiegen, sagt Jirtle.

Viel klarer ist die Situation schon heute an einem anderen Punkt. Es gibt eindeutig Giftstoffe, die dem Epigenom zumindest während der frühkindlichen Entwicklung schaden, und es ist jedem dringend zu raten, diese Substanzen zu meiden. Alkohol und Nikotin wurden in diesem Zusammenhang bereits erwähnt. Selbst Koffein erhöht beim ungeborenen Kind das Risiko für Wachstumsstörungen und ein erniedrigtes Geburtsgewicht, wenn die Mütter davon größere Mengen zu sich nehmen. So lautet das Fazit einer Untersuchung der britischen CARE Study Group an 2635 werdenden Müttern.

Aufgrund dieser Daten wird Schwangeren neuerdings empfohlen, nicht mehr als 200 Milligramm Koffein täglich zu konsumieren. Die stecken schon in zwei Tassen Kaffee oder drei bis vier Tassen Tee. Und selbst das könnte noch zu viel sein: Nach einer noch neueren Studie an Mäusen ist es sogar denkbar, dass in der Frühschwangerschaft bereits ein bis zwei Tassen Kaffee dem Embryo schaden.

Massive Veränderungen des Epigenoms löst auch das in Deutschland nicht zugelassene Pflanzenschutzmittel *Vinclozolin* aus. Zumindest in den USA ist das ein triftiges Argument, vermehrt ungespritzte Bio-Produkte zu essen. Eine noch größere

Aufmerksamkeit erregt bei Epigenetikern allerdings eine viel verbreitetere Substanz, die unter anderem in Plastikflaschen und Beschichtungen von Konservendosen vorkommt: *Bisphenol A*. Diese Grundsubstanz von Polycarbonaten aller Art entweicht in geringen Mengen aus dem fertigen Kunststoff in die Nahrung. Bislang gilt sie als weitgehend ungiftig. Die Europäische Behörde für Lebensmittelsicherheit (EFSA) schätzt den Anteil, den wir mit der Nahrung aufnehmen, zum Beispiel als völlig unbedenklich ein. Doch wie der Essener Genetiker Bernhard Horsthemke betont, erfassen die gängigen Tests, ob eine Substanz krebsauslösend ist oder nicht, keine epigenetischen Veränderungen wie das Anlagern von Methylgruppen oder das Verhindern solcher Anlagerungen: «Das Problem liegt in der Methodik.» Man müsse einen Test entwickeln, der epigenetische Einflüsse mit berücksichtige.

Nachgewiesen ist jedenfalls, dass *Bisphenol A* eine hormonähnliche Wirkung hat und vor allem die Methylierung der DNA auf breiter Front verhindert. Das kann zumindest theoretisch zur ausgeprägten Gesundheitsgefahr werden. Dana Dolinoy und Kollegen zeigten bereits, dass Gelbe Agouti-Mäuse, die im Mutterleib *Bisphenol A* ausgesetzt waren, später besonders gelb, dick und krankheitsanfällig wurden.

Mit Folsäure, Cholin und Co. oder mit Genistein ließen sich diese Effekte zwar problemlos ausgleichen – was die unerhörte Potenz der Methylierungsdiät noch einmal unterstreicht. Aber Randy Jirtle warnt: Wenn er einer schwangeren Frau aufgrund seiner Erfahrungen als Toxikologe und Epigenetiker irgendetwas raten solle, «dann zuallererst, dass sie die Finger unbedingt von Getränken aus Plastikflaschen lässt». Auch Säuglinge sollten Milch unbedingt aus Glasflaschen bekommen. Das sei bislang allerdings eine reine Vorsichtsmaßnahme. Denn noch sei auch hier keineswegs klar, ob sich die eindeutigen Resultate aus dem Tierreich auf Menschen übertragen lassen.

Bisphenol A kommt inzwischen aber so ziemlich überall vor, und man kann der Substanz kaum aus dem Weg gehen. Deshalb ist der neue Befund zumindest ein gutes Argument mehr, auf eine gesunde Ernährung zu achten – und damit auf die ausreichende Zufuhr all der Spurenelemente und Vitamine, die der Methylierungsmaschinerie auf die Sprünge helfen. Offenbar stößt die Methylierungsdiät nämlich genau die gegenteiligen Effekte im Körper an wie das *Bisphenol A*. Damit wirkt sie wie ein epigenetisches Gegengift: Der Plastikinhaltsstoff kann ihretwegen die Zahl an frei im Körper verfügbaren Methylgruppen nicht weiter verringern und nicht länger die Enzyme lähmen, die diese Gruppen an die DNA anbauen.

Jirtle selbst geht dem Plastikzusatz inzwischen so gründlich wie irgend möglich aus dem Weg. Dafür habe er schon viel zu viele Daten gesehen, wie stark *Bisphenol A* die Methylierungslevel in den Zellen verändere. «Das heißt für mich, ich trinke keine Limonaden oder ‹Sodas›, weil die hier nur in Plastikflaschen verkauft werden, und ich esse niemals Essen aus Dosen, weil die immer mit Plastik beschichtet sind.» Nahrungsergänzungsmittel zur Vorbeugung nimmt er hingegen nicht. Eine ausgewogene Ernährung mit frischen Zutaten reiche aus: «Öfter Tofu essen ist sicher eine gute Idee, aber ich würde nie so weit gehen, Genisteinpillen zu schlucken.»

Vor allem aber möchte er mit seiner Arbeit eines Tages möglichst viele Menschen davon überzeugen, dass es das Gedächtnis ihrer Zellen in eine positive Richtung verstellt, wenn sie mehr auf ihre Gesundheit achten. «Wir wagen im Moment endlich den Sprung von der Maus zum Menschen und suchen ganz konkret nach humanen Genen, die die Anfälligkeit für eine Krankheit erhöhen, wenn sie epigenetisch falsch programmiert wurden.»

In ein paar Jahren hofft Jirtle fündig geworden zu sein. Spätestens dann – so ist der Epigenetiker fest überzeugt – sähen die

Menschen endlich ein, dass all die bisherigen Erkenntnisse zum zweiten Code nicht nur Mäuse, Schafe oder Ratten, sondern auch sie selbst ganz unmittelbar und unausweichlich betreffen. Und auf einmal klingt sogar der sonst so skeptische Toxikologe und Krebsforscher wieder richtig optimistisch.

KAPITEL 5
Langlebigkeit als biologisches Programm: Rezepte für ein hohes Alter

Das Geheimnis der Superalten

Jeanne Louise Calment starb am 4. August 1997 im südfranzösischen Arles. Sie wurde 122 Jahre, fünf Monate und 14 Tage alt und gilt bis heute als der Mensch, der am längsten lebte – zumindest wenn man sich auf gesicherte Fakten verlässt. Als Teenager hatte Calment dem Maler Vincent van Gogh Farbe und Pinsel verkauft, als Hundertjährige fuhr sie noch Fahrrad, und erst im Alter von 119 Jahren gab sie das Rauchen auf. Nicht etwa ihrer Gesundheit zuliebe, sondern nur weil sie sich selbständig keine Zigaretten mehr anzünden konnte. Zuletzt war sie nämlich blind und fast taub, aber nach wie vor geistig rege. Das Altersheim, in dem sie bis zum Schluss lebte, trägt heute ihren Namen.

Natürlich wollten Journalisten, Forscher und Ärzte immer wieder ihr Geheimnis erfahren. Doch sie wurden enttäuscht: Die superalte Dame antwortete, sie habe sich nie bewusst gesund verhalten. Sie habe jeden Abend ein Glas Portwein getrunken und reichlich Gemüse, Knoblauch und Olivenöl gegessen. Das sei alles. Auch dass sie relativ früh finanziell unabhängig war und ein weitgehend dauerstressfreies Leben verbringen durfte, hat ihr ganz bestimmt nicht geschadet: Sie heiratete 1896 einen wohlhabenden Mann und soll anschließend genug Zeit gehabt haben, das sportliche und kulturelle Leben ihrer Heimat ausgiebig zu genießen.

Wirklich spektakulär im Leben von Jeanne Calment war eigentlich nur ihr hohes Alter. Sie mied die Extreme. Und damit

Der älteste Mensch der Welt. Jeanne Calment wurde am 21. Februar 1875 in Arles, Frankreich, geboren, wo sie am 4. August 1997 im Alter von 122 Jahren auch starb. Am 18. Oktober 1995 stellte sie mit 120 Jahren und 239 Tagen einen neuen Weltrekord im Altwerden auf und erhielt eine Urkunde des *Guinness-Buchs der Rekorde*.

scheint die sympathische Französin so etwas wie der Prototyp aller Steinalten zu sein. Beim Vergleich der Lebensläufe Superalter drängen sich ein paar Gemeinsamkeiten geradezu auf: Die wenigsten sind Gesundheitsfanatiker, wirklich ungesund leben sie aber auch nicht. Vor allem werden sie ihr Leben lang nicht ernsthaft chronisch krank.

Auch der derzeit älteste lebende Mensch, die 115-jährige Portugiesin Maria de Jesus dos Santos, soll immer gesund, aber nicht asketisch gelebt haben. Sie mied angeblich Nikotin und Alkohol, aß kaum Fleisch sowie viel Gemüse und Fisch. Sie musste bisher erst einmal ins Krankenhaus und lebt noch heute in ihren eigenen vier Wänden.

So gut wie kein Mensch, der deutlich über hundert Jahre alt geworden ist, stirbt letztlich an einem der typischen Altersleiden: Morbus Alzheimer oder Parkinson, chronischen Herz-Kreislauf-Krankheiten, Typ-2-Diabetes oder Krebs. Wenn sie sterben, dann aus Altersschwäche. Irgendein lebenswichtiges Organ ihres so unfassbar robusten Körpers versagt dann schlichtweg seinen Dienst.

Als im August 2005 zum Beispiel die 115-jährige Niederländerin Hendrikje van Andel-Schipper starb, untersuchte der Neuroanatom Gert Holstege von der Universität Groningen ihr Gehirn. Sie hatte es schon vor langer Zeit der Wissenschaft vermacht. Überraschenderweise fand er keinerlei Anzeichen einer Demenz. Im Gegenteil: Das Denkorgan der alten Dame war vollkommen gesund. Als beste Erklärung für den ungewöhnlichen Befund entdeckte Holstege die geradezu jung wirkenden Arterien von Andel-Schipper. Sie konnten ihr Gehirn vermutlich bis zum Lebensende gut versorgen. Die alte Dame selbst hatte ihr hohes Alter immer scherzhaft mit einer originellen Diät begründet: «Ich esse jeden Tag einen Matjes und trinke ein Glas Orangensaft.»

Das Geheimnis, warum manche Menschen langsamer altern als andere, fanden Forscher bei den Allerältesten bisher also noch nicht. Deshalb suchten sie bei den Bewohnern jener berühmten Gegenden, in denen überdurchschnittlich viele uralte Menschen leben. Doch auch dort wurden sie nicht auf den ersten Blick fündig. Egal ob auf der japanischen Inselgruppe Okinawa, «Insel der Hundertjährigen» genannt, in Vilcabamba, einem Dorf im südlichen Ecuador, das im «Tal der Hundertjährigen» liegt, oder in einem der zahlreichen Örtchen im gebirgigen Herzen Sardiniens, die allesamt um den Titel «Dorf der Hundertjährigen» streiten – nirgends entdeckten die Scharen von angereisten Altersforschern den einen, alles entscheidenden Schlüssel zum längeren Leben.

Diesen Schlüssel gibt es wohl auch nicht. Denn mit der Lebenserwartung ist es genau wie mit dem Risiko, eine Alterskrankheit zu bekommen: Beides hängt von unzähligen Faktoren ab. Dazu zählen selbstverständlich auch eine Menge zufälliger Ereignisse, die wir nicht aktiv steuern können. Genau genommen ist das Altern wie ein langes, schleichendes, chronisches Leiden – und

Das Geheimnis der Superalten   175

zwar das komplexeste, das wir uns überhaupt vorstellen können. So ziemlich jedes Geschehen im Leben hat einen mehr oder weniger großen Einfluss darauf, mit welchem Tempo unser Körper und Geist altern.

Die Inseln der Hundertjährigen

Klar ist natürlich, dass eine gesunde Lebensführung zum Erreichen eines hohen Alters ganz entscheidend beiträgt. Daran ändert auch der Zigarettenkonsum von Jeanne Calment nichts. Dass ihr dieses Laster nichts anhaben konnte, unterstreicht im Gegenteil die außergewöhnliche Widerstandskraft ihres Körpers.

Und so wundert es auch nicht, dass an den Orten der Welt, wo besonders viele Greise leben, die wichtigsten positiven Faktoren von allein zusammenkommen. Es sind Gegenden mit angenehmem, meist recht mildem Klima. Die Bewohner sind überwiegend Landwirte, bewegen sich also viel, und das vor allem an der frischen, relativ schadstofffreien Luft. Sie ernähren sich ausgewogen und gesund, mit einem hohen Anteil an Obst, Gemüse und manchmal auch Fisch. Und weil die Böden fruchtbar sind, kommen Hunger und Dauerstress selten vor.

Das Paradebeispiel für den positiven Einfluss einer gesunden Lebensweise sind die Bewohner der japanischen Okinawa-Inseln. Die Zwillingsbrüder Bradley und Craig Willcox vom pazifischen Gesundheitsforschungsinstitut in Honolulu, USA, und ihre *Okinawa Centenarian Study Group* analysieren schon seit einem Vierteljahrhundert die dortigen Gewohnheiten.

Ihre Daten zeigen, dass die Inseln ein regelrechtes Gesundheitsparadies sind: Blutdruck, Insulin- und Cholesterinwerte sind bei der Mehrheit der alten Bewohner fast auf dem Niveau von Jugendlichen, «Herzkrankheiten sind minimal, Brustkrebs so selten, dass Mammographien nicht nötig sind, und die meisten

176   Kapitel 5   Langlebigkeit

alternden Männer haben noch nie von Prostatakrebs gehört», berichten die Willcox-Brüder. «Die Menschen hier haben 80 Prozent weniger Brust- und Prostatakrebs und weniger als halb so viel Eierstock- und Darmkrebs als die Menschen in Nordamerika.»

Die Frage nach den möglichen Ursachen beantwortet Kazuhiko Taira, Alternsforscher der Universität auf Okinawa, in bekannter Manier. «Es ist eine Mischung aus einer Vielzahl von Faktoren: Essgewohnheiten, Klima, Lebensstil, Bewegung, Schlafverhalten. Aber entscheidend sind die Essgewohnheiten.» Das Essen sei selbst für die ohnehin schon sehr gesunde japanische Küche vorbildlich.

Auf den Inseln der Hundertjährigen wird zum Beispiel besonders viel des Sojabohnenprodukts Tofu gegessen. Und Grüner Tee soll hier wie überall in Japan in größeren Mengen getrunken werden. Zumindest die Älteren trinken zudem Alkohol nur in Maßen und haben fast alle nie geraucht. Sie essen sehr fett- und salzarm, mit viel gelbem und grünem Gemüse und sogar Algen und Seetang. Fisch steht häufig, Fleisch aber vergleichsweise selten auf dem Speiseplan.

Für die Willcox-Brüder sind noch zwei weitere Punkte ausschlaggebend für den hohen Altersdurchschnitt: Die Bewohner Okinawas essen kleine Portionen und meist eher etwas zu wenig als zu viel. Und sie sind körperlich sehr aktiv. Im Zusammenspiel bewirken diese Gewohnheiten, dass die Hundertjährigen niemals auch nur zu einem Bauchansatz neigen. Ihre *Body-Mass-Indizes* (BMI = Körpergewicht geteilt durch die Größe in Metern zum Quadrat) schwankten während des Beobachtungszeitraums im Durchschnitt zwischen 18 und 22. Alles unter 23 gilt als schlank, ab 25 beginnt bei jungen Menschen leichtes Übergewicht, ab 30 spricht man von Adipositas oder Fettsucht. Unter 17,5 besteht dringender Verdacht auf Magersucht.

All diese äußeren Einflüsse gemeinsam scheinen die Genome in den Zellen der Superalten epigenetisch in Richtung Gesundheit und Langlebigkeit umprogrammiert zu haben. Ihr Zusammenspiel verhindert, dass krankmachende und letztlich das Leben verkürzende Fehlprogrammierungen zu häufig werden. Hier kommt erneut der Gedanke des Essener Epigenetikers Bernhard Horsthemke ins Spiel, der das Altern als eine Art epigenetische Krankheit betrachtet. Je länger wir leben, desto mehr Epimutationen häufen sich demnach in unseren Zellen an. Das heißt, mit zunehmendem Alter bauen Enzyme immer häufiger zum Beispiel Methyl-, Acetyl- oder Ubiquitingruppen an falsche Stellen der DNA oder Histone an. Und das macht uns schließlich krankheitsanfällig und leistungsschwach.

Wer also mit einem vernünftigen Lebensstil die Fehlerquote des zweiten Codes so gering wie möglich hält, erhöht seine Chance, besonders alt zu werden und dabei auch noch möglichst lange gesund zu bleiben. Jeanne Calment ist aber zugleich der beste Beleg dafür, dass man aus dieser Strategie keine Religion machen muss: Gesund leben heißt nicht unbedingt, jeden Genuss einer eisernen Disziplin zu opfern. Wer sich zu sehr quält, empfindet das womöglich als nicht enden wollenden Verzicht und Dauerstress – und der ist bekanntlich ebenfalls ungesund.

Selbstverständlich spielen aber nicht nur die Epigen-Schalter eine Rolle bei der Lebenserwartung, sondern auch die Gene selbst. «Gesundes Altern wird zu einem erheblichen Maße vererbt», meint zum Beispiel der italienische Altersforscher Claudio Franceschi von der Universität Bologna. Er hatte die Gene von mehr als tausend Hundertjährigen aus den sardischen Greisen-Dörfern analysiert und entdeckt, dass die meisten Untersuchten erstaunlich eng miteinander verwandt sind. Spezielle Langlebigkeitsgene konnte er jedoch nicht aufspüren. Das wären solche Varianten eines Erbgutstücks, die ihnen gemeinsam sind und deren Besitz das Altern offenbar hinauszögert.

Bei Modellorganismen wie Hefen, Fadenwürmern, Frucht-

178   Kapitel 5   Langlebigkeit

fliegen oder Mäusen fanden Forscher immerhin schon mehrere solcher Genvarianten. Durch eine gezielte Manipulation ihrer Aktivität oder Funktion konnten die Forscher regelrechte Methusalemorganismen erzeugen. Bisher halfen diese Erkenntnisse aber kaum bei der Suche nach dem erblichen Anteil am menschlichen Alterungstempo. Sie dienten vor allem dazu, die körperlichen Prozesse des Alterns aufzuklären.

Das gelang den Wissenschaftlern, indem sie die Funktion der Proteine entschlüsselten, deren Bau die Langlebigkeitsgene codieren. So entdecken sie immer mehr Regulationsprozesse, mit denen Organismen ihre Lebensspanne biochemisch beeinflussen. Und hier kommt wieder die Epigenetik ins Spiel: Eine Vielzahl neuer Resultate lässt inzwischen nicht mehr daran zweifeln, dass die Zellen gerade für die Steuerung dieser Prozesse ein paar ganz spezielle Genschalter erfunden haben. Der zweite Code entscheidet an zentraler Stelle mit, wie alt wir werden.

Altern als chronische Entzündung

Im Sommer 2008 recherchiere ich auf dem 20. Internationalen Genetik-Kongress in Berlin. Immer auf der Suche nach neuen Erkenntnissen für dieses Buch, mische ich mich ein paar Tage lang unter die gut zweitausend anwesenden Genetiker aus aller Welt. Natürlich gönne ich mir auch die Höhepunkte: Jeden Morgen eröffnet im größten Saal ein weltbekannter Spitzenforscher den Kongresstag mit einem Vortrag über seine oder ihre Arbeit.

Was dort vor mehr als tausend Zuhörern geboten wird, ist völlig anders als bei einer kleineren Fachtagung, auf die sich Journalisten so gut wie nie verirren: eine perfekte Mischung aus komplexer, neuester Wissenschaft und einer multimedialen, teils ein wenig egozentrischen Show. Besonders groß ist der Andrang, als Elizabeth Blackburn spricht. Die Australierin wirkt angenehm zurückhaltend. Ihre glasklaren, knappen Sätze und das bis in die hinteren Reihen sichtbare Funkeln ihrer Augen zieht jedoch alle rasch in ihren Bann.

Noch weiß niemand, dass diese Dame gemeinsam mit ihrer ehemaligen Doktorandin Carol Greider den Paul-Ehrlich- und Ludwig-Darmstädter-Preis für das Jahr 2009 erhalten wird. Er ist mit 100 000 Euro dotiert und zählt zu den renommiertesten Preisen, die Molekularbiologen überhaupt bekommen können. Doch keiner, der den beeindruckenden Vortrag an diesem grauen Morgen hört, wird sich wundern, wenn ein paar Monate später die Entscheidung bekannt gegeben wird. Gewürdigt werden mit dem Preis jedenfalls genau jene Arbeiten, die sie in Berlin vorstellt.

Blackburn, die seit Jahren an der University of California in San Francisco lehrt, referiert über ihr Lebensthema: die zellulären Mechanismen des Alterns. Es geht um eine Frage, die so alt ist wie die Menschheit selbst. Was hält manche länger jung als andere? Die Molekularbiologie scheint allmählich ein paar schlüssige Antworten darauf zu finden – nicht zuletzt dank Blackburns und Greiders Arbeiten.

Die Australierin zeigt, dass unser Körper immer nur so jung ist wie die Billionen Zellen, aus denen er besteht. Je hinfälliger diese werden, desto leichteres Spiel haben Krankheiten: «Altern Zellen des Immunsystems, bekommen wir leichter Infektionen und können Entzündungen schlechter bekämpfen. Altern zudem die Zellen der Organe, verlieren sie ihre Widerstandsfähigkeit, und wir bekommen Diabetes, Alzheimer, Arteriosklerose, Herzinfarkte, Schlaganfälle oder Krebs. All diese Leiden sind nicht umsonst die Hauptkiller älterer Menschen.»

Natürlich erneuern sich fast alle Gewebe unseres Körpers pausenlos, indem sich Zellen teilen und geschwächte oder fehlerhafte Zellen zugrunde gehen. Doch auch diese Prozesse gehen an den kleinsten Einheiten des Lebens nicht spurlos vorbei: Fehlschaltungen häufen sich, die biochemische Maschinerie läuft zunehmend unrund, und Schäden aller Art werden früher oder später nicht mehr so effizient wie in jungen Jahren repariert. Letztlich verlieren die greisen Gewebe die Fähigkeit, sich aus eigener Kraft zu regenerieren. Überall im Körper häufen sich Entzündungen. Das Selbstheilungssystem des Organismus ist zunehmend überfordert. Und Alterskrankheiten bekommen ihre Chance.

Alle typischen Altersleiden hingen letztlich mit entzündlichen Reaktionen zusammen – sogar Krebs, sagt Blackburn. In jungem Alter gelingt es unserem Körper praktisch immer, irgendeinen Schaden, der von außen oder von innen kommen kann, zu reparieren und einen beginnenden Krankheitsherd frühzeitig auszumerzen. Sind unsere Zellen aber später im Leben weniger fit, breiten sich Entzündungen immer öfter gefährlich aus. Unter Umständen bilden sie den Anfang eines Diabetes oder einer lebensbedrohlichen Arterienverengung. Zudem bekämpft ein durch Entzündungen geschwächtes Immunsystem entartete Zellen oft nur unzureichend, sodass Krebs im Alter viel leichter entstehen kann als in jungen Jahren.

Die Altersleiden siegen also immer dann, wenn Entzündungsreaktionen der Lage nicht mehr Herr werden – sprich, wenn der natürliche Selbstheilungsversuch des Körpers scheitert. Das bestätigt der italienische Alternsforscher Claudio Franceschi: «Menschen mit chronischen Entzündungen sterben früher als andere.» Bei seiner Suche nach den menschlichen Langlebigkeitsgenen konzentriert er sich deshalb vor allem auf jene DNA-Stellen, die Proteine des Immunsystems codieren. Wer von seinen Vorfahren eine besonders gute körpereigene Abwehr erbt, bekommt die Veranlagung zu einem langen Leben gleich mitgeliefert, vermutet der Mediziner.

Inzwischen sind Entzündungen für die meisten Molekularbiologen die entscheidende Gemeinsamkeit der vielen verschiedenen

Facetten des Alterns. Die abnehmende Leistungsfähigkeit jeder einzelnen Körperzelle und ganz besonders der Zellen des Abwehrsystems sorgt ihrer Meinung nach letztlich dafür, dass unsere Zeit auf Erden so gnadenlos begrenzt ist.

Hier ist sogar der Umkehrschluss zulässig: Gerade jene steinalten Menschen, die hundert Jahre oder älter werden, leiden bekanntlich besonders selten an Diabetes, Krebs oder verengten Herzkranzgefäßen. Ihre Zellen altern – warum auch immer – ungewöhnlich langsam, und deshalb verhindern sie über einen besonders langen Zeitraum mit Hilfe ihrer eigenen Biochemie, dass es zu Schäden in den zahlreichen Geweben und Organen des Körpers kommt. Nun wird auch klar, warum es gerade den Superalten oft gar nichts ausmacht, wenn sie rauchen. Da ihre Zellen ungewöhnlich jung bleiben, behalten sie die Fähigkeit, den Krebs in Schach zu halten, selbst wenn sie sich tagtäglich mit erbgutverändernden, krebsauslösenden Stoffen wie Nikotin und Teer vollpumpen.

Was diesen Ansatz so spannend macht: Er bricht die hochkomplexen Alterungsvorgänge eines vielzelligen Wesens auf die Ebene der einzelnen Zelle herunter. Hier bieten sich plötzlich eine Menge Eingangspforten für mögliche lebensverlängernde oder -verkürzende Einflüsse. Die können genetisch bedingt sein oder aber über die Werkzeuge des Epigenoms vom Lebensstil abhängen – von der Ernährung, dem Schlafverhalten, dem Grad an Dauerstress oder der Bewegungsfreude.

Von Telomeren und Telomerase

Unser Erbgut ist pausenlos bedroht – etwa von UV-Strahlung, Asbest, Sauerstoffradikalen oder Nikotin. Sie lösen bekanntlich Mutationen aus und damit letztlich Krebs. Doch auch die eigene Kolonne aus DNA-Reparaturproteinen entfaltet manchmal ein gehöriges Zerstörungspotenzial, obwohl sie das Erbgut ja eigentlich vor schwerwiegenden Schäden schützen soll.

In jeder Zelle gibt es eine solche agile Gruppe von Proteinen. Sie suchen den DNA-Faden ununterbrochen nach Fehlern ab, schneiden ihn im Zweifelsfall auseinander, tauschen defekte oder fehlerhafte Anhängsel aus und kleben das reparierte Erbgut wieder zusammen. Ohne diese Stoffe geht jede Zelle binnen kurzer Zeit zugrunde, das heißt, sie opfert sich und stirbt, weil sich zu viele Fehler in ihr angehäuft haben. Sonst wird sie bösartig und frisst den Körper als Krebsherd von innen auf.

So tragen die Reparaturenzyme zwar entscheidend dazu bei, dass eine Zelle jung bleibt, doch sie sind mitnichten unfehlbar. Denn sie bauen immer wieder falsche Teile des Erbgutfadens aneinander. Besonders häufig passiert das an den Enden der insgesamt 46 Chromosomen, auf die sich unser «Buch des Lebens» verteilt. Sind diese Enden frei zugänglich, werden sie von den Reparaturenzymen sogleich für auseinandergebrochene DNA gehalten und an ein anderes offenliegendes DNA-Ende geklebt. Der genetische Schaden ist natürlich riesig.

Damit solche und andere ungewollte chemische Reaktionen nicht zu oft passieren, sitzen an den Enden der Chromosomen regelrechte Schutzkappen, Telomere genannt. Sie bestehen aus vielen verschiedenen Proteinen und umschließen den DNA-Faden noch viel fester als gewöhnliche Histone. So schützen sie ihn vor den Zugriffen der Reparaturenzyme und vor anderen zerstörerischen Einflüssen, ähnlich wie es die Plastikkappen an den Enden von Schnürsenkeln tun.

Doch die Telomere scheinen ganz nebenbei eine Art Lebensuhr zu sein. Denn zumindest theoretisch verlieren die Chromosomenenden bei jeder Zellteilung ein kleines Stückchen DNA samt Proteinkappe – im Durchschnitt ungefähr 20 Doppelhelix-Streben lang. Eines Tages sind die Telomere dann so gut wie aufgebraucht, und die Zellen müssen sterben. Das Alter einer Zelle lässt sich dennoch nur sehr grob anhand der Länge ihrer Schutzkappen schätzen, da diese bei verschiedenen Zelltypen unterschiedlich schnell verschleißen. Zudem scheint der gesamte Prozess einer komplexen, bisher nur zum Teil verstandenen Regulation zu gehorchen.

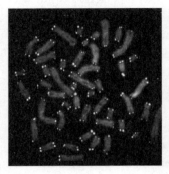

Telomere beschützen das Erbgut. Das komplette menschliche Erbgut befindet sich auf 46 Chromosomen. An deren Enden sitzt eine große Ansammlung von Eiweißen, die den DNA-Faden besonders fest an sich binden und vor ungewollten chemischen Reaktionen schützen. Hier sind diese Schutzkappen mit einem fluoreszierenden Farbstoff angefärbt und erscheinen als helle Punkte. Die Chromosomen sind schwach gefärbt und erscheinen grau.

Man dürfe sich die Telomere keinesfalls so simpel vorstellen wie eine Kette, die pro Zellteilung eine bestimmte Anzahl Perlen verliere, meint auch Elizabeth Blackburn: «Dort bedeckt eine sehr dynamische, hoch organisierte Struktur von zahlreichen verschiedenen Proteinen die DNA.» Jedes Protein erfüllt eine bestimmte Aufgabe. Es unterstürzt beispielsweise ein anderes Protein bei seiner Arbeit, festigt oder lockert das Telomergerüst, stabilisiert die DNA, lagert chemische Gruppen an andere Proteine an oder baut sie ab.

Das klingt natürlich verdächtig nach Epigenetik – und das ist es auch. Ganz besonders gilt das für ein Enzym, das in viele Telomere eingebaut ist und das Blackburn gemeinsam mit Carol Greider in den 1980er Jahren entdeckte: die Telomerase. Sie sorgt nach jeder Zellteilung dafür, dass sich die verkürzte DNA samt Schutzkappe wieder verlängert. Damit hält sie die Zelle jung. «Ist ausreichend Telomerase vorhanden, bleibt die Telomerlänge immer im Gleichgewicht», sagt Blackburn.

Diesem «Jungbrunnenenzym» verdanken zum Beispiel menschliche Stammzellen und Keimzellen – also Eizellen und Samenvorläuferzellen – ihre ewige Jugend. Aber auch die Knochenmarkzellen, die laufend das Immunsystem erneuern, und noch einige andere Körperzellen bleiben dank Telomerase jung. Es gibt sogar Einzeller, *Tetrahymena* genannt, die dank einer sehr aktiven Telomerase so gut wie gar nicht altern. Schalten Forscher bei ihnen jedoch das Gen für das Enzym ab, verkürzen sich ihre Telomere rapide, und sie müssen nach 20 bis 25 Teilungen sterben.

Blackburn vermutet, dass der zweite Code über das Jungbrunnenenzym verschiedene Zellalterungsprogramme steuert. Je nachdem, wie stark das Telomerase-Gen abgelesen werde, sei mehr oder weniger des verjüngenden Enzyms im Zellkern, was für die Fitness der Zelle dramatische Konsequenzen haben könne. «Nur ein bisschen mehr Telomerase als gewöhnlich reicht aus, um die Alterung einer Zelle entscheidend hinauszuzögern», erklärt Blackburn. Für einen Gesamtorganismus bedeutet das, er bleibt schon mit einem Quäntchen mehr Telomerase in den Zellkernen deutlich länger jung als andere.

Im Reagenzglas gelingt es den Molekularbiologen bereits, Zellen durch die künstliche Zugabe von Telomerase unsterblich zu machen. Und eine Gruppe um den Genetiker Shinichi Nakagawa von der University of Sheffield, Großbritannien, entdeckte beim Vergleich mehrerer Vogelarten, dass tatsächlich jene besonders lang leben, die auffallend aktive Telomerase-Gene haben. Die Arten mit vergleichsweise wenig Telomerase in den Zellen haben hingegen eher kurze DNA-Schutzkappen und müssen früher sterben.

Bei uns Menschen kommt die Telomerase in vielen wichtigen Zellen gar nicht vor. Der zweite Code schaltet das Telomerase-Gen fast überall weitgehend ab. Die entsprechenden Zellen enthalten deshalb so gut wie kein verjüngendes Enzym – und wir müssen altern. Doch zuletzt entdeckten Forscher, dass manche Gewebe es immerhin in geringen Mengen produzieren. «Die Telomerase scheint in mehr Zellen aktivierbar zu sein, als man früher dachte», hofft Blackburn.

Dauerstress macht alt

Das eigentlich Sensationelle an Telomeren und Telomerase ist allerdings, dass sie sensibel auf Signale von außen reagieren. Positive Einflüsse aus der Umwelt und von anderen Zellen können sowohl die Schutzkappen an den Chromosomenenden stabiler machen als auch die Menge des lebensverlängernden Enzyms erhöhen. Entsprechend haben negative Einflüsse den gegenteiligen Effekt. Das liefert eine völlig neue Erklärung dafür, wie und warum sich eine ungesunde Lebensweise auf die Krankheitsanfälligkeit und Lebenserwartung eines Menschen auswirken kann.

Bei Hefezellen entdeckte Blackburn schon im Jahr 2001 mit ihrem Mitarbeiter Shivani Nautiyal, dass ein starker Umweltstress zur Abschaltung der Telomerase führt – extreme Hitze oder eine Vergiftung zum Beispiel. Dadurch verkürzt sich das Leben der Einzeller deutlich. Und auch bei Menschen gibt es erste Hinweise auf einen Zusammenhang zwischen Telomerase-Aktivität und Lebenserwartung: Bei einer sehr seltenen Erbkrankheit ist eines der beiden Gene für Telomerase defekt. Betroffene müssen schon in jungen Jahren sterben.

Eine andere Studie zeigte sogar, dass man die Lebenserwartung älterer Menschen zumindest grob anhand ihrer Telomerlänge vorhersagen kann. Personen über 60, deren Immunzellen ungewöhnlich kurze Telomere haben, sterben Blackburn zufolge deutlich früher als der Durchschnitt: «Ihr Risiko für eine Herz-Kreislauf-Krankheit ist um den Faktor 3,2 erhöht und für eine Infektion sogar um den Faktor 8,5.»

Was aber besonders nachdenklich stimmt, sind neueste Untersuchungen darüber, welchen Einfluss langanhaltende, kaum zu bewältigende Belastungen auf manche Menschen haben. Elissa Epel, eine Mitarbeiterin von Blackburn, untersuchte Personen, die zum Beispiel über einen längeren Zeitraum hinweg allein einen dementen Angehörigen oder ein chronisch krankes Kind pflegen mussten.

Im Vergleich zu gewöhnlich belasteten Gleichaltrigen hatten diese Menschen deutlich erhöhte Stresshormonspiegel im Blut. Und ihre Zellen zeigten eine verringerte Menge des zellverjüngenden Enzyms Telomerase sowie verkürzte Chromosomenenden. «Die Telomere der Frauen, die den größten psychologischen Stress ertragen mussten, sind im Vergleich zu Frauen aus der Niedrigstressgruppe so viel kürzer, dass es ungefähr einer um zehn Jahre beschleunigten Alterung entspricht», weiß Epel. Die Telomerase-Gene waren bei den Menschen mit dem geringsten Stress doppelt so aktiv wie bei denen mit dem meisten Stress.

Entscheidend ist dabei weniger der gefühlte Stress als die tatsächliche Menge von Stresshormonen im Blut, fand Epel mit weiteren Analysen heraus. Unabhängig davon, wie stark die Versuchspersonen ihren eigenen Stress auf einem Fragebogen bewerteten, war die Menge des Jungbrunnenenzyms in den Zellkernen immer dann verringert, wenn das Blut der Versuchspersonen einen dauerhaft erhöhten Stresshormonspiegel aufwies. Deutlicher lässt sich die Botschaft «Dauerstress macht alt» auf physiologischer Ebene wohl kaum noch untermauern.

Angesichts solcher Erkenntnisse zweifele heute kaum noch jemand, «dass sowohl die Genetik als auch Umwelteinflüsse die Telomere verändern und so die Lebensspanne beträchtlich verringern oder ausdehnen können», lautet Blackburns Fazit.

Außerdem erklären all diese Resultate auch, was Psychologen und Altersforscher schon lange wissen: Übergroße, anhaltende psychische Belastungen erhöhen das Risiko für Herzinfarkt und Schlaganfall und indirekt sogar für Diabetes. Entwicklungspsychologen wie Ursula Staudinger von der Bremer Jacobs University behaupten seit Jahren, ein gesundes und hohes Alter erreiche vor allem, wer möglichst lange geistig und körperlich rege bleibe. Nun zeigt sich, dass freiwillige Aktivitäten aller Art vielleicht nicht zuletzt deshalb jung halten, weil sie ablenken und bei der Vermeidung von belastendem Dauerstress helfen.

Anders als im umgangssprachlichen Sinn ist Stress biologisch gesehen nicht nur psychische Belastung, sondern auch eine chronische körperliche Überforderung. Deshalb haben das Rauchen und anhaltende massive Essstörungen ähnliche Auswirkungen auf Telomerase-Gene und Telomere wie seelischer Dauerstress. Auch das konnten Forscher inzwischen nachweisen. Und damit ist klar, warum uns ein extremer und nachhaltiger Nahrungsmangel oder eine wiederkehrende Vergiftung ebenfalls schneller altern und krankheitsanfälliger werden lassen.

Es läuft also wieder auf die üblichen Verdächtigen hinaus, wenn wir die Telomerase-Spiegel in unseren Zellen erhöhen und so zur Verjüngung unseres Körpers bewusst beitragen wollen: viel Bewegung, ausreichend geistige Entspannung und eine gesunde Ernährung. Sie scheinen hemmende epigenetische Schalter von unseren «Jungbrunnengenen» zu entfernen und halten uns damit länger jung.

Lynn Cherkas, Genetikerin am King's College in London, untersuchte im Jahr 2008 mit Kollegen die Länge der Telomere von 2401 eineiigen Zwillingen. Befragt wurden sie zudem danach, wie viel Sport sie in ihrer Freizeit treiben. Es zeigte sich, dass die Enden der DNA-Doppelhelizes bei den besonders bewegungsfreudigen Personen im Mittel ganze 200 Strickleitersprossen länger sind als bei den ausgeprägtesten Sportmuffeln.

Endgültig beeindruckend ist der Befund bei einer kleinen Gruppe von Zwillingspaaren mit sehr verschiedenen sportlichen

Ambitionen. Obwohl die Geschwister genetisch identisch sind, unterscheidet sich die Länge ihrer Telomere im Durchschnitt um 88 Basenpaare. Schon jetzt kann man also mit einer hohen Wahrscheinlichkeit prognostizieren, dass der eine Zwilling deutlich älter wird als der andere – und das verdankt er dann höchstwahrscheinlich den vielen Trainingsläufen, Spaziergängen oder Fahrradtouren, die er bisher in seinem Leben absolviert hat.

Ganz nebenbei bestätigt dieses Resultat die im zweiten Kapitel erwähnten Studien aus Dänemark und Spanien: Diese hatten ja gezeigt, dass eineiige Zwillinge im Laufe ihres Lebens epigenetisch immer verschiedener werden.

Dass häufiger und intensiver Sport die Epigenome vieler Zellen und damit den gesamten Stoffwechsel des Körpers dauerhaft positiv beeinflusst, ist ohnehin bekannt. Wenn zum Beispiel Leistungssportler ruhen, laufen ihre Muskelzellen dennoch weiter auf besonders hohen Touren. Sie sind sozusagen immer auf dem Sprung und stellen deshalb selbst dann mehr Energie zur Verfügung, wenn sie eigentlich nichts zu tun haben. Das dürfte einer der Gründe sein, warum Sportler einen erhöhten Grundumsatz haben. Und es ist zumindest denkbar, dass dies auch die Telomere beschützt.

Elizabeth Blackburn versucht seit kurzem, all dieses Wissen gemeinsam mit dem San Franciscoer Kardiologen und Ernährungsberater Dean Ornish gezielt bei Patienten anzuwenden – mit erstaunlichem Erfolg. In einer Pilotstudie sollten 30 Männer mit einer wenig aggressiven Form von Prostatakrebs über längere Zeit hinweg ihren Lebensstil konsequent umstellen. Die Forscher verordneten ihnen eine gesunde, gemüsereiche und fettarme Diät, ein moderates Bewegungsprogramm und Übungen zum Abbau von mentalem Stress wie Yoga und Meditation.

Bereits nach drei Monaten zeigten 500 der zigtausend gleichzeitig angeschalteten Gene in den Krebszellen eine veränderte

Aktivität – darunter auch solche, die die Bösartigkeit des Tumors bewirken. Vor allem aber war in den Immunzellen der Patienten die Telomerase-Menge deutlich angestiegen, die Cholesterinwerte waren verbessert und die per Fragebogen erfassten psychologischen Werte für Dauerstress hatten nachgelassen.

Da eine vermehrte Aktivität der Telomerase die Zellen biochemisch verjünge, sei es gut möglich, dass die Lebensumstellung zu einer Stärkung des Immunsystems beitrage, urteilen die Autoren. Das verhindere womöglich einen verfrühten Tod von Zellen, die für die Gesundheit wichtig seien. So könne die Verhaltensänderung vielleicht sogar den Krebs bekämpfen. Allerdings warnen Blackburn und Kollegen davor, in die Daten zu viel Hoffnung hineinzuinterpretieren. Noch handele es sich um eine kaum aussagekräftige Pilotstudie mit viel zu wenig Patienten.

Immerhin dürften die Ergebnisse die Forscher aber motivieren, die Untersuchung im großen Maßstab zu wiederholen. Und auch wenn noch nicht wasserdicht nachgewiesen ist, dass eine gesundheitsbewusste Lebensumstellung die Telomerase-Gene tatsächlich ankurbelt: Das Programm aus San Francisco richtet garantiert keinen Schaden an und hat noch eine Menge anderer positiver Wirkungen.

Lebensverlängernder Rotwein und die Sirtuine

Früher konzentrierten sich die Alternsforscher auf Verschleiß- und Abnutzungserscheinungen aller Art sowie auf zerstörerische biochemische Abfallstoffe, die sich in den Zellen anhäufen. Auch das zunehmende Auftreten von Fehlern im Erbgut war ihnen wichtig. Natürlich tragen all diese Prozesse zur Vergänglichkeit von Lebewesen bei. Sie allein können aber zum Beispiel kaum erklären, warum verschiedene Tierarten trotz ihrer grundsätzlich ähnlichen Umwelt so unterschiedlich alt werden: Es gibt Wale, die 200 Jahre auf dem Buckel haben, Riesenschildkröten schaffen schon mal 170 Jahre, manche Muscheln angeblich bis zu 400 Jahre. Und Fliegen oder Mäuse sterben schon nach ziemlich kurzer Zeit.

Linda Partridge, Alternsforscherin vom University College London, meint sogar, mit der Dahlien-Seeanemone ein Tier gefunden zu haben, «das überhaupt nicht altert». Wie die meisten ihrer Kollegen ist sie deshalb inzwischen überzeugt, dass Altern kein unumkehrbares Schicksal ist. Man habe es nicht mit einem passiven Prozess zu tun, den man einfach akzeptieren müsse: «Er wird von Genen kontrolliert.» Und diese Gene gehorchten wiederum den Mechanismen der Genregulation, also vor allem auch den Epigenomen.

Solche Erkenntnisse wandeln derzeit die Alternsforschung. Für die meisten Wissenschaftler ist das Altwerden mittlerweile so etwas wie ein aktives biologisches Programm, ähnlich wie die Entwicklung von der befruchteten Eizelle zum erwachsenen Organismus. Ein Programm, das sich vermutlich im Laufe der Evolution herausgebildet hat, weil Lebewesen irgendwann Platz machen müssen für kommende, hoffentlich noch besser an die Umwelt angepasste Generationen. Außerdem dürfte der Energieaufwand, den die Zellen eines Körpers investieren müssen, um jung zu bleiben, ab einem gewissen Lebensalter unverhältnismäßig groß werden.

Für diese These sprechen viele der bahnbrechenden Entdeckungen der letzten Jahre. So gibt es in nahezu allen Lebewesen, von der Hefe über Wurm und Fliege bis zum Menschen, ein paar verwandte Botenstoffsysteme, die einen Einfluss auf die Lebensdauer haben. Das den Blutzucker regulierende Hormon Insulin und eine fast baugleiche Substanz namens *insulinartiger Wachstumsfaktor 1 (IGF-1)* mischen dabei fast immer mit.

Zweifelsfrei belegt ist inzwischen: Je geringer die Insulin- oder IGF-1-Spiegel zeitlebens sind, desto älter wird ein Lebewesen in der Regel. Immer wenn Forscher in den sogenannten «Insulin-weg» eingreifen, drehen sie an der Lebensuhr. Über viele mitein-ander vernetzte Botenstoffe, *Transkriptionsfaktoren* und Enzyme wirken beide Hormone offensichtlich auch auf Gene, deren Ak-tivität uns jung hält.

Dazu gehören auch das Telomerase-Gen sowie jene berühmten Methusalem-Gene, die Forscher in den letzten Jahren entdeck-ten. Diese können das Leben von Hefen, Würmern, Fliegen oder Mäusen zum Teil drastisch verlängern. Eine Genvariante, die das Leben von Fadenwürmern verdoppelt, sorgt zum Beispiel dafür, dass ein Insulin-Empfänger nicht richtig funktioniert. Das hat einen ähnlichen Einfluss auf den Körper wie ein dauerhaft ver-ringerter Insulinspiegel.

Dass diese Zusammenhänge auch für den Menschen gelten, legt eine Publikation aus dem September 2008 nahe. Das Team um die Gebrüder Willcox aus Honolulu fand bei auffallend vielen Männern japanischer Herkunft eine bestimmte Genvariante na-mens *FOXO3A*. Das Gen codiert ein Protein, das beeinflusst, wie gut der menschliche Körper auf Insulin reagiert. Damit scheint das erste Methusalem-Gen des Menschen eingekreist zu sein. Denn auch im Erbgut von 338 hundertjährigen Deutschen, die Friederike Flachsbart von der Universität Kiel untersuchte, tauch-te die Genvariante gehäuft auf.

Klar ist natürlich, dass im Räderwerk des Alterns auch der zwei-te Code ein zentrales Zahnrad ist. Denn von den Botenstoffen und Enzymen des Stoffwechsels angeregt, können die epigenetischen Schalter die Langlebigkeitsgene mehr oder weniger dauerhaft an- oder abschalten. Damit stoßen sie viele andere Prozesse an, die über unsere Lebensspanne mitentscheiden.

Auch das Altwerden scheint also weniger durch die Gene selbst als durch die unerhört vielfältigen Möglichkeiten der Genregula-tion verursacht zu sein. Das unterstreichen die jüngsten Ergeb-nisse eines Forscherteams um Yelena Budovskaya von der Stanford University, USA. Die Entwicklungsbiologen untersuchten bei Fadenwürmern, ob in alten Zellen andere Gene aktiv sind als in jungen und entdeckten erstaunliche Unterschiede: Hunderte von Genen werden im Alter entweder mehr oder weniger stark in Proteine übersetzt als in der Jugend. Die Genome gealterter Zellen folgen offenbar einem spezifischen Programm.

Verantwortlich dafür ist ein *Transkriptionsfaktor* – also ein Stoff, der auf der DNA an Kontrollregionen für Gene andocken kann und diese damit direkt an- oder ausschaltet. Er verschwindet mit zunehmender Lebenszeit völlig aus den Zellen der Tiere. Und weil sein Protein die Aktivität sehr vieler anderer Gene beeinflusst, wandelt sich nun das gesamte Genregulationsmuster der Zelle. Sie wird biochemisch gesehen alt.

Als die Forscher den *Transkriptionsfaktor* bei einigen Würmern künstlich aktivierten, erzeugten sie Tiere, die deutlich länger lebten als normale Artgenossen. Ihr Befund ist damit ein weiterer Anstoß für den derzeitigen Paradigmenwechsel in der Wissenschaft des Alterns. Budovskaya betont nicht ohne Grund, ihre Resultate seien ein guter Beleg für die These, dass Altern ein biologisch gewollter, aktiver Prozess ist: Die Alterung des Fadenwurms «folgt einem Entwicklungspfad und ist nicht etwa die Folge einer Ansammlung von Schäden».

Mittlerweile haben Epigenetiker ein paar jener Mechanismen entdeckt, über die der zweite Code auch in unsere Lebenserwartung eingreift. Allen voran ist hier eine Gruppe von Proteinen zu nennen, die Sirtuine heißen. Auch diese Stoffe gibt es bei nahezu allen Organismen von der Hefe bis zum Menschen, und auch sie halten ein Wesen jung – vorausgesetzt, sie sind in den Zellen ausreichend vorhanden.

Offenbar zögern Sirtuine die Alterung der Zelle sogar auf vielen verschiedenen Wegen hinaus. Zunächst beschützen sie die Telomere, und sie verändern die Schwänze der Histone und damit den epigenetischen Code. Dadurch legen sie eine Vielzahl von Schaltern am Erbgut um und verändern das Altern einer Zelle. Auf diesem Weg regen Sirtuine die Bildung von Substanzen an, die schädliche Sauerstoffradikale abfangen, beeinflussen die Aktivität von Antitumorgenen sowie das zelluläre Selbstmordprogramm, mit dem sich entartete Zellen im Interesse des Gesamtorganismus opfern, und vieles mehr.

«Die Sirtuine lagern sich an die DNA an und helfen ihr beim Aufbau einer kompakten Struktur. Eher zufällig wurde entdeckt, dass sie auch eine wichtige Rolle beim Altern spielen», sagt Ann Ehrenhofer-Murray, *Chromatin*-Spezialistin von der Universität Duisburg-Essen. An den Chromosomenenden säßen besonders viele Sirtuine: «Sie schützen die Telomere davor, abgebaut zu werden.» Ein Teil der Sirtuine wirkt zudem als sogenannte *Histondeacetylase*, das heißt, sie bauen Acetylgruppen von den Schwänzen der Histone ab. Das hilft den Histonen dabei, die DNA besonders fest an sich zu binden, legt damit Gene still und beschützt die DNA.

Auch Shelly Berger, Epigenetikerin vom Wistar Institute in Philadelphia, USA, ist überzeugt, dass die Sirtuine einer der Schlüssel für ein langes Leben sind: «Sind sie aktiv, wirkt das in allen Organismen dem Altern entgegen.» In älteren Zellen nehme die Sirtuin-Menge kontinuierlich ab, dadurch verändere sich die Struktur des gesamten DNA-Protein-Gemischs. So lagerten sich zum Beispiel an einer bestimmten Stelle der Histonschwänze vermehrt Acetylgruppen an, «und das verkürzt das Leben», weiß Berger. Vereinfacht gesagt, bedeutet das: Viel Sirtuin in unseren Zellen sorgt für weniger Acetylgruppen an den Histonen, und das hält uns jung – zumindest wenn die bisher vor allem mit Hefezellen gewonnenen Daten auf uns Menschen übertragbar sind.

«Epigenetische Prozesse scheinen direkt am Altern beteiligt zu sein» ist Bergers Fazit. Und damit meint sie, dass dank des Epigenoms die Umwelt einen Einfluss auf das Tempo nimmt, mit dem unsere Zellen altern. Unser Verhalten trägt also dazu bei, dass sich die Schalter der Epigenome in Richtung längeres oder kürzeres Leben verstellen – und die Vermittlerrolle übernehmen dabei wahrscheinlich vor allem die Sirtuine. Auch die lebensverlängernde Wirkung geringer Insulin- und IGF-1-Spiegel lässt sich damit erklären. Denn auch sie aktivieren Sirtuine.

Richtig berühmt gemacht hat die verjüngenden Eiweiße aber ein anderes Phänomen: Manche Experten erklären mit ihnen die lebensverlängernde Wirkung, die ein bis zwei Gläser Rotwein pro Tag epidemiologischen Untersuchungen zufolge haben sollen (bei Männern maximal zwei, bei Frauen, die Alkohol schlechter abbauen können, nur eines). Der Wein enthält eine Substanz namens Resveratrol – und die aktiviert nachweislich die Sirtuine. Allerdings sind die Resveratrolmengen im Wein eigentlich zu gering, um das Rotweinphänomen allein verursachen zu können. Dieses Rätsel ist also bislang noch nicht endgültig gelöst.

Magerkost und Sport halten jung

Es war 1915, als ein paar Laborratten an der Yale University in New Haven, USA, außergewöhnlich alt wurden. Thomas Osborne und Lafayette Mendel wollten eine kurz zuvor aufgestellte Theorie bestätigen: Lebewesen, die wenig Nahrung zu sich nehmen, würden weniger Energie verbrauchen und deshalb langsamer altern. Die Ernährungswissenschaftler setzten einige Ratten dauerhaft auf Diät – und hatten Erfolg. Spätere Versuche mit Würmern, Hefepilzen, Fliegen und Mäusen brachten das gleiche Resultat.

Stephen Spindler und Joseph Dhabi von der University of California in Riverside, USA, reduzierten die Nahrung bei Mäusen und analysierten über die folgenden Monate hinweg das Genaktivitätsmuster in deren Leberzellen. Nach etwa zwei Monaten zeigte die Schmalkost Wirkung. Viele Gene wurden an- oder abgeschaltet, zumeist solche, die den Stoffwechsel beeinflussen oder als Wachstumsfaktoren, Immun- und Entzündungsboten dienen. Die Umstellung erklärt, was Forscher immer wieder beschreiben: Fasten hält Zellen jung, indem es chronisch entzündliche Prozesse sowie die bösartige Entartung bekämpft. Spindlers Mäuse zum Beispiel lebten durchschnittlich fünf Monate länger als gewöhnlich ernährte Artgenossen – für die Nager eine sehr lange Zeit.

Mit Menschen verbieten sich solche Experimente natürlich aus ethischen Gründen. Doch einige fasten angesichts ähnlicher Resultate schon seit Jahren freiwillig. Sie hoffen auf ein extralanges Leben ohne Krebs und Herzinfarkt. In den USA haben sie eine «Gesellschaft zur optimalen kalorienreduzierten Ernährung» gegründet. Die Mitglieder essen jeden Tag nur etwa die Hälfte der durchschnittlichen amerikanischen Kalorienmenge von 2000 bis 3500 Kalorien, achten dabei allerdings auf eine besonders ausgewogene und gesunde Ernährung, um einem Mangel vorzubeugen.

Ein paar Fastende der «Kalorienreduktionsgesellschaft» hat sich ein italienisch-amerikanisches Ernährungswissenschaftlerteam um Luigi Fontana und John Holloszy genauer angeschaut. Risikofaktoren für das Auftreten von Alterskrankheiten sind demnach bei ihnen ungewöhnlich schwach ausgeprägt: Cholesterin- und Körperfettwerte, Entzündungsindikatoren, Blutdruck und vieles mehr lassen sie um Jahre verjüngt erscheinen.

Die Gruppe war leider recht klein. Die positiven Effekte könnten zudem auf die gesunde Ernährung zurückzuführen sein. Und es bleibt offen, ob die Wenigesser tatsächlich länger leben werden. Aber das Resultat passt erstaunlich gut zu einer Menge anderer Daten: So fanden die Zwillingsbrüder Willcox bei den Uralten auf den japanischen Okinawa-Inseln, die lebenslang schlank blieben und kleine Portionen aßen, praktisch die gleichen Effekte. Auch

196   Kapitel 5   Langlebigkeit

eine großangelegte US-amerikanische Studie namens CALERIE bestätigte den Befund. Und der Hormonforscher Michael Derwahl von den Berliner St. Hedwig-Kliniken stieß bei 102 Menschen im Alter von 100 bis 105 Jahren auf einen im Durchschnitt erstaunlich niedrigen Body-Mass-Index von 21. Gleichzeitig wiesen die Untersuchten niedrige Werte des schädlichen LDL-Cholesterins auf und bekamen auffallend selten Herzinfarkte oder Schlaganfälle.

Anfang 2009 machte dann auch noch eine Studie Furore, in der Veronika Witte und Kollegen von der Universität Münster belegten, dass eine dauerhaft kalorienreduzierte Ernährung die Gedächtnisleistungen älterer Menschen deutlich verbessert. Das Fazit scheint mittlerweile kaum noch von der Hand zu weisen: Wenn die Nahrung alles enthält, was der Körper an Vitaminen und Spurenelementen braucht, aber wenig – nicht zu wenig – Kalorien, bremst das höchstwahrscheinlich das Alterungstempo ab.

Einer, der diese Meinung schon vor Jahren vertreten hat, ist Ernst Hafen, Biologe an der Universität Zürich. Er untersucht Gene, die bei Fliegen die Entwicklung und das Altern steuern. «Warum soll die Lebensverlängerung durch Fasten ausgerechnet beim Säugetier Mensch nicht funktionieren?» Offenbar gehe es um Prozesse, «die so grundsätzlich sind, dass schon die gemeinsamen Vorfahren von Mensch und Fliege vor 600 Millionen Jahren mit ähnlichen Genen die gleichen Probleme lösten.»

Eines der Probleme sind Hungersnöte, die zum dauerhaften Fasten zwingen. Darauf scheinen Organismen schon immer mit ähnlichen Energiesparmaßnahmen reagiert zu haben: Sie setzen ihre Nachwuchsproduktion aus und schränken ihr Wachstum ein. «Lieber eine kleine sterile Fliege, die herumfliegen und Nahrung suchen kann, als eine verhungerte», erklärt Hafen.

Weil diese Fliege sich aber kaum noch fortpflanzt, macht es

evolutionsbiologisch sehr viel Sinn, gleichzeitig die Alterungsprozesse aufzuhalten. Also hat die Natur vermutlich ein Lebensverlängerungsprogramm erfunden, das fastende Tiere jung hält, bis es wieder genug zu fressen gibt und sie Nachwuchs bekommen können. Dann ist es – biologisch gesehen – wieder sinnvoll, zu altern und der nächsten Generation Platz zu machen. Beim Menschen scheint davon vor allem die verjüngende Komponente übrig geblieben zu sein. Dass Fastende weniger Nachwuchs zeugen, ist zumindest nicht belegt.

Diese Vermutungen passen hervorragend zu den weiteren Erkenntnissen der Altersforschung. So wird das Überlebensprogramm offenbar dadurch ausgelöst, dass die Spiegel der Hormone Insulin und IGF-1 absinken. Beide produziert der Körper in geringeren Mengen, wenn die Umweltbedingungen schlechter werden oder er dauerhaft fastet. Vor allem aber sind Insulin und IGF-1 Gegenspieler der Sirtuine. Nimmt die Menge der beiden Substanzen ab, steigt das Sirtuin-Niveau in den Zellen an, und das scheint diese epigenetisch in Richtung Verjüngung umzuprogrammieren.

Viele Befunde sprechen also dafür, dass es tatsächlich ein veränderter zweiter Code ist, der sich hinter dem Lebensverlängerungsprogramm verbirgt. Noch streiten die Sirtuin-Experten zwar, wie der Weg vom Fasten über die Aktivierung der Sirtuine und eine epigenetische Umprogrammierung zu einem längeren Leben exakt funktioniert. Insgesamt scheinen die Epigenome aber an vielen Stellen parallel verändert zu werden, sodass die Zellen gleich auf mehreren Signalwegen an ihrer eigenen Verjüngung arbeiten. Einige dieser Zusammenhänge sind jedenfalls schon so gut belegt, dass kaum noch jemand an der Existenz eines epigenetischen Verjüngungsweges zweifelt.

Die Erkenntnisse aus den verschiedenen Tierversuchen – wie auch immer – auf den Menschen anzuwenden, wagen die Altersforscher allerdings nicht. Noch nicht: «Im gesamten Insulinweg

sind die Grundprinzipien anscheinend eins zu eins vom Fadenwurm auf den Menschen übertragbar», sagt Ralf Baumeister von
der Universität Freiburg. «Beim Menschen ist alles aber viel komplizierter.» Eine Verjüngungspille sehen die Molekularbiologen
folglich noch lange nicht am Horizont.

Den Insulingehalt medikamentös zu drosseln sei sogar viel zu
riskant, meint der Züricher Ernst Hafen. Das wirke angesichts
der Komplexität des Stoffwechsels nicht oder löse Diabetes aus.
Auch Baumeister glaubt, man müsse erst in der Lage sein, viel genauer einzugreifen: «Wenn es eines Tages gelingt, die Signalwege
gezielt zu beeinflussen, lassen sich typische Alterserscheinungen
wie Krebs vielleicht bremsen.» Das langfristige Nebenwirkungs-
risiko solch tiefer Eingriffe in den menschlichen Stoffwechsel
dürfe aber niemand unterschätzen.

Vorerst scheint das dauerhafte Fasten also der einzige wissenschaftlich halbwegs untermauerte Weg der gezielten Lebensverlängerung zu sein – und auch der ist weder ungefährlich noch je-
dermanns Sache. Magersüchtige Menschen sind ein mahnendes
Beispiel, was droht, wenn man das Fasten übertreibt. Schnell ist
auch die Grenze zur Mangelernährung unterschritten, die dann
krank machen und das Leben verkürzen kann. Die menschliche
Lebenserwartung sinkt statistisch gesehen mit sehr niedrigen
BMI-Werten jedenfalls wieder.

Ganz ähnlich ist es übrigens mit dem ausreichenden Schlaf: Große
epidemiologische Untersuchungen weisen darauf hin, dass Menschen etwas länger leben, wenn sie im Durchschnitt ein kleines
bisschen weniger schlafen, als sie eigentlich müssten – ungefähr
eine halbe Stunde pro Nacht. Shawn Youngstedt, Schlafforscher
von der University of South Carolina in Columbia, USA, vermutet, dass auch das kleine Maß an regelmäßigem Schlafentzug
das Lebensverlängerungsprogramm in unseren Zellen aktiviert.
Einer Nahrungsknappheit vergleichbar, deute der verringerte

Schlaf auf schlechte Lebensbedingungen hin, gegen die sich der Körper mit einer besonders guten Fitness wappnen will. Doch auch hier sei vor dem Versuch einer bewussten Aktivierung des Programms gewarnt: Wer es übertreibt, schadet massiv seiner Gesundheit. Denn chronischer Schlafmangel ist eine extreme Belastung für Körper und Geist. Und die Lebenserwartung sinkt mit einem zu starken, dauerhaften Schlafentzug drastisch ab.

Deshalb bietet sich eine weitaus empfehlenswertere Alternative an, die als Nebenwirkung sogar positive Auswirkungen auf die Gesundheit und das körperliche wie seelische Wohlbefinden hat: der Sport. Er lässt unseren Körper nicht nur haufenweise Kalorien verbrennen, sondern er hält vor allem auch den Insulinspiegel niedrig. Sport und eine gesunde kalorienbewusste Ernährung sorgen gemeinsam dafür, dass der Körper sämtlichen «Treibstoff», den er aufnimmt, auch wieder verbrennt. Das dürfte die Sirtuine ähnlich gut ankurbeln wie eine kalorienreduzierte Ernährung und ist sicher viel gesünder als Rotwein.

Die Bewohner der Insel der Hundertjährigen machen es uns jedenfalls vor: Sie essen ausgesprochen gesund, aber nicht zu viel und sind körperlich ungewöhnlich aktiv. Offenbar sorgt gerade diese Mischung dafür, dass in den Zellen von besonders vielen Bewohnern Okinawas die Genome auf ein langes Leben programmiert sind.

Auch Jeanne Calment war eher schlank. Ob die älteste Frau der Welt ihr Leben lang wenig gegessen hat, ist aber leider nicht bekannt. Immerhin könnte das im täglichen Glas Portwein enthaltene Resveratrol ihre Sirtuine angekurbelt haben. Und viel Sport soll die alte Dame auch zeitlebens gemacht haben.

Einer der kuriosesten Hinweise darauf, dass reichlich Bewegung das Leben verlängert, stammt jedoch aus den Bergdörfern Sardiniens. Diejenigen Bauern, die dort besonders lange leben, haben zwar keine Methusalem-Gene gemeinsam, wie Forscher früher vermuteten, aber etwas anderes: Ihre Felder liegen deut-

200   Kapitel 5   Langlebigkeit

lich ober- oder unterhalb des Heimatdorfs. Sie müssen sich für ihre tägliche Arbeit folglich mehr anstrengen als jene Kollegen, deren Felder mit dem Dorf auf gleicher Höhe liegen. Doch dafür werden sie offenbar mit einem längeren Leben belohnt.

Den vielleicht sogar stärksten Einfluss auf unsere Lebenserwartung haben wir also selbst in der Hand: Entscheidend ist, wie viel wir uns bewegen und wie sehr wir beim Essen maßhalten. Es ist nie zu spät, an schlechten, ungesunden Angewohnheiten etwas zu ändern. Das zögert vielen Untersuchungen zufolge den Tod auch dann noch ein Stückchen hinaus, wenn wir erst im hohen Alter damit beginnen.

KAPITEL 6
Die besondere Verantwortung: Wir vererben nicht nur unsere Gene

Ein Dogma wankt

Lambert Lumey war einer der Ersten, die nach möglichen Spätfolgen bei den Opfern des niederländischen Hungerwinters suchten. Der Epidemiologe von der New Yorker Columbia University hatte frühzeitig erkannt, welch große Chance es der Wissenschaft bietet, dass die Kliniken der großen Städte in den Niederlanden schon Ende des Zweiten Weltkriegs penible Geburts- und Gesundheitsregister führten. Niemals zuvor und nie mehr danach konnte man anhand so umfangreicher und zuverlässiger Daten auswerten, was mit Menschen passiert, die längere Zeit einer zerstörerischen Nahrungsknappheit ausgesetzt sind.

Den bereits erwähnten Befund, dass Kinder, deren Mütter während der Hungersnot mit ihnen schwanger waren, ein auffallend geringes Geburtsgewicht hatten, publizierte Lumey schon im Jahr 1992. Das überraschte die Fachwelt noch recht wenig, war es doch leicht über die Mangelernährung zu erklären. Deutlich mehr Aufsehen erregte da schon die Beobachtung, dass diese Kinder im späteren Leben überdurchschnittlich oft und früh Alterskrankheiten bekamen, verhältnismäßig klein blieben und eine geringere Lebenserwartung hatten. Auch das habe ich ja bereits ausführlich beschrieben.

Regelrechte Verwunderung – teilweise sogar deutliche Ablehnung – erntete der Epidemiologe indes mit einer weiteren Aussage, die er im Jahr 1997 publizierte: Die klein geborenen Kinder des Hungerwinters brachten später selbst besonders kleine Kinder zur Welt – obwohl sie längst in Zeiten des Überflusses lebten und echten Hunger allenfalls aus den Erzählungen ihrer Eltern kannten.

Könnte es also sein, dass Menschen eine körperliche Reaktion auf widrige Lebensumstände an ihre Kinder vererben? Ist es denkbar, dass nicht nur die Basensequenz der DNA an die Folgegeneration weitergegeben wird, sondern auch Teile des zweiten, des epigenetischen Codes? Haben die kleinen Mütter die Erinnerung ihrer Zellen an den frühkindlichen Nahrungsmangel auf die Epigenome ihrer Kinder übertragen? «Absurd!», wiesen die meisten Biologen diese Vorstellung energisch zurück. Das widerspreche allen bisherigen Erkenntnissen der Evolutionsbiologie. Eines von deren wichtigsten Dogmen besagt nämlich, dass wir ausschließlich unser Erbgut vererben.

Tatsächlich ließe sich Lumeys Beobachtung auch ganz ohne epigenetische Vererbung erklären: Die Menschen des Hungerwinters könnten in einen Teufelskreis geraten sein, ähnlich jenem, der unsere Gesellschaft derzeit immer dicker werden lässt. Denn Frauen, die ein ungünstiges epigenetisches Programm besitzen, werden deshalb häufig früher krank als andere. Dadurch sind wiederum die Bedingungen für ihr eigenes Kind im Mutterleib oft nicht optimal. Und dann steigt das Risiko, dass sich der zweite Code der Kinder in die gleiche unerwünschte Richtung verändert wie bei ihrer Mutter.

Welche Begründung für Lumeys Beobachtung letztlich zutrifft, ist auch heute noch offen. Zuletzt tauchten allerdings neue Daten auf, die dafür sprechen, dass das epigenetische Gedächtnis der Zellen tatsächlich nicht immer vor Generationsgrenzen Halt macht. So häufen sich Versuche mit Tieren, Einzellern und Pflanzen – aber auch epidemiologische Studien beim Menschen –, die hervorragend zu dieser These passen. Und nicht zuletzt sorgt die detaillierte Aufklärung der epigenetischen Maschinerie selbst für neue, schlüssige Erklärungen. Sie machen die anfänglich so abwegig erscheinende Idee von der Vererbung einer Umweltanpassung auch bei Säugetieren denkbar.

Heute scheint es daher mehr als wahrscheinlich, dass Menschen mit ihrem weitgehend selbstgewählten Lebensstil nicht nur die eigene Gesundheit beeinflussen. Über die DNA-Methylierung, den Histon-Code und die Mikro-RNAs in ihren Eizellen oder Spermien entscheiden sie ein Stück weit auch über das Wohl oder Wehe ihrer Kinder und Enkel.

Pflanzen: Die Meister der Epigenetik

Doch ich möchte am Anfang dieser Geschichte beginnen, bei einer vordergründig eher einfachen Gruppe von Lebewesen, den Pflanzen. «Pflanzen sind die Meister der epigenetischen Regulation», behauptet die Genetikerin Marjori Matzke vom Gregor Mendel Institut in Wien. Die Gewächse beherrschten nicht nur alle wichtigen Schaltersysteme der epigenetischen Maschinerie: DNA-Methylierung, Histonmodifikation und RNA-Interferenz. Sie seien dabei oft sogar zu einem «erstaunlichen Grad fortentwickelt». Dank besonders vieler spezieller Enzyme und Hilfsmoleküle können Blumen und Bäume ihren zweiten Code so perfekt an sich wandelnde Umweltbedingungen anpassen wie keine andere Gruppe von Lebewesen.

Kein Grund für uns Menschen, beleidigt zu sein. Denn selbstverständlich ist der Informationsaustausch zwischen Erbsubstanz und Umwelt für die grünen Lebewesen auch viel wichtiger als für uns: «Pflanzen können nicht weglaufen, wenn sich die Bedingungen um sie herum verschlechtern», sagt der Epigenetik-Pionier Gunter Reuter von der Universität Halle. Ihr Genregulationssystem müsse deshalb besonders rasch und flexibel reagieren können. So haben Pflanzen im Laufe der Evolution entsprechend komplexe Epigenome entwickelt.

Je nachdem wie gravierend ein äußerer Einfluss ist, betätigen Pflanzen als Reaktion eine oder mehrere von vielen möglichen Hebeln ihrer epigenetischen Maschinerie. Bei einer Virusinfektion, einer anhaltenden Dürre oder einem vermehrten Auftreten von Frösten oder Überschwemmungen können sie zum Beispiel plötzlich das Aktivitätsmuster ganzer Gengruppen verändern oder aber eine feinabgestimmte Anpassung weniger Gene einleiten.

Doch der zweite Code ist noch aus einem weiteren Grund für die Gewächse wichtig: wegen ihrer Fähigkeit, sich zeitlebens immer weiterzuentwickeln. Anders als Tiere durchlaufen sie keine Embryonalzeit, nach der sämtliche Organe bereits angelegt sind. Sie müssen auch im hohen Alter neue Wurzeln, Ableger, Blüten oder Blätter produzieren.

In speziellen Wachstumszonen, *Meristeme* oder Bildungsgewebe genannt, beherbergen Pflanzen deshalb große Mengen von embryonalen Stammzellen. Wie beim Menschen, der diesen Zelltyp leider im Zuge seiner Entwicklung rasch verliert, sind sie noch nicht epigenetisch auf eine Gewebszugehörigkeit festgelegt. Deshalb haben sie das Potenzial, sich über eine gezielte entwicklungsbiologische Umprogrammierung in jeden beliebigen Teil einer vollständigen Pflanze zu verwandeln.

Auch für die Agrarwirtschaft ist die Epigenetik inzwischen sehr attraktiv geworden. So wie die moderne Medizin epigenetische Erkenntnisse für eine neue Generation von Medikamenten benutzen möchte, versuchen Züchtungsforscher und Entwickler von Pflanzenschutzmitteln, gezielt den zweiten Code von Getreide, Reis oder anderen Nutzpflanzen zu beeinflussen. Sie wollen zum Beispiel per RNA-Interferenz bestimmte Gene zum Verstummen bringen, damit das Wachstum, der Ertrag oder die Belastbarkeit der Pflanzen steigen. Oder sie versuchen mit dem gleichen Ziel, einzelne Gene durch die Anlagerung von Methylgruppen und eine Manipulation der Histone stummzuschalten oder zu aktivieren.

Wenn ihnen das gelingt, können sie sogar hoffen, dass die Pflanzen diese Veränderungen auch an ihre Nachfahren weitervererben. Denn bei Gewächsen aller Art konnten Epigenetiker inzwischen ähnlich wie bei einzelligen Organismen eindeutig nachweisen, dass sie das Gedächtnis ihrer Zellen zumindest teilweise auf ihre Nachkommen übertragen. Das mag bei Menschen noch sehr umstritten sein, bei Blumen oder Bäumen zweifelt an dieser Fähigkeit schon länger kein Experte mehr.

So wiesen Pilar Cubas und Kollegen vom John Innes Centre für Pflanzenmikrobiologie in Norwich, Großbritannien, bereits im Jahr 1999 nach, dass das Echte Leinkraut seine Blütenform epigenetisch kontrolliert und diese Information auch noch weitervererbt. Dem großen Systematiker Carl von Linné war schon im 18. Jahrhundert aufgefallen, dass das Kraut in zwei Varianten mit grundverschiedenen Blüten existiert. Cubas und Kollegen konnten schließlich zeigen, dass dafür eine Epimutation verantwortlich ist: Eine Reihe von Methylgruppen blockiert bei der einen Sorte Leinkraut ein spezielles Gen, bei der anderen Sorte ist dieses Gen aktiv.

Fast immer geben die Vertreter des Pflanzentyps mit der epigenetisch unterdrückten Information die verantwortliche DNA-Methylierung an die nächste Generation weiter. Methylgruppen lagern sich dann schon bei der Bildung des Pollens und der Stempelzellen an der gleichen Stelle des Erbguts an wie bei den Zellen der Elterngeneration. Das Gen bleibt stumm, und die Blüten entwickeln die charakteristische Form, die schon die Vorfahren auszeichnete. Manchmal aber verschwindet die Methylierung im Zuge der geschlechtlichen Fortpflanzung. Dann entwickeln die Nachfahren der epimutierten Leinkräuter plötzlich die Blattform ihrer gewöhnlichen Artgenossen.

Erbliche Epimutation. Weil bei manchen Vertretern des Echten Leinkrauts (*Linaria vulgaris*) ein Gen durch angelagerte Methylgruppen stummgeschaltet ist, verlieren die Blüten ihre für Lippenblütler typische Form. Diese epigenetische Mutation wird an die Nachkommen vererbt. Links eine epimutierte, rechts eine normale Blüte.

Aber warum vererben Pflanzen ihr zelluläres Gedächtnis so bereitwillig? Für sie dürfte diese Fähigkeit viel wichtiger sein als für bewegliche Organismen wie Tiere und Menschen, weiß Gunter Reuter aus Halle. Neue Samen wüchsen im Allgemeinen nicht allzu weit entfernt von den elterlichen Pflanzen an. «Dort sind aber auch die Umweltbedingungen meist identisch. Da macht es natürlich besonders viel Sinn, wenn die Nachkommen die gleichen epigenetischen Anpassungen besitzen wie die Eltern.»

Doch was Pflanzen fraglos nützt, dürfte prinzipiell auch Menschen helfen. Pflanzen, Einzeller und Pilze haben es dabei aber viel leichter als Tier und Mensch. Denn bei ihnen ist die sogenannte Keimbahn nicht von der Entwicklung der Körperzellen getrennt. Pflanzliche Keimzellen, die sich bei der Befruchtung zu einem neuen Lebewesen verschmelzen, entwickeln sich aus gewöhnlichen Gewebezellen heraus und besitzen folglich auch deren epigenetische Informationen.

Bei Tieren bilden sich Ei- und Samenzellen dagegen vollkommen unabhängig von den restlichen Geweben des Körpers. Schon früh in der biologischen Entwicklung isolieren sich ein paar Zellen des Embryos und werden zu den Vorläufern von Eiern und Spermien. Von da an sind sie vor den Einflüssen aus der Umwelt weitgehend abgeschottet und bekommen deshalb nach herkömmlicher Auffassung auch von den epigenetischen Anpassungen in Körper und Geist nichts mit.

Der Theorie zufolge entstand diese Trennung von Keim- und Körperzellbahn im Laufe der Evolution, gerade damit erworbene Eigenschaften, die den Nachkommen ja auch schaden können, auf keinen Fall vererbt werden. Dieses Phänomen heißt Weismann-Barriere und ist benannt nach dem deutschen Biologen August Weismann, der die Idee schon 1883 entwickelte. Gut zwölf Jahrzehnte später ist es nicht nur die Studie über den niederländischen Hungerwinter, die nahelegt, dass diese Barriere nicht zu jeder Zeit des Lebens undurchlässig ist. Vor allem Experimente mit Versuchstieren überzeugen Biologen derzeit, dass eine epigenetische Vererbung möglich und sinnvoll ist.

Unfruchtbare Mäuse und Fruchtfliegen mit roten Augen

Vor etwa zehn Jahren gelang dem Epigenetiker Renato Paro ein atemberaubendes Experiment. Er züchtete Fliegen, deren Augenfarbe er durch einen Hitzeschock im Embryonalstadium von weiß zu rot veränderte. Das war an sich noch nichts Ungewöhnliches und ist mit einfacher Epigenetik rasch erklärt. Die Fliegen hatten einen molekularen Schalter, der auf Hitze reagierte und ein Gen für die Augenfarbe steuerte. Doch nun isolierte Paro mit seinem Kollegen Giacomo Cavalli die rotäugigen Fliegen und ließ sie Nachkommen zeugen. «Das Erstaunliche war, dass auch von diesen einige rote Augen hatten, obwohl sie niemals einem Hitzeschock ausgesetzt waren und alle genetisch identisch waren.»

Mit dieser Erkenntnis gaben sich die Forscher nicht zufrieden, sondern sie setzten das Experiment weiter fort. Indem sie die rotäugigen Nachkommen immer wieder vereinzelten und sich nur untereinander paaren ließen, gelang es ihnen, die epigenetische Vererbung der ungewöhnlichen Augenfarbe über mindestens sechs Generationen hinweg zu verfolgen. «Damit hatten wir zum ersten Mal auf molekularer Ebene gezeigt, dass epigenetische Merkmale in der Keimbahn von Tieren weitervererbt und auf folgende Generationen übertragen werden können», erinnert sich Paro, der heute das Department für Biosysteme der Technischen Hochschule Zürich in Basel leitet.

Umwelteinflüsse, die epigenetische Schalter in der Keimbahn verändern, scheinen bei der Entwicklung von Spermien und Eiern also nicht wie lange vermutet komplett ausradiert zu werden. Offenbar können sie unter gewissen Bedingungen erhalten bleiben und damit auch die Aktivität einzelner Gene der Nachkommen verändern.

Ungefähr zur gleichen Zeit experimentierten die australischen Epigenetiker Hugh Morgan und Emma Whitelaw von der University of Sydney mit den Gelben Agouti-Mäusen, denen sich ein paar Jahre später auch Randy Jirtle aus Durham, USA, zuwenden sollte. Ihnen ging es aber nicht um den Einfluss der Nahrung. Vielmehr zeigten sie, dass diejenigen braunen Tiere, bei denen DNA-Methylierungen das gelbmachende Gen – warum auch immer – stummschalteten, besonders häufig braune Jungen zur Welt brachten. Gelbe Mäuse dagegen, bei denen der zweite Code das Agouti-Gen nicht als unablesbar markierte, bekamen bevorzugt gelbe Junge. Die genetische Information blieb bei allen Tieren gleich. Offenbar werde die epigenetische Information also bei der Übertragung auf die nächste Generation «nicht vollkommen ausgelöscht», folgerten die Experten.

Whitelaw, die heute in Brisbane, Australien, forscht, ist mittlerweile fest davon überzeugt, dass auch wir Menschen epigenetische Informationen von unseren Eltern übernehmen. «Es wird mehr als die DNA vererbt», glaubt sie. Und das sei eigentlich nur folgerichtig: «Denn wir erben von unseren Eltern ihre ganzen Chromosomen, und die bestehen nur zu 50 Prozent aus DNA.» Die andere Hälfte bestehe aus den Proteinen, die den genetischen Code umlagern und in ihrer Struktur einen Großteil des zweiten Codes beherbergen.

Allerdings findet just in dem Moment, in dem Ei- und Samenzelle verschmelzen, ein erstes großes Reinemachen im Zellkern des neu entstehenden Lebewesens statt. Viele Gene und Gengruppen, die zuvor verriegelt worden waren, werden durch diese noch weitgehend unaufgeklärten Vorgänge wieder aktivierbar. Andere DNA-Stücke werden dagegen epigenetisch abgeschaltet.

«Kurz nach der Befruchtung wird die Zelle vollständig reprogrammiert», sagt der Saarbrücker Genetiker Jörn Walter, der diesen Prozess intensiv erforscht. Das befruchtete Ei werde dadurch in eine Art Urzustand zurückversetzt, von dem aus das neue Leben frei von den epigenetischen Einflüssen der Eltern starten kann. «Die Reprogrammierung ist wichtig, damit die Zelle ihre frühen Entwicklungsschritte richtig geht», sagt Walter. Nur eine einwandfrei reprogrammierte Eizelle bilde zum Beispiel bei Säugetieren sowohl den Embryo als auch den Mutterkuchen, der das werdende Leben nährt. Und nur sie könne sich im Laufe des embryonalen Wachstums in jede x-beliebige Zelle des späteren Körpers verwandeln und so zur Entstehung der zahlreichen verschiedenen Organe beitragen.

Bisher dachten die Forscher, das epigenetische Großreinemachen verlaufe immer hundertprozentig und lasse keine Spuren des zellulären Gedächtnisses der Eltern zurück. Doch diese vermeintliche Gewissheit schwindet.

Im Gegenteil zeichnet sich seit kurzem sogar ab, dass Tiere Umweltanpassungen zumindest theoretisch über jede der drei großen Säulen des epigenetischen Codes vererben können: Nach den Histonmodifikationen und DNA-Methylierungen konnte dies 2006 auch für Mikro-RNAs belegt werden. Minoo Rassoulzadegan von der Universität in Nizza entdeckte mit Kollegen, dass manche Mäuse nur deshalb weiße Pfoten und eine weiße Schwanzspitze bekommen, weil ihnen ihre Väter über die Spermien eine größere Menge kleiner *Ribonukleinsäuren* mit auf den Weg gegeben haben. Diese Biomoleküle lassen dann per RNA-Interferenz in einigen Zellen ein Gen verstummen, das wichtig für die gewöhnliche Fellfärbung ist.

Zuletzt trugen vor allem die Ergebnisse der Arbeitsgruppe um den US-amerikanischen Molekularbiologen Michael Skinner von der Washington State University in Pullman, USA, dazu bei, dass immer mehr Forscher an die Existenz einer epigenetischen Vererbung glauben. Mit Matthew Anway setzte Skinner schwangere Ratten dem Pflanzenschutzmittel *Vinclozolin* aus und untersuchte, ob das den Nachwuchs der Tiere veränderte. Das Mittel, das eigentlich schädliche Pilze töten soll, zerstört bei Säugern männliche Geschlechtshormone, ist krebsauslösend und kann Nierenkrankheiten verursachen. Deshalb ist es in manchen Ländern inklusive Deutschland verboten.

Das erste Resultat verblüffte die Forscher kaum: Die männlichen Nachfahren der behandelten Mütter waren zwar noch fruchtbar, aber deutlich weniger als normale Tiere. Offenbar hatte das hormonzerstörende Gift die Bildung ihrer Keimzellen in einer kritischen Reifungsphase behindert. Weitaus erstaunter reagierte die Fachwelt auf ein weiteres Ergebnis: «Die Effekte wurden über die männliche Linie an nahezu alle männlichen Nachfahren sämtlicher untersuchter Generationen weitergegeben», fanden die Forscher heraus. Das waren immerhin drei weitere Generationen.

Das Gift wirkte sich also noch auf die Fruchtbarkeit der Ururenkel jener Ratten aus, die im trächtigen Zustand vergiftet worden waren. Und das, obwohl der eigentliche Gencode der Tiere unberührt geblieben war. Stattdessen fanden Skinner und Kollegen in den Zellen der Keimbahn ein verändertes Muster der DNA-Methylierungen.

Hier habe ein Umwelteinfluss das Potenzial, die Keimbahn eines Säugetiers umzuprogrammieren, folgern die Forscher. Dadurch löse er eine Krankheit aus, die auf epigenetischem Wege über mehrere Generationen weitergegeben werde. Das habe große Konsequenzen sowohl für die Evolutionsbiologie als auch für unser Verständnis von der Vererbung bestimmter Krankheiten.

In neueren Untersuchungen entdeckte Skinner sogar, dass die erbliche Epimutation sich auch auf die Attraktivität der Ratten auswirkt. Weibchen erkennen den krankmachenden Unterschied im zweiten Code offenbar am Verhalten ihrer potenziellen Partner und paaren sich bevorzugt mit epigenetisch gesunden Männchen. «Selbst über Generationen hinweg nimmt Ihre Attraktivität als Sexualpartner ab, wenn Ihr Urgroßvater Umweltchemikalien ausgesetzt war», versucht Skinner das Resultat großzügig auf uns Menschen zu übertragen. David Crews, an der Studie beteiligter Forscher, bilanziert nüchterner: Vor allem zeige die Studie, dass vererbte epigenetische Veränderungen auch das Verhalten von Tieren beeinflussen können. «Damit ist die Epigenetik im Gehirn angekommen.»

Wie recht Crews hat, bestätigt die neueste, erst 2008 publizierte Studie der Skinner-Gruppe. Die Wissenschaftler hatten sich das Gehirn der männlichen Ratten, deren Ururgroßmütter dem Gift ausgesetzt waren, genauer angeschaut. Und siehe da: In Gehirnregionen, die das Verhalten von Säugetieren stark beeinflussen – den bereits im dritten Kapitel vorgestellten *Amygdalae* und *Hippocampi* –, waren eine Vielzahl von Genen zu einem anderen Grad aktiv als bei normalen Tieren. Dieses veränderte Genaktivierungsmuster dürfte der Grund sein, warum die Männchen sich spürbar anders benehmen.

Im Februar 2009 erschien dann eine Studie, die diese Beobachtungen eindrucksvoll bestätigte: Junko Arai und Kollegen von der Tufts University in Boston, USA, forschten mit Mäusen, die wegen einer genetischen Mutation ein schlechtes Erinnerungsvermögen haben. Einige der Tiere setzten sie kurz nach der Geburt in eine angereicherte Umgebung mit Spielgeräten aller Art sowie vielen positiven sozialen Kontakten.

Im dritten Kapitel habe ich bereits geschildert, wie eine derart fördernde Umwelt die epigenetisch fehlprogrammierten Ratten des Kanadiers Michael Meaney kurierte. Nun zeigte sich, dass auch die mutierten Mäuse profitierten: Die Epigenome ihrer Nervenzellen schalteten offensichtlich das defekte Gen aus. Das Erinnerungsvermögen der Tiere wurde für die nächsten drei Monate normal – für Mäuse eine Ewigkeit.

Der Clou kommt aber noch: Auch die Nachkommen der epigenetisch kurierten Mäuse hatten während ihres ersten Lebensmonats keine auffallenden Erinnerungslücken – und das, obwohl sie direkt nach der Geburt von ihren Müttern getrennt worden waren und nicht in einer angereicherten Umgebung aufwachsen durften. Die einzige logische Erklärung: Die Mütter haben neben ihrem defekten Gen auch den Genschalter vererbt, der dieses Gen ruhigstellt.

Selbst der eher skeptische Toxikologe Randy Jirtle sieht in den vielen Tierversuchen deutliche Indizien dafür, dass die Vererbung des zweiten Codes möglich ist. Doch er bleibt vorsichtig: Endgültig bewiesen sei das noch nicht. Dazu fehle noch der kausale, molekularbiologische Zusammenhang, der die Beweiskette schließe.

Werde der aber eines Tages gefunden, seien die gesellschaftlichen Konsequenzen kaum absehbar. So dürfte zum Beispiel auf Unternehmen, die über mehrere Generationen epigenetisch krank machende Giftstoffe in die Welt setzten, «ein regelrechter Alptraum von Schadenersatzforderungen» zukommen.

Zudem steige die Verantwortung von Eltern enorm an, wenn sich eine ungesunde Lebensweise nicht nur negativ auf die eigene Gesundheit auswirke, sondern auch auf das Wohlergehen folgender Generationen. Eltern sind dann nicht mehr nur sich selbst Rechenschaft schuldig, sondern auch ihren Nachkommen, findet Jirtle.

Dass die Gesellschaft diese Dinge in absehbarer Zeit vermehrt diskutieren muss, daran zweifeln heute jedenfalls nur noch wenige Epigenetiker.

Die Gesundheit der Enkel liegt auch in Opas Hand

«Gene sind letztlich nur so etwas wie Marionetten in den Händen von Enzymen, die sie an- oder abschalten können», sagte der schwedische Sozialmediziner Gunnar Kaati schon 2002 in einem *Spiegel*-Interview. Umweltfaktoren veränderten über diese Enzyme das Erbgut. Und: «Diese Prägung kann dann auch weitervererbt werden.» Dabei bezog er sich eindeutig auf uns Menschen, was damals noch sehr mutig war.

Doch Kaati konnte zwei weltweit beachtete Studien vorweisen, die er gerade erst mit seinem Kollegen Lars Olov Bygren publiziert hatte. Ihre Datengrundlage stammte von 239 Bewohnern des kleinen nordschwedischen Örtchens Överkalix. Alle waren in den Jahren 1890, 1905 oder 1920 geboren, über die es gutgeführte Gesundheitsakten gab. Zudem ermittelten die Forscher die Geburtsjahrgänge von den Eltern und Großeltern der 239 Menschen.

Da zusätzlich Unterlagen über die Ernteerträge dieser Gegend im 18. und 19. Jahrhundert existierten, konnten Kaati und Bygren nach detektivischer Kleinarbeit recht gut abschätzen, wie viel oder wenig die Vorfahren der Överkalixer zu bestimmten Zeiten ihres Lebens zu essen hatten. Und dann gelangten sie zu einem faszinierenden Resultat: Hatten die Väter oder Großväter der männlichen Överkalixer in der Zeit vor ihrer Pubertät – als sie etwa zehn Jahre alt waren – besonders viel zu essen, lebten die Kinder und Enkel kürzer und bekamen häufiger Diabetes oder Herzinfarkte als gewöhnliche Bewohner des Ortes.

Mussten die Väter oder Großväter hingegen im Alter um zehn Jahre wegen magerer Ernten mit einem knappen Nahrungsangebot auskommen, wurden ihre männlichen Nachfahren besonders alt und bekamen seltener und später Altersleiden. Der Verdacht liegt also nahe, dass wir die epigenetischen Langlebigkeitsprogramme, um die es im fünften Kapitel ging, an unsere Kinder und Kindeskinder weitergeben können. Und auch die negativen Folgen einer zu kalorienreichen und zu fetten «Überernährung» werden wahrscheinlich unter bestimmten Umständen an die Nachkommen vererbt.

Dass dabei gerade die Zeit vor der Pubertät so wichtig ist und dass die männlichen Vorfahren die entscheidende Rolle spielen, passt hervorragend ins Bild. Genau dann reifen nämlich die männlichen Keimzellen heran. Offenbar ist ihr zweiter Code in dieser Phase besonders empfänglich für Informationen aus der Umwelt. Die gibt er dann über die Schalter am Erbgut der Spermien an die Nachfahren weiter.

Ganz nebenbei erklärt diese Theorie, warum der Einfluss der Mütter und Großmütter aus Överkalix weniger groß war: Die weiblichen Keimzellen reifen größtenteils bereits im Fetus und in der Zeit kurz nach der Geburt. Das passt wiederum zu den Ergebnissen von Lambert Lumey aus dem niederländischen Hungerwinter. Dort waren es ja gerade die Kinder von Frauen, die als

Feten hungern mussten, die mit einem geringen Geburtsgewicht zur Welt kamen. Bei ihnen dürfte das epigenetische Programm über die mütterliche Linie, also die Eizellen, weitergegeben worden sein. Dass sich der Hunger dabei anders als bei den Överkalixern negativ auswirkte, lag vermutlich daran, dass er viel zu extrem war. Ebenso plausibel wäre, dass die untergewichtigen Babys kurz nach der Geburt, als die Hungersnot vorbei war, zu rasch zunahmen und übergewichtig wurden.

Der britische Epidemiologe und Genetiker Marcus Pembrey vom University College in London bringt die Resultate auf den Punkt. Entscheidend dafür, ob eine epigenetische Information an kommende Generationen weitergegeben werde, sei die Lebensphase, in der sie programmiert wurde. «Finden die Hungersnot oder die Zeit mit einem zu reichhaltigen Nahrungsangebot in Phasen der Keimzellbildung statt, haben sie auch Auswirkungen auf die Kinder und Enkel.» Denn während die samenproduzierenden Zellen oder die Eizellen entstünden, könne ihr Epigenom Informationen aus der Umwelt speichern und in die kommende Generation transportieren.

Sollte sich diese Theorie tatsächlich bewahrheiten, heißt das für Eltern, bei ihrem männlichen Nachwuchs noch einmal ganz besonders darauf zu achten, dass er sich in den Jahren vor der Pubertät ausreichend bewegt sowie viel Obst und Gemüse isst und nicht übergewichtig wird. Man erkennt diese Phase daran, dass die Jungen für ein bis zwei Jahre kaum wachsen. Beim weiblichen Nachwuchs scheint dagegen vor allem die Zeit im Mutterleib und kurz danach eine Rolle für die vererbbare Komponente des zweiten Codes zu spielen.

Marcus Pembrey ist trotz der bisher eher dünnen Datenlage absolut überzeugt, dass dieser Mechanismus der epigenetischen Vererbung auch beim Menschen existiert. Er sei eine perfekte Anpassungsstrategie an die Umwelt, die nahezu alle Organismen im Laufe der Evolution entwickelt haben dürften: «Wenn ein Baby zur Welt kommt, ist sein Stoffwechsel sogar schon auf die Lebensbedingungen seiner Vorfahren eingestellt.» Dank der epigenetischen Vererbung – so sie denn wirklich existiert – speichert der zweite Code nicht nur Informationen aus der eigenen Embryonal- und Fetalzeit, sondern sogar aus Zeiträumen, die bis in die Großelterngeneration zurückreichen.

Rauchen schadet Ihrem ungezeugten Kind!

«Es ist Zeit, die epigenetische Vererbung ernst zu nehmen», kommentierte der Brite Marcus Pembrey die Ergebnisse seiner schwedischen Kollegen schon bei Erscheinen im Jahr 2002 – und lieferte nur vier Jahre später selbst ein zusätzliches Argument nach. Er wertete eine große Umfrage aus, an der die Väter von fast allen etwa 14 000 Kindern teilgenommen hatten, die im Laufe von 20 Monaten in drei britischen Bezirken zur Welt kamen. Gleichzeitig wurde die Gesundheit der Kinder nach der Geburt und im Alter von neun Jahren protokolliert.

Eine der Fragen war: «Haben Sie jemals geraucht?» Gut die Hälfte antwortete mit Ja, und die Mehrheit davon hatte mit 16 Jahren angefangen zu rauchen. Eine kleine Gruppe von 116 Männern fand sogar schon im Alter von zehn Jahren zur Zigarette. Nun suchten Pembrey und Kollegen nach Hinweisen, ob der frühe Nikotinkonsum einen direkten Einfluss auf die Nachfahren hatte, obwohl die erst Jahre bis Jahrzehnte später gezeugt worden waren.

Tatsächlich zeigte sich ein solch signifikanter Effekt. Und zumindest bei den Söhnen hielt er auch einer statistisch sauberen Überprüfung stand, die mögliche andere Einflüsse herausrechnete: Hatten die Väter schon im Alter von zehn Jahren oder jünger geraucht, waren ihre neunjährigen Kinder im Mittel dicker als die Kinder solcher Väter, die erst mit elf oder zwölf Jahren zu

Rauchen begonnen hatten. Und sogar deren Kinder waren immer noch etwas dicker als die Kinder von Vätern, die noch später zu Nikotinabhängigen geworden waren.

Diese Daten stehen in einer klaren Verbindung zu den Ergebnissen aus Överkalix und liefern eine zusätzliche Bestätigung, dass wir epigenetische Programme sehr wahrscheinlich vererben. Die Lebensumstände, denen Männer im Alter von rund zehn Jahren ausgesetzt seien, prägten mit Hilfe der Epigenome ihrer Keimzellen eindeutig den Stoffwechsel ihrer Nachfahren, sagt Pembrey.

Als neuen Warnhinweis könnte man also Folgendes auf Zigarettenpackungen drucken: «Das Rauchen dieser Zigarette gefährdet unter Umständen die Gesundheit der Kinder, die Sie eines Tages zeugen werden!» Natürlich schaden Raucher vor allem sich selbst. Nikotin und Teer verursachen ernsthafte direkte körperliche und genetische Schäden beim Konsumenten. Die rein statistisch messbaren Folgen für die nächste Generation sind dagegen eher nachrangig. Trotzdem: Die Verantwortung der Nikotinabhängigen wächst.

Der Einfluss, den wir über unseren Lebensstil auf den zweiten Code unserer Zellen haben, prägt also höchstwahrscheinlich auch die Genaktivierungsprogramme unserer Kinder und Kindeskinder. Die bisherigen Beobachtungen sind dabei wahrscheinlich nur die Spitze eines gigantischen Eisberges. Denn die meisten Folgen der geerbten Anpassungen unserer Zellen dürften weniger stark ins Gewicht fallen oder weniger gut erkennbar sein als die bisher entdeckten.

Gerade den Lebensstil unserer Kinder sollten wir angesichts dieser Erkenntnisse noch einmal kritisch überprüfen: Wir sollten darauf achten, dass sie von der Zeit vor ihrer Geburt bis etwa zur Pubertät gesund und nicht im Übermaß leben sowie Giftstoffe aller Art meiden. Dann sorgen wir nicht nur für ihre spätere Gesundheit vor, sondern auch für das Wohlergehen ihrer Nachkommen, sprich unserer Enkel und Urenkel.

Natürlich benötigt es noch einige große, zuverlässige Untersuchungen bei Menschen, um diese Aussagen hundertprozentig bestätigen zu können. Doch sind Epigenetiker auf aller Welt derzeit emsig darum bemüht, diese besonders spannende Frage zu klären. Eine Untersuchung aus Taiwan hat zum Beispiel gerade erst gezeigt, dass nicht nur Nikotin und falsche Ernährung die Epigenome der Keimzellen beeinflussen dürften, sondern auch das Kauen von Betelnüssen.

Die Früchte der Betelpalmen, die Asiaten gerne als Genussmittel kauen, enthalten eine ganze Palette bioaktiver Inhaltsstoffe wie etwa das stimulierende *Arecolin*. Mindestens einer davon scheint auch epigenetische Schalter in den Keimzellen umzulegen. Denn wenn Eltern in jungen Jahren regelmäßig Betelnüsse gekaut haben, fördert es bei deren Kindern den frühen Ausbruch des Metabolischen Syndroms.

Auch Mäuse, die Forscher mit Betelnüssen fütterten, entwickelten binnen relativ kurzer Zeit Symptome dieses Leidens. Mehr noch: Männliche Mäuse, die sechs Tage lang mit Betelnüssen gefüttert worden waren und sich danach binnen vier Wochen paarten, zeugten Nachkommen, die ebenfalls ein erhöhtes Risiko hatten, an der Stoffwechselkrankheit zu erkranken – obwohl sie in ihrem Leben keine einzige Betelnuss gefressen hatten! Dieser Effekt war über drei Generationen hinweg nachweisbar.

Darwins Irrtum – Lamarcks Comeback?

Die These von der sogenannten transgenerationalen – also generationsüberschreitenden – Epigenetik trifft mitten ins Herz der Biologie. Denn sie nährt den Verdacht, dass Jean-Baptiste de Lamarck, der einstige Gegenspieler des großen Charles Darwin, mit seinen lange Zeit verachteten Ideen doch ein kleines Stück weit recht hatte. Lamarck behauptete, Lebewesen könnten sich zielgerichtet an ihre Umwelt anpassen und diese erworbenen Fähigkeiten dann an ihre Nachfahren vererben. Das berühmteste, häufig zitierte und noch häufiger bespöttelte Beispiel für die Lamarck'schen Thesen ist, dass Giraffen deshalb einen so langen Hals bekamen, weil sie sich immer wieder nach den höchsten Blättern an den Bäumen reckten.

Die mögliche Rehabilitation des Franzosen kommt zu einem denkbar unpassenden Zeitpunkt. Denn das Jahr 2009 ist das große Darwin-Jahr. Der Übervater der Biologie und geniale Begründer der Evolutionstheorie wäre in diesem Jahr 200 Jahre alt geworden, und die Erstpublikation seines bahnbrechenden Werks «The Origin of Species» ist exakt 150 Jahre her.

Da passt es gar nicht in die Feierstimmung, dass die Epigenetik eine der zentralen Aussagen von Darwins Theorie ankratzt: Eine zielgerichtete Evolution à la Lamarck gebe es nicht. Die Weiterentwicklung der Arten sei nichts anderes als das Resultat vieler winziger und zufälliger Veränderungen, die einigen Lebewesen im Wettstreit um die begrenzten Ressourcen ihrer Umwelt oder als Schutz vor Bedrohungen einen Vorteil verschaffen. Diese Wesen würden dann aufgrund ihres Vorteils mehr Nachkommen zeugen als andere Vertreter der gleichen Art, sodass sich das Merkmal langfristig durchsetze und im Extremfall sogar zur Bildung neuer Arten führe.

Nach diesem unzweifelhaft richtigen und bis heute immer besser belegten Grundprinzip Darwins lässt sich die gesamte Entwicklung des Lebens auf der Erde erklären – vom Bakterium über Wurm und Affe bis zum Menschen. Das zu erkennen war die bewundernswerte Leistung des Briten. Und alle modernen Pseudotheorien wie der Kreationismus oder das *intelligent design*, die diese grundsätzliche biologische Erkenntnis anzweifeln, benutzen dafür keinerlei stichhaltige, wissenschaftlich gesicherte

Tatbestände. Sie sind völlig unseriös und halten einer von Vernunft geleiteten Überprüfung nicht stand.

Weitaus ernster zu nehmen sind die Argumente einer Gruppe von Forschern, die sich selbst provozierend Neo-Lamarckisten nennen. Sie behaupten, Darwin habe zumindest ein wenig geirrt und Lamarck habe ein kleines bisschen recht gehabt. Natürlich glauben sie nicht an die Lamarck'sche Theorie vom gewollten Wachstum des Giraffenhalses. Aber sie vertrauen darauf, dass auch epigenetische Codes mitunter vererbt werden – und damit gezielte, nicht zufällig erworbene Umweltanpassungen.

Eine der glühendsten Verfechterinnen dieser Ideen ist die israelische Genetikerin und Philosophin Eva Jablonka. Seit Jahren sammelt sie Belege für eine epigenetische Vererbung und vertritt die These, dass der zweite Code sogar direkt die Evolution beeinflusst. Das geht natürlich weit über die bloße Erkenntnis hinaus, dass Eltern auch epigenetisch gespeicherte Genaktivierungsmuster an ihre Kinder und Kindeskinder weitergeben. Wenn Jablonka recht hat, könnten die epigenetischen Informationen langfristig die Gene und damit die Blaupausen einer ganzen Art verändern. Sie selbst beschreibt das Dilemma so: «Die Forscher sind bereit, an eine Art Lamarck'scher Vererbung zu glauben, aber sie sträuben sich gegen die Idee, dass eine Lamarck'sche Evolution existiert.»

Bisher gelten epigenetische Veränderungen als Ursache von vergleichsweise kurzfristigen, aber dramatischen Entwicklungen innerhalb einer Art, für die es wegen des enormen Anpassungstempos keine genetische Erklärung gibt. So schafften es die Niederländer vermutlich aufgrund einer deutlichen Verbesserung ihrer Ernährungsgrundlagen binnen 150 Jahren von einem der körperlich kleinsten zu einem der größten Völker der Erde. Es ist aber unwahrscheinlich, dass diese Entwicklung auch ihre DNA manipulierte – was mit Jablonkas Worten eine Lamarck'sche Evolution wäre. Stattdessen haben ihnen Veränderungen des zweiten

Codes wohl dabei geholfen, das genetische Potenzial ihres Erbguts möglichst gut auszureizen.

Der Basler Epigenetiker Renato Paro möchte dennoch belegen, dass epigenetische Anpassungen langfristig auch Veränderungen des Gentexts selbst begünstigen. Dann wäre Lamarck endgültig ein wenig rehabilitiert. «Wir wollen ein Experiment von Waddington aus den 1950er Jahren wiederholen und nachweisen, dass eine Epimutation die Basis dafür geschaffen hat, dass eine genetische Mutation fixiert worden ist», erklärt Paro. Conrad Waddington, Begründer der Epigenetik und Erfinder des Bildes von der epigenetischen Landschaft, hatte Fliegen über 20 Generationen hinweg mit Äther behandelt. Das zog Veränderungen an der Gestalt der Tiere nach sich. Einige davon blieben dauerhaft erhalten und wurden an kommende Generationen immer wieder weitergegeben.

Paro wiederholt dieses Experiment derzeit. Anders als Waddington kann er die Folgen der pausenlosen generationsübergreifenden Behandlung aber auch molekularbiologisch untersuchen. Er konzentriert sich dabei zunächst auf jene Gene, die die biochemischen Reaktionen auf den anhaltenden biologischen Stress steuern. So will er nachweisen, dass sich die Epigenetik dieser Gene verändert. Darüber hinaus möchte er jedoch zeigen, dass die außergewöhnliche Belastung langfristig auch zu einer direkten Anpassung anderer Gene der Fliegen führt. Das wäre der erste wasserdichte Beweis dafür, dass ein Umwelteinfluss über die Veränderung eines epigenetischen Codes Veränderungen des genetischen Codes beeinflusst.

Imprinting: *Kampf der Geschlechter*

Während die Evolutionsbiologie derzeit also um ein liebgewonnenes Dogma ringt, musste die Genetik bereits seit 1984 mit ansehen, wie einer ihrer fundamentalen Grundsätze bröckelte: die *Mendel'schen Vererbungsregeln*. Seit exakt 25 Jahren ist klar, dass diese Regeln nicht immer gelten. Und einmal mehr ist die Epigenetik daran schuld.

Die Geschichte beginnt im 19. Jahrhundert: Damals kreuzte der Augustinermönch Gregor Mendel Erbsenpflanzen unterschiedlicher Blütenfarben. Anhand der Ergebnisse stellte er Regeln auf, nach denen höhere Organismen Erbinformationen an ihre Nachkommen weitergeben. Das brachte ihm den Titel «Vater der Genetik» ein und zwang Generationen von Biologieschülern zu pauken, was *rezessiv* und was *dominant* ist. Pflanzen und Tiere erben im Allgemeinen je ein Gen mit der gleichen Aufgabe von beiden Eltern. Sind die Gene nicht ganz identisch, setzt sich meist das eine, das dann das *dominante* ist, über das andere durch, das dann *rezessiv* genannt wird. So sind zum Beispiel die vielen Baupläne, deren Proteine eine dunkle Haar- oder Hautfarbe bewirken, weitgehend *dominant* über Gene, die für eine weniger starke Pigmentierung sorgen. Dabei ist es laut Mendel völlig egal, welches Gen von der Mutter und welches vom Vater stammt.

Doch dann kam das Jahr 1984, und die Genetiker Davor Solter und Azim Surani entdeckten unabhängig voneinander mit dem gleichen Experiment, dass mütterliches und väterliches Erbgut nicht beliebig austauschbar sind. Sie versuchten, Mausembryonen zu erzeugen, die ihre beiden Chromosomensätze entweder von zwei Eizellen der Mutter oder von zwei Spermien des Vaters hatten. In beiden Fällen waren die Embryonen nicht lebensfähig.

Besaßen sie rein mütterliche Gene, entwickelten sich die Tiere anfangs zwar normal, aber der Mutterkuchen blieb viel zu klein und versorgte sie nicht richtig. Stammten die Gene nur von Vätern, wucherte die Plazenta zu stark, und die Embryonen entwickelten schon früh tödliche Wachstumsstörungen. Ein Säuger muss also immer einen Mix aus mütterlichen und väterlichen Genen besitzen, um lebensfähig zu sein. Laut Mendel dürfte es aber überhaupt keinen Unterschied machen, ob das Erbgut von der Mutter oder vom Vater stammt.

Eigentlich hätten die Genetiker das Ergebnis voraussehen können: Kreuzt man nämlich nahe verwandte Säugetierarten miteinander, ist es oft entscheidend, wer die Mutter und wer der Vater ist. Nicht umsonst sind Maultier und Maulesel sehr verschieden. Im ersten Fall ist die Mutter ein Pferd und der Vater ein Esel, im zweiten Fall ist es umgekehrt. Noch drastischer fällt dieses Resultat, das die Mendel'schen Regeln nicht erklären können, bei Löwe und Tiger aus: Ist der Vater ein Löwe, wächst das Junge übermäßig, wird doppelt so schwer und mit einer Länge von über drei Metern viel größer als seine Eltern. Ist hingegen die Mutter eine Löwin, fällt der Nachwuchs viel kleiner aus.

«Selbst wenn die DNA-Sequenzen der elterlichen Gene völlig identisch sind, kann man sie bei Säugetieren nicht beliebig vertauschen», sagt Randy Jirtle. Die Aktivität mancher Gene hängt offensichtlich davon ab, ob sie vom Vater oder von der Mutter stammen, nicht davon, ob sie *dominant* oder *rezessiv* sind.

Hinter diesem Phänomen verbirgt sich ein Vorgang namens *Imprinting* oder genomische Prägung. Dabei schalten auch wir Menschen in unseren Keimzellen einige spezielle Gene epigenetisch stumm. Diese Information gelangt schließlich über die Chromosomen von Eizellen und Spermien in die Chromosomen unserer Kinder. Weil Männer und Frauen indes jeweils unterschiedliche Gene abschalten, erben die Kinder von jedem dieser sogenannten imprinteten Gene normalerweise eine aktive und eine inaktive Form.

Damit das Spiel sich in der nächsten Generation genauso perfekt fortsetzen kann, löschen die Kinder den zweiten Code ihrer Eltern bei der Bildung ihrer eigenen Keimzellen aus. Danach bringen sie ihre eigenen geschlechtsabhängigen epigenetischen Schalter an. Damit ist gewährleistet, dass beispielsweise ein Mann in seinen Spermien an den Chromosomen, die er von seiner Mutter geerbt hat, nicht zusätzlich zu den mütterlichen Stummschaltern noch väterliche anbringt. So machen Männer aus jenen Genen, die sie von ihren Müttern geerbt haben, männlich aktiviertes Erbgut. Frauen verwandeln nach dem gleichen Muster die Epigenome, die von ihren Vätern stammen, in die weibliche Form.

Tritt irgendwo auf diesem Weg ein Fehler auf, was in der Natur etwa in einem von 1000 Fällen passiert, sind in den Zellen der kommenden Generation Gene plötzlich doppelt oder gar nicht aktiv, die eigentlich nur in einfacher Ausführung abgelesen werden sollen. Das Resultat kann – je nachdem wie viele Gene betroffen sind – mehr oder weniger folgenschwer sein. Bei den Mäusen mit rein väterlichem oder mütterlichem Erbgut, die zur Entdeckung des *Imprinting* geführt haben, waren sämtliche imprintete Gene betroffen. Kein Wunder, dass die Tiere nicht lebensfähig waren.

Auch bei Menschen mit Prader-Willi-, Angelman- oder Beckwith-Wiedemann-Syndrom kann ein Fehler des *Imprintings* ausschlaggebend für die Behinderung sein. Karin Buiting aus dem Team des Essener Epigenetikers Bernhard Horsthemke entdeckte sogar, wo bei Patienten mit Prader-Willi-Syndrom und einem Imprintingfehler oft die Ursache liegen dürfte. In der Keimbahn des Vaters der Betroffenen wird der epigenetische Code von dessen Mutter nicht richtig gelöscht, bevor der Vater sein eigenes männliches Genaktivierungsmuster programmiert.

Dadurch erbt das Kind für einen bestimmten Erbgutabschnitt den weiblichen Imprinting-Code gleich zweimal – einmal von der Mutter, einmal von der Großmutter väterlicherseits. Einige Gene sind nun völlig inaktiv, die für die gesunde Entwicklung wichtig sind. «Meines Wissens ist dies einer der ersten klaren Belege da-

226   Kapitel 6   Die besondere Verantwortung

für, dass epigenetische Informationen auch beim Menschen vererbt werden können», kommentiert Horsthemke.

Heute weiß man: Bei Säugetieren, also auch beim Menschen, unterliegen mindestens 83 Gene dem *Imprinting*, vermutlich sogar je nach Schätzung 100 bis 600. Schon kleine Verschiebungen in der Balance dieser Erbgutabschnitte können gravierende Auswirkungen haben. Auslöser ist dabei meist, dass imprintete Gene im Laufe der frühkindlichen Entwicklung ihre epigenetischen Riegel verlieren.

So scheint es zum Charakter eines Menschen und im Extrem sogar zur Entstehung von Krankheiten beizutragen, ob das Gehirn eher von männlich oder von weiblich kontrollierten Genen dominiert wird. «Es gibt Theorien, dass bei starken persistenten Persönlichkeitsveränderungen wie Autismus, chronischer Depression oder Schizophrenie das Imprintingmuster der Gehirnzellen sehr stark in eine der elterlichen Richtungen verschoben ist», berichtet der Saarbrücker Epigenetiker Jörn Walter.

Viele ernste psychische Leiden könnten demnach Folgen eines gravierenden Fehlers beim *Imprinting* in der frühkindlichen Entwicklung sein. Und auch die bereits im dritten Kapitel erwähnte Theorie über die Entstehung der Unterschiede beider Hirnhälften, welche zur Links- oder Rechtshändigkeit führen, hat hier ihren Hintergrund. Die beteiligten Gene und genauen Abläufe harren aber noch weitgehend ihrer Entdeckung. Klar ist nur, dass Genetiker sie unter den imprinteten Genen suchen müssen.

Doch nicht nur deshalb fahnden die Forscher intensiv danach, welche Erbgutabschnitte der geschlechtsspezifischen epigenetischen Abschaltung unterliegen. Darunter befinden sich nämlich besonders viele, die auch mit ernsten und häufigen körperlichen Krankheiten in Verbindung stehen. Das Risiko für Krebs, Übergewicht, die Alzheimer'sche Erkrankung, Diabetes und Asthma, aber auch für viele Entwicklungsstörungen kann sich durch eine genetische Mutation an dem aktiven der geprägten Gene erhöhen. Das liegt daran, dass für dieses Gen die zweite Kopie von einem der Eltern stummgeschaltet wurde. Wäre sie aktiv, könnte diese zweite Kopie eine schadhafte Veränderung des Partner-Gens kompensieren.

Diese Pufferung der möglichen Folgen eines genetischen Schadens gilt nämlich als Hauptgrund dafür, dass sich im Laufe der Evolution Lebewesen mit doppelten Chromosomensätzen durchgesetzt haben. «Die Natur fliegt lieber mit zweimotorigen Flugzeugen», vergleicht Randy Jirtle. «Ist ein Triebwerk kaputt, kann man mit dem anderen noch sicher landen.» Wenn zum Beispiel ein Gen funktionsunfähig wird, das Zellen vor einer bösartigen Entartung schützt, dann mache das nichts, solange das andere Gen noch intakt ist. Ist dieses aber per *Imprinting* abgeschaltet, hat der Körper womöglich bereits die entscheidende Schlacht im Kampf gegen eine Krebserkrankung verloren.

Dass manche Lebewesen diesen fundamentalen Vorteil geopfert haben, damit die Eltern einen epigenetischen Einfluss auf ihre Nachkommen ausüben können, muss schon sehr bedeutende Gründe haben. Welche das sind, diskutieren Biologen seit der Entdeckung des *Imprintings* vor 25 Jahren. Die schlüssigste und akzeptierteste Theorie stammt von dem australischen Evolutionsforscher David Haig: Er vermutet, dass Vater und Mutter über die Programmierung ihrer Keimzellen gegensätzliche Interessen durchsetzen wollen. Das verschaffe ihren Nachkommen Vorteile, die die Risiken mehr als ausgleichen, die sie mit dem *Imprinting* erkauften.

Die Mütter seien daran interessiert, dass der Nachwuchs nicht zu viele ihrer eigenen Ressourcen verbraucht, damit ausreichend Energie für sie selbst und weitere Kinder bleibt. Für die Evolution der väterlichen Linie hätte es dagegen einen Vorteil, wenn ihre Nachkommen möglichst stark und durchsetzungsfähig sind –

auch wenn das langfristig auf Kosten der Mutter geht. Deshalb unterdrücken die Mütter vor allem solche Gene, die das Wachstum des Nachwuchses ankurbeln, wogegen Väter eher Gene abschalten, deren Aktivität die Entwicklung und die Versorgung der Kinder bremsen.

Für diese These spricht viel. So ist die konkurrierende epigenetische Einflussname von Vater und Mutter auf das Genaktivitätsmuster des Nachwuchses nach den Maßstäben der Evolution eine sehr junge Entwicklung, die bisher nur zwei völlig verschiedene Gruppen von Lebewesen unabhängig voneinander entwickelten: Pflanzen und Säugetiere. Diesen Gruppen ist so ziemlich als einziges Merkmal gemein, dass die Mütter viel und die Väter wenig Energie in die Versorgung des Nachwuchses investieren. Weibliche Pflanzen bilden das sogenannte *Endosperm*, ein Gewebe, das den Keim umgibt und anfänglich mit Energie versorgt. Weibliche Säugetiere lassen ihre Kinder zunächst im Mutterleib heranwachsen und versorgen sie über die Plazenta.

Dazu passt, dass die Evolution das *Imprinting* offenbar gemeinsam mit dem Mutterkuchen erfand. Eierlegende Säuger, die wie das Schnabeltier keine Plazenta haben, beherrschen die geschlechtsspezifische Programmierung des Erbguts jedenfalls noch nicht. Jörn Walter konnte zudem vor einiger Zeit zeigen, dass viele imprintete Gene tatsächlich in der Plazenta besonders aktiv sind, also vermutlich für die Versorgung des Nachwuchses gebraucht werden. Und als letztes Indiz dient die Tatsache, dass einige der Gene, die vom *Imprinting* betroffen sind, tatsächlich in das Wachstum und die Entwicklung der Lebewesen eingreifen.

Für Walter ist das vermutete Tauziehen der Geschlechter um den Ressourcenverbrauch des Nachwuchses ein besonders beeindruckendes Beispiel dafür, dass auch die Evolution die vielfältigen Möglichkeiten der Epigenetik benutzt. «*Imprinting* ist eine Möglichkeit für Lebewesen, ihre eigene Evolution zu beschleu-

nigen.» Mit vergleichsweise kleinen Änderungen an der molekularen Struktur der Gene in den Keimbahnen können Säuger und
Pflanzen damit eine überraschend wirkungsvolle Manipulation
des Genaktivitätsmusters ihrer Nachkommen erreichen.

Tatsächlich spielt die Natur mit ihrem neuen Werkzeug ausgesprochen intensiv. Das zeigt sich daran, dass bei den verschiedenen Säugern zum Teil ganz unterschiedliche Gene von
der genomischen Prägung betroffen sind. Könnte es sein, dass
Säuger und Pflanzen auch auf diesem Weg gelernt haben, an ihrer
eigenen Evolution mitzuschrauben? Auch diese Frage harrt noch
einer Antwort.

Sind künstliche Befruchtungen ein Risiko?

Die epigenetische Grundlagenforschung hat sich vor allem zur
Aufgabe gemacht, die hochkomplexen Veränderungen zu untersuchen, die zur Zeit der Zeugung und während der ersten Entwicklungsschritte eines jeden Lebens in den Zellen ablaufen. Ihre
Resultate geben dabei auch Anlass zur Sorge. So gibt es Hinweise,
dass künstliche Einflüsse die natürlichen Prozesse massiv stören:
zum Beispiel bei Experimenten, bei denen Lebewesen geklont werden, und – was Menschen ungleich direkter betrifft – bei künst-
lichen Befruchtungen, *In-vitro-Fertilisation* oder IVF genannt.

Immer wieder zeigten Untersuchungen und Tierversuche, dass
das Fehlbildungsrisiko bei Kindern nach einer Zeugung per IVF
leicht erhöht sei, sagt Bernhard Horsthemke von der Essener Universität. Panik sei zwar unangebracht, «weil die absoluten Zahlen
sehr gering sind. Aber es besteht ein großer Forschungsbedarf, da
man nicht weiß, was die IVF mit dem Epigenom der Eizelle genau
anstellt.»

Ohnehin habe die Beobachtung vermutlich viele Ursachen. Es
könnte sein, dass die Hormonbehandlung der Mutter epigene-

tisch fehlprogrammierte Eizellen heranreifen lasse, die sonst nicht zum Zuge kommen; dass das vergleichsweise hohe Alter der meisten Eltern das Fehlbildungsrisiko erhöhe; und dass epigenetische Veränderungen der Samenzellen des eigentlich unfruchtbaren Mannes zu den negativen Effekten beitragen.

Vor allem aber scheinen die Hormonbehandlung selbst und die anfängliche Aufbewahrung der befruchteten Eizelle im falschen biochemischen Milieu des Reagenzglases dazu zu führen, dass die ersten Zellen des werdenden Lebens die Programmierung ihres *Imprintings* nicht korrekt weitergeben, warnt Horsthemke. Zudem kann es zu Fehlern kommen, wenn direkt nach der Befruchtung die vielen anderen epigenetischen Strukturen reprogrammiert werden.

Michael Ludwig, Hormonforscher am Hamburger Endokrinologikum, der die möglichen Folgen der IVF gemeinsam mit Horsthemke seit Jahren erforscht, sieht in den bisherigen Analysen sogar nur die «Spitze eines Eisbergs». Epigenetische Informationen aller Art würden durch die künstliche Befruchtung wahrscheinlich «nicht so ausgebildet, wie sie es eigentlich sollten». Das führe zwar nur in den seltensten Fällen zu besonders deutlichen Effekten, die gleich nach der Geburt oder in den ersten Lebensjahren sichtbar werden. Es sei aber durchaus denkbar, dass die betroffenen Menschen – wie bei vielen anderen epigenetisch programmierten Leiden – erst Jahrzehnte später ein erhöhtes Erkrankungsrisiko entwickelten. Das könne man heute natürlich noch gar nicht feststellen.

Viel klarer ist die Sachlage bei der derzeit gängigsten Klon-Methode für Tiere: Hier laufen die umfangreichen Veränderungen des Epigenoms der gerade befruchteten Eizelle fast nie ohne Schäden ab. Bei dieser Methode nehmen Gentechniker nämlich den Kern einer gewöhnlichen Körperzelle, der einen völlig anderen zweiten Code als Ei- oder Samenzellen hat, und verpflanzen ihn in eine zuvor entkernte Eizelle. Die weitaus meisten der so entstandenen Klone sind gar nicht erst entwicklungsfähig. Und es grenzt fast schon an ein Wunder, dass die Eizelle trotzdem gelegentlich das Erbgut halbwegs korrekt umprogrammiert. Nur dann können sich daraus nämlich lebensfähige Tiere entwickeln. Dass diese Tiere dann wie das erste Klonschaf Dolly früh sterben, oft missgebildet und krankheitsanfällig sind, ist angesichts der Bedeutung des zweiten Codes allzu verständlich.

Das fürchterliche Szenario eines Klonens von Menschen wird in absehbarer Zeit also schon rein technisch nicht möglich sein. Und selbst wer viel Geld investieren möchte, um sein Lieblingshaustier ein zweites Mal zur Welt kommen zu lassen, sei gewarnt. Zumindest bei Weibchen bestimmt über viele Merkmale nämlich der Zufall. Dafür sorgt einer der bekanntesten und bestuntersuchten epigenetischen Vorgänge, die sogenannte *X-Inaktivierung*. Weibliche Säugetiere haben bekanntlich anders als Männer zwei *X-Chromosomen*. Eines dieser Geschlechtschromosomen legen sie aber in einem sehr frühen Entwicklungsstadium in allen ihren Zellen still. Das geschieht, indem sich dieses Chromosom besonders dicht auf Histone wickelt und absolut unzugänglich für die Gen-Ablesemaschinerie verpackt.

Der Haken für Klontechniker, die identische Wesen erzeugen wollen: Ob eine Zelle das väterliche oder das mütterliche *X-Chromosom* abschaltet, überlässt sie dem Zufall. Dieser Effekt sorgt zum Beispiel bei den dreifarbigen Glücks- oder Kaliko-Katzen dafür, dass ein Weibchen und sein Klon trotz absolut identischer Gencodes die Tupfer ihres Fellmusters an völlig verschiedenen Stellen haben. Eines der Gene, die für die Fellfarbe verantwortlich sind, sitzt nämlich auf dem weiblichen Geschlechtschromosom und wird während der Embryonalentwicklung per Zufall aktiviert. An weißen Stellen ist es gar nicht aktiv, an roten Stellen ist das Gen des einen Elternteils ablesebereit und an schwarzen Stellen das des anderen.

232   Kapitel 6   Die besondere Verantwortung

Dieses kuriose Phänomen ist sicher nicht die letzte Überraschung, die uns die Erforschung der epigenetischen Vorgänge rings um Zeugung und Geburt gebracht hat. Wir dürfen gespannt sein.

KAPITEL 7

Das Epigenomprojekt: Biomedizin auf dem Weg ins 21. Jahrhundert

Von Berlin ins Zentrum einer Revolution

Er nimmt es einem nicht übel, wenn man ihn für einen Studenten oder Doktoranden hält. Das geschieht dem 32-jährigen Genforscher ständig: Alexander Meissner – blaugraue Augen, dunkelblondes, sorglos gescheiteltes Haar, Dreitagebart – ist nicht nur jung, er beherrscht auch die Kunst des Understatements. Fast schüchtern schaut der Molekularbiologe beim Interview mit leicht gesenktem Haupt empor, konzentriert darauf, meine Fragen möglichst konkret und griffig zu beantworten. Er scheint sich über das wachsende Interesse an seiner Person noch immer zu wundern.

Dabei ist Meissner auf dem besten Weg, ein Star seiner Zunft zu werden. Seit Anfang 2008 ist der gebürtige Berliner «Assistant Professor» der weltberühmten Harvard University in Cambridge, USA, und zugleich sogar «Member of the Broad-Institute». Das heißt, er gehört einer Forschungseinrichtung an, die 2003 von dem steinreichen Stifter-Paar Eli und Edythe Broad aus der Taufe gehoben wurde und vom Start weg äußerst angesehen war. Sie garantiert üppige finanzielle Mittel und eine perfekte technische Ausstattung. Und damit bietet sie führenden Biowissenschaftlern der beiden Bostoner Top-Universitäten – Harvard und Massachusetts Institute of Technology (MIT) – gleich mehrere Plattformen für gemeinsame Arbeiten an der Zukunft der Biomedizin.

Meissners siebenköpfiges Team ist spezialisiert darauf, Zellen für eine Sequenzierung ihres Erbguts vorzubereiten; eine andere Gruppe übernimmt dann die eigentliche Genom-Analyse. «Jeder macht am Broad-Institute nur das, wofür er die optimale Ausstattung hat und womit er sich am besten auskennt», verrät Meissner eines der Erfolgsgeheimnisse der Plattformen.

Der Direktor des Instituts ist kein Geringerer als Eric Lander, der maßgeblich an der Entschlüsselung des menschlichen Genoms beteiligt war. Und auch Meissners Doktorvater gehört zu den Großen der Genetik: Es ist Rudolf Jaenisch vom Whitehead Institute des MIT, der mit seinem Team seit Jahren die Gentechnik und Stammzellforschung vorantreibt.

Alex, wie Meissner nach sieben Jahren in den USA allseits genannt wird, wusste schon immer, was er will. Dafür ist er auch bereit, sieben Tage die Woche ins Institut zu gehen. Bis er 25 Jahre alt war, lebte und studierte er in Berlin. Dann zog es ihn in die USA, und er stieg im «Jaenisch-Lab» in die Stammzellforschung ein. «Zu Jaenisch bin ich gegangen, weil ich in einem der führenden Labors arbeiten und die neuesten Techniken lernen wollte.»

Dort versuchte man gerade, das Klonen zu perfektionieren, in der Hoffnung, auf diesem Weg eines Tages genetisch identische Stammzellen von Patienten zu erzeugen, um Krankheitsprozesse besser erforschen zu können. Klar, dass es sowohl beim Klonen als auch bei der Entwicklung bestimmter Körperzellen aus Stammzellen in großem Maße um die Programmierung und Reprogrammierung des Erbguts, sprich um Epigenetik geht.

Meissner lernte also rasch, sich in der Welt der Acetyl- und Methylgruppen, der Histone und Mikro-RNAs zurechtzufinden. Zuletzt war er maßgeblich an Jaenischs erfolgreichen Experimenten mit sogenannten *induzierten pluripotenten Stamm-Zellen (ipS-Zellen)* beteiligt, die nicht mehr durch Klonen, sondern durch gentechnische Reprogrammierung entstehen. «Ich habe in den vergangenen Jahren Stammzellforschung und Epigenetik gemacht», sagt Meissner, «und dank meiner neuen Jobs habe ich nun die

236   Kapitel 7   Das Epigenomprojekt

richtige Position, beides im größeren Maßstab miteinander zu kombinieren: Stammzellforschung in Harvard und Epigenetik am Broad-Institute.»

Derzeit geht er eine gewaltige Aufgabe an: die Erkundung menschlicher Epigenome. «Man kann mit Recht behaupten, dass diese Erkundung das nächste ganz große Ziel der Genomforschung ist», erklärt der Jungforscher.

Es scheint, als läge der Berliner wieder einmal goldrichtig und hätte gerade zur rechten Zeit den Job in einem der weltweit wichtigsten Epigenetik-Zentren angenommen. Denn unter anderem hier startet diese Wissenschaft derzeit in eine völlig neue Phase, die schon bald eine regelrechte Revolution in der Molekularbiologie und in der Heilkunde auslösen könnte.

Diese Prognose ist keinesfalls übertrieben. Denn immerhin ist inzwischen eindeutig belegt, dass die Mechanismen des zweiten Codes an Krebserkrankungen, Autoimmunkrankheiten wie Asthma und Allergien, psychischen Leiden und dem Metabolischen Syndrom beteiligt sind. Und man kennt bereits die wichtigsten Faktoren, die Veränderungen an menschlichen Epigenomen bewirken: die Entwicklung im Mutterleib und während der Kindheit, Umweltchemikalien, Drogen und Medikamente, das Altern, die körperliche Bewegung und die Ernährung.

Gleichwohl sind diese Zusammenhänge bislang nur im Ansatz ausgeleuchtet. Wer hilft, sie ans Tageslicht zu holen, wird die Menschheit mit großer Wahrscheinlichkeit ein gutes Stück voranbringen – auf ihrem Weg in eine Zukunft mit etwas weniger Leid und deutlich mehr Gesundheit.

190 Millionen Dollar für eine Riesenaufgabe

«Unser Ziel ist es, das gesamte Epigenom von 100 oder mehr verschiedenen menschlichen Zelltypen zu entschlüsseln», erklärt Meissner sein gegenwärtiges Projekt. Er hat sich dabei auf die DNA-Methylierungen spezialisiert, sein Kollege Bradley Bernstein widmet sich den Histonmodifikationen, und eine weitere Gruppe erforscht die verschiedenen epigenetisch wirksamen RNAs.

Der Wissenschaftler ist sich der ungeheuren Dimension dieser Aufgabe bewusst. «Am Humangenomprojekt haben viele Gruppen jahrelang gearbeitet. Doch in unserem Fall geht es nicht nur um ein einzelnes Genom, sondern um hunderte Epigenome – und die sind natürlich viel komplexer strukturiert.»

Zunächst gilt es, für jedes der mindestens 100 untersuchten Gewebe von möglichst vielen verschiedenen Menschen möglichst viele Zellen zu isolieren, die eindeutig dem entsprechenden Zelltyp zuzuordnen sind. Die immer gleiche, schwierige Prozedur führen die Forscher für Zellen aus der Haut, der Bauchspeicheldrüse, dem Gehirn und so weiter durch. Dann müssen sie die Zellen aufwändig biochemisch präparieren und wegen der individuellen Unterschiede des zweiten Codes tausende Zellen pro Gewebetyp von Robotern analysieren lassen. Nur so können sie mit Hilfe komplizierter mathematischer Formeln statistisch berechnen, welche Epigen-Schalter tatsächlich typisch für das Gewebe sind.

Die Roboter erkunden dabei in mehreren Schritten nicht nur – wie früher – den bloßen Gentext, sondern müssen auch erkennen, wo Methylgruppen angebaut sind, welche chemischen Anhängsel die Schwänze der Histone an den verschiedensten Stellen des Erbguts tragen und welche epigenetisch aktiven *Ribonukleinsäuren* die Zelle erzeugt.

Doch Alex Meissner und Kollegen sind für diese Aufgabe bestens gewappnet. Das haben sie gerade erst bewiesen. Denn im führenden Fachblatt *Nature* veröffentlichten sie die erfolgreiche Kartierung der Epigenome 17 verschiedener Mauszellen – mit einigen, zumindest für Fachleute sehr spannenden Überraschungen. So konnten sie zeigen, dass Stammzellen, die lange Zeit künstlich gepäppelt wurden, epigenetisch verblüffend an Krebszellen erinnern. Das ist ein wertvoller Hinweis darauf, was bei der Entartung eines gesunden Gewebes an epigenetischen Weichenstellungen im *Chromatin* passiert. Die Broad-Mitglieder entdeckten auch, dass DNA-Methylierungen viele Gene – anders als bisher vermutet – nicht an ihren Kontrollregionen, sondern an ganz anderen Stellen stummschalten, und vieles mehr.

Bevor Meissner mit der Kartographie der menschlichen Epigenome starten konnte, musste er allerdings noch auf die Bekanntgabe eines weit größeren Projekts warten, in das seine Gruppe heute eingebunden ist: Der Startschuss für diese «Neue Epigenomik-Initiative» fiel am 30. September 2008. Damals adelten die US-amerikanischen Gesundheitsbehörden NIH das gesamte Fachgebiet der Epigenetik. Ihr Direktor, Elias Zerhouni, gab bekannt, dass seine Behörden eine Reihe führender Epigenetiker-Teams aus Nordamerika bis 2014 insgesamt mit mehr als 190 Millionen Dollar unterstützen wollen.

Zerhouni erhofft sich «Vergleichsdaten, die die gesamte Wissenschaftsgemeinschaft nutzen kann, um besser zu verstehen, wie die epigenetische Regulation funktioniert und wie sie Gesundheit und Krankheit beeinflusst». Einige zentrale Fragen werden dadurch vielleicht schon in wenigen Jahren beantwortet sein: Was passiert mit einer Stammzelle, damit sie auf dem einen oder dem anderen Entwicklungsast landet? An welchen Genschaltern müssen Forscher drehen, um eine Haut- in eine Nervenzelle, eine Bindegewebs- in eine Herzmuskelzelle und so weiter zu verwandeln? Und welches epigenetische Programm macht manche Zellen bösartig, funktionsunfähig oder besonders krankheitsanfällig?

Zusammen mit der Gruppe von Bradley Bernstein erhält Meissner etwa 15 Millionen Dollar aus dem Topf der NIH. Inzwischen haben beide neue Mitarbeiter engagiert und sind auf Einkaufstour gegangen, um für ihre Laboratorien ein paar der modernsten und teuersten Genomik-Roboter zu bestellen. Sie haben endlich damit begonnen, der Landkarte der menschlichen Gene, die Clinton, Venter und Collins im Juni 2000 präsentierten, eine umfassende Karte der Epigenome hinzuzufügen.

Auf diesem Weg haben sie eine Menge Begleiter. Denn die NIH unterstützen auch Forscher an drei weiteren Instituten, die Epigenome von Zellen kartieren. Zudem fördern sie Zentren, die neue Techniken für die epigenetische Forschung und Analyse entwickeln, sowie Arbeitsgruppen, die auf der Suche nach bislang noch nicht entdeckten epigenetischen Schaltern sind. Und zu guter Letzt finanzieren die Gesundheitsbehörden ein Team, das all die neuen Erkenntnisse zusammenfassen und verarbeiten soll.

Im Jahr 2014 wollen die Forscher dann die ersten Epigenomkarten des Menschen präsentieren, die exakt zeigen, wo der zweite Code vieler analysierter Gewebe typische Eigenheiten besitzt. Ein äußerst ambitionierter Zeitplan, denn derzeit ist noch kein vollständiges Epigenom einer menschlichen Zelle entschlüsselt. Dass sich Meissner und Co. die Riesenaufgabe überhaupt vornehmen können, hat vor allem mit dem atemberaubenden technischen Fortschritt zu tun: Die Sequenzier-Roboter, die den Gentext mitsamt seiner An- und Ausschalter lesen, werden laufend schneller und billiger.

Noch vor wenigen Jahren taten sich europäische Forscher mit einem ähnlichen Vorhaben sehr schwer. Sie starteten einen ersten Anlauf für ein humanes Epigenomprojekt und veröffentlichten 2006 immerhin die Methylierungsmuster dreier menschlicher Chromosomen. Letztlich kapitulierten sie aber angesichts der damals noch nicht ausreichenden technischen Möglichkeiten.

Heute sind die Aussichten besser: «Wenn alles perfekt klappt, dauert die Sequenzierung des gesamten Epigenoms eines Zelltyps nur noch zwei bis drei Wochen», verrät Meissner.

Vorausgesetzt, es sind ausreichend Maschinen und Geld vorhanden, werde man bei diesem Tempo sicher wie geplant fertig. Und da die Technik ohnehin weiter voranschreiten dürfte, hofft Meissner die Analyse der ersten 100 Gewebetypen sogar vorzeitig abzuschließen: «Dann hätten wir noch Zeit, eine nächste Phase zu starten, die das Ganze zum Beispiel mit gezielten Screens auf die nächsten 400 Zellpopulationen ausweitet.» In der ersten Phase soll nämlich nur eine kleine Auswahl besonders wichtiger Gewebe untersucht werden. Das sind neben gesunden, ausdifferenzierten Zellen – von denen der Mensch schon 200 verschiedene Typen besitzt – zum Beispiel auch Stammzellen und Zellen, die bei verschiedenen Krankheiten eine zentrale Rolle spielen.

Die Ausweitung auf eine zweite Phase brächte die Forscher ihrem eigentlichen Ziel vermutlich noch etwas näher: Sie wollen die Differenzierung von Zellen und die Entstehung von Krankheiten besser verstehen. Deshalb werden sie gezielt den zweiten Code von Zellen vergleichen, die sich unterschiedlich weit und in verschiedene Richtung entwickelt haben. Außerdem wird es darum gehen, welche epigenetischen Schalter typisch für erkranktes Gewebe sind.

Gegen Ende kennen die Molekularbiologen dann hoffentlich möglichst viele der alles entscheidenden Weichenstellungen im Leben einer Zelle.

Die Epigenetik verändert die Krebsforschung

Es ist noch keine zehn Jahre her, da konnten selbst manche studierten Biologen mit dem Begriff Epigenetik nicht viel anfangen. Auch ich musste damals bei einem Interview in einem japanischen Krebsforschungsinstitut unbedarft nachfragen, als mir ein sichtlich stolzer Laborleiter von seiner neuesten Top-Substanz erzählte: Es sei ein epigenetisches Mittel, das bereits in der zweiten Phase der klinischen Prüfung an verschiedenen Tumorarten des Menschen erfolgreich getestet werde.

«Was ist denn ein epigenetisches Mittel?», entgegnete ich und war froh, dass Japaner so höflich sind, sich niemals anmerken zu lassen, für wie ahnungslos sie ihr Gegenüber halten. Die Antwort lautete: Das potenzielle Medikament hemme *Histondeacetylasen*. Das war eine meiner ersten Begegnungen mit der Histonmodifikation. Denn diese Enzyme verändern die Proteine, die immer im Achterpack eine der *Nukleosom* genannten «Kabeltrommeln» bilden, auf die sich der DNA-Faden mehr oder weniger fest aufwickelt.

Damals verriet mir die Erklärung indes wenig. Also fragte ich weiter. Und die dann folgende Lektion gehörte fraglos zu den Schlüsselmomenten, um mein Interesse am zweiten Code endgültig zu wecken: *Histondeacetylasen*, kurz HDACs, sind Enzyme, die Acetylgruppen von den Schwänzen der Histone entfernen, notierte ich. Dadurch ziehen sich *Nukleosom* und DNA plötzlich stark an, die Histonproteine binden das Erbmolekül etwas fester als zuvor. Die Folge: Das an dieser Stelle kontrollierte Gen wird deaktiviert. Mit Hilfe der *HDACs*, zu denen auch die lebensverlängernden Sirtuine gehören, entscheidet eine Zelle also mit, welche Teile ihres Erbguts sie ablesen kann und welche nicht. Und je nachdem welches Gen davon betroffen ist, kann das die Zelle sogar zu Krebs entarten lassen.

Bis zu diesem Moment dachte ich, Krebs entsteht, weil eine Zelle krankhaft veränderte Gene hat, die ihre Funktion verlieren oder plötzlich eine falsche Aufgabe übernehmen. Das ist zwar richtig. Es ist aber nicht die einzig mögliche Erklärung. Nun lernte ich, dass Krebs durchaus auch eine andere, eine epigenetische Ursache haben kann, bei der die Gene selbst unverändert bleiben.

Die Zellen werden bösartig, weil biochemische Schalter dauerhaft «böse» Gene an- oder «gute» Gene ausschalten.

Für die Krebsforschung ist diese Erkenntnis ein Glücksfall. Denn anders als genetische Mutationen lassen sich Veränderungen des zweiten Codes prinzipiell rückgängig machen. Sie sind also auch vergleichsweise einfach pharmakologisch zu behandeln – man muss nur die richtigen Angriffspunkte und Medikamente finden.

Natürlich verändern sich die Epigenome der Zellen mit zunehmendem Alter. Das ist beispielsweise der Grund, warum sich eineiige Zwillinge immer unähnlicher werden. Und es ist neben der Anhäufung genetischer Schäden einer der Gründe, warum wir im Alter eher zu Krankheiten wie Krebs neigen. Mit jeder unkontrollierten epigenetischen Veränderung steigt nämlich das Risiko, dass ein gutes, vor Krebs schützendes Gen stummgeschaltet wird. Wenn wir älter werden, kommt es offenbar immer häufiger vor, dass die Zellen fälschlicherweise ihre sogenannten *Tumorsuppressorgene* deaktivieren. Damit rauben sie sich selbst eine ihrer effektivsten Waffen gegen den Krebs.

Denn eigentlich erkennen die von diesen Genen codierten Proteine krebsfördernde Veränderungen, wie sie tagtäglich in vielen gesunden Zellen auftreten. Die *Tumorsuppressorproteine* reparieren dann die Veränderungen oder lösen, falls das nicht möglich ist, ein *Apoptose* genanntes Selbstmordprogramm aus. Dann opfert sich die Zelle im Interesse des Gesamtorganismus.

Doch auch die daran beteiligten «Selbstmord-Gene» können zuvor epigenetisch verriegelt worden sein, was eine ähnliche Wirkung wie die Abschaltung der *Tumorsuppressorgene* hat. In beiden Fällen entarten die Zellen besonders leicht, und wenn sich erst mal ein Tumor gebildet hat, ist er wegen des falschen zweiten Codes oft auch noch besonders aggressiv und schwer zu behandeln. Viele der üblichen Antikrebsmedikamente wirken nämlich, indem sie Krebszellen mehr oder weniger gezielt in den Selbstmord treiben. Haben die Epigenome die *Tumorsuppressor-* oder *Apoptose*-Systeme aber zuvor zum Schweigen gebracht, können die Chemotherapeutika den Krebszellen nichts mehr anhaben. Der Krebs ist resistent geworden.

Nun verstehe ich, warum der japanische Krebsforscher sich so sehr über den neuentdeckten Stoff freute: Indem seine Substanz *HDACs* hemmt, stellt sie die Programmierung von Krebszellen ein Stück weit in Richtung Gutartigkeit. Sie aktiviert zuvor stummgeschaltete Gene und lässt letztlich die abgestumpften Krebszellen wieder gewahr werden, wie schädlich sie sind. Im Idealfall vernichten sich die Tumorzellen daraufhin selbst, oder herkömmliche Antikrebsmedikamente sind plötzlich wieder in der Lage, ihren Freitod auszulösen.

Das neue Mittel hat also die Fähigkeit, manchen Krebs direkt abzutöten, und kann zudem helfen, dass Onkologen zuvor unbehandelbare Tumore mit klassischen Chemotherapeutika wieder zurückdrängen können. Vor allem aber lässt es auf ein ungewöhnlich breites Wirkungsspektrum hoffen. Weil es heilende Prozesse auf mehreren Ebenen unterstützt, kann man damit eines Tages vielleicht viele verschiedene Krebsarten bekämpfen.

Fast alle Epigenetiker, mit denen ich im Laufe der vergangenen Jahre gesprochen habe, betonen, die Krebsforschung sei eine der wichtigsten Triebfedern der jungen Disziplin überhaupt. «Gemeinsam mit der Entdeckung des *Imprintings* hat die Tumor-Epigenetik unserer Wissenschaft zum Durchbruch verholfen», weiß zum Beispiel der Essener Bernhard Horsthemke. Er hat schon im Jahr 1989 mit seiner Mitarbeiterin Valerie Greger belegt, dass manche Formen sogenannter *Retinoblastome* – das sind bösartige Tumore in der Netzhaut des Auges – entstehen, weil ein bestimmtes Gen durch angelagerte Methylgruppen stummgeschaltet ist.

Der in Montreal forschende israelische Epigenetiker Moshe Szyf wird besonders deutlich: «Die Epigenetik spielt die wichtigs-

244   Kapitel 7   Das Epigenomprojekt

te Rolle bei der Entstehung von Krebs», ist er überzeugt und ergänzt: «Die meisten Karzinome sind epigenetische Krankheiten.» Jörn Walter von der Universität des Saarlands sagt schließlich: «In der Krebstherapie wird die Epigenetik sicher viel bewegen.»

Überall auf der Welt fahnden Forscher deshalb nach neuen Krebsmedikamenten, die das Epigenom der Krebszellen verändern. Der freundliche Japaner ist einer von ihnen. Sein HDAC-Hemmer ist allerdings noch nicht auf dem Markt – im Gegensatz zu zwei anderen, ähnlich wirkenden Substanzen, die Ärzte bereits gegen Krebs einsetzen: *Valproinsäure*, eigentlich als Mittel gegen Epilepsie bekannt, erzielt Erfolge im Kampf gegen bestimmte, besonders ernste Formen von Blutkrebs. Und *Vorinostat* ist in den USA für die Behandlung sogenannter *kutaner Lymphome* zugelassen. Dahinter verbirgt sich ein Lymphdrüsenkrebs, der in der Haut entsteht. Das Mittel wirkt dabei offenbar so gut, dass Onkologen es derzeit auch in Deutschland und – in Kombination mit anderen Medikamenten – gegen weitere Tumorarten wie Lungenkrebs testen.

Kein Wunder, dass rund um den Globus nahezu alle forschenden Arzneimittelhersteller, die ein onkologisches Labor unterhalten, Interesse für HDAC-Hemmer entwickeln – genauso wie für eine zweite Gruppe epigenetischer Mittel: die DNMT-Hemmer. DNMTs – oder *DNA Methyltransferasen* – sind jene Enzyme, die Methylgruppen direkt an die DNA anbauen und damit Gene abschalten. Auch sie deaktivieren mitunter *Tumorsuppressorgene*, und auch ihre Unterdrückung kann folglich helfen, Krebszellen gutartiger und leichter therapierbar zu machen.

Dass auch diese junge Medikamentengruppe Hoffnung auf eine verbesserte Krebstherapie macht, unterstreichen zwei in den USA bereits zugelassene Substanzen: *5-Azacytidin* und *5-Azadeoxycytidin*. Ärzte setzten sie ähnlich wie *Valproinsäure* mit einigem Erfolg gegen verschiedene besonders gravierende Blutkrebs-Varianten ein.

Noch steckt die Bekämpfung bösartiger Tumorerkrankungen mit epigenetischen Mitteln zwar in den Kinderschuhen. Aber die meisten Fachleute trauen ihr eine Menge zu. Sie hoffen auf den zugrundeliegenden, neuartigen und besonders breiten Wirkmechanismus. Zahllose Aktivitäten zeigen also: Die Epigenetik verändert die Krebstherapie. Auch wenn es sicher noch eine Weile dauern wird, bis wirklich klar ist, wie und wo Onkologen die Epigenome von Krebszellen tatsächlich am effektivsten verstellen werden.

Moshe Szyf könnte also tatsächlich recht behalten mit seiner sehr optimistisch klingenden Prognose: «Der epigenetische Weg ist der Weg, der in die Zukunft der Krebstherapie führt.»

Früherkennung und individualisierte Therapie

Genforscher vergleichen schon lange das Erbgut gesunder Zellen mit dem von Krebszellen. Sie fanden dabei eine Reihe von Genen, deren krankhafte Veränderung das Risiko, an Krebs zu erkranken, drastisch erhöht. Mit Hilfe von Gentests kann man heute sogar erkennen, ob jemand eine entsprechende Genvariante von seinen Eltern geerbt hat und deshalb besonders frühzeitig zu speziellen Vorsorgemaßnahmen greifen muss. Doch nur ein geringer Teil der Krebserkrankungen geht auf solche familiären Veranlagungen zurück. Die allermeisten Tumore entstehen durch bösartige Veränderungen, die den Zellen im Laufe des Lebens widerfahren. Und diese Veränderungen sind nicht nur genetisch. Sie scheinen wie schon erwähnt zu einem großen Teil epigenetisch zu sein.

«Das Epigenom einer typischen Krebszelle sieht ziemlich anders aus als das einer gesunden Zelle», sagt Alex Meissner. Mit Hilfe des neuen Epigenomprojekts möchte er versuchen, diese Unterschiede systematisch zu erfassen. Damit will er nicht nur belegen, dass epigenetische Medikamente eine Reihe potenzieller

Ansatzpunkte gegen Krebs besitzen. Sondern er fahndet auch nach zusätzlichen, bislang völlig unbekannten Zielscheiben für eine bessere, schonendere und effektivere Krebstherapie der Zukunft.

Und Meissner hofft darauf, dass der zweite Code von Krebszellen – wenn er denn in wenigen Jahren tatsächlich haarklein ausgekundschaftet sein wird – eine Menge über deren Identität und Beschaffenheit verrät: «Wenn wir wissen, wo die Methylierungen bei einem bestimmten Krebstyp sitzen, entdecken wir darunter bestimmt ein paar gute Biomarker für eine frühe Diagnose, und wir können Tumore besser in Untergruppen einteilen.»

Dank der Erforschung des zweiten Codes könnten Laboranten also manche Krebsarten vielleicht schon bald in einem besonders frühen Stadium mit Hilfe vergleichsweise simpler Bluttests ausfindig machen. Und weil dabei zumindest in der Theorie zugleich eine Menge epigenetischer Informationen darüber anfielen, wie aggressiv der Tumor ist, auf welche Medikamente er anspricht und gegen welche Mittel er resistent ist, könnte man ihn im Idealfall anschließend besonders zielsicher und möglichst nebenwirkungsfrei vernichten. Oder man kann ihn guten Gewissens in Ruhe lassen: Denn gerade wenn man eine zuverlässige Einschätzungsmethode dafür hätte, wie sich ein früher Tumor weiterentwickelt, ob er aggressiv oder vergleichsweise harmlos ist, wäre im Vergleich zur heutigen Situation sehr viel gewonnen.

Die Epigenetik soll also nicht nur die Krebstherapie an sich umkrempeln. Sie soll die Erfolgsquote zukünftiger Behandlungen erhöhen, indem sie hilft, die Therapie viel individueller auf den Patienten und seinen persönlichen Krebs abzustimmen. Und sie soll der Früherkennung völlig neue Werkzeuge an die Hand geben, die die Erkennung von Tumoren spezifischer machen könnten. Dieses Szenario scheint angesichts der dramatischen Entwicklung der Epigenetik der letzten Jahre durchaus realistisch.

Doch vor einer verfrühten Euphorie sei gewarnt: Noch gibt es kaum Medikamente, die einzelne Krebstypen gezielt bekämpfen. Zudem kennen die Ärzte für viele Karzinome überhaupt noch kein effektives Gegenmittel. In solchen Fällen verlängere eine frühzeitige Diagnose das Leid des Patienten oftmals nur, anstatt ihm zu helfen, weiß Christian Weymayr, Autor und Experte für Krebsfrüherkennung. Die Früherkennung mache viele Betroffene bereits zu einem Zeitpunkt zum Krebskranken, zu dem sie sich noch völlig gesund fühlten. Bestünde keine erfolgversprechende Therapieoption, habe sich nur die unbeschwerte, gesunde Lebenszeit verkürzt.

Epigenetiker könnten jetzt aus diesem Dilemma heraushelfen. Denn sie liefern einen grundsätzlich neuen Beitrag zum Verständnis von Krebs und stärken alle drei großen Säulen der Onkologie zugleich: die Diagnostik, die Therapie und die Individualisierung der Behandlung.

Am Max-Planck-Institut für Informatik in Saarbrücken entwickelt zum Beispiel der junge Forscher Christoph Bock neue Algorithmen, die Methylierungsmuster von Zellen analysieren. Sie liefern dabei unter anderem Hinweise, ob eine Krebszelle mit einer bestimmten Substanz behandelt werden kann oder nicht. Die Datenmengen seien so riesig, sagt der Bioinformatiker, «dass hier die Mathematik einen echten Beitrag zur Medizin leistet».

Wie erfolgreich dieser Beitrag konkret sein kann, verrät ein Projekt aus dem Jahr 2006: Damals entwickelte Bock für den Bonner Immunologen Andreas Waha ein Testverfahren, das bei Patienten mit *malignen Glioblastomen* – einem häufigen und aggressiven Hirntumor – schon vor der Behandlung anzeigt, wie groß die Erfolgsaussichten sind. Die übliche Chemotherapie schlägt nämlich nur bei etwa einem Viertel der Betroffenen an. Bei den restlichen drei Vierteln bleibt die belastende Behandlung erfolglos.

Bock fütterte nun seine Computer mit Daten zu den Methylie-

248   Kapitel 7   Das Epigenomprojekt

rungsmustern verschiedener Glioblastomzellen. Dabei entdeckte er tatsächlich Kriterien, die eine Voraussage erlauben, welche Zelle auf die Therapie ansprechen wird und welche nicht. Bei jenen Patienten, deren Krebs sich von der Chemotherapie zurückdrängen lässt, ist nämlich ein bestimmtes Gen per DNA-Methylierung abgeschaltet, das den resistenten Krebszellen bei der Reparatur der therapiebedingten Schäden helfen würde. So unterstützt eine vergleichsweise einfach durchzuführende, aber sehr zuverlässige diagnostische Auswertung des Epigenoms einer Tumorzelle schon heute eine individualisierte Krebstherapie.

Derzeit arbeitet Bock an einer Verbesserung der Krebsfrüherkennung. Im Rahmen des EU-Projekts *Cancerdip* fahndet er gemeinsam mit mehreren Kollegen aus ganz Europa nach verräterischen Modifikationen im zweiten Code von Leukämie- und Darmkrebszellen. Das Ziel ist die Entwicklung eines Tests, der anhand typischer Muster der Methylgruppen an der DNA von Zellfragmenten erkennt, ob eine Blut- oder Gewebeprobe Spuren eines bislang unentdeckten Tumors enthält.

Solche Tests dürften nicht zuletzt deshalb besonders zuverlässig sein, weil die Methylgruppen «unheimlich fest an die DNA gebunden sind», wie Alex Meissner betont. Sie liefern deshalb einen epigenetischen Fingerabdruck, der sich durch Störungen von außen selbst nach einer längeren Zeit praktisch nicht verändert.

Ein gutes Stück weiter ist auf diesem Gebiet die Berliner Firma Epigenomics. Sie wurde vor etwa zehn Jahren von Alexander Olek, einem Doktoranden des Saarbrücker Genetikers Jörn Walter, gegründet und hat sich seitdem der Entwicklung epigenetischer Tests zur Krebsfrüherkennung verschrieben. Nach Angaben des Unternehmens, das im Jahr 2002 den Deutschen Gründerpreis im Bereich «Visionär» erhielt und seit 2004 an der Börse notiert ist, soll im Jahr 2009 der erste epigenetische Krebsfrüherkennungstest auf den Markt kommen. Er heißt *Septin-9* und diagnostiziert anhand des Methylierungsmusters am *Septin-9*-Gen von Zellen aus dem Blut frühzeitig Krebs in Dick- und Enddarm – angeblich mit einer hohen Trefferquote.

Zugleich forscht Epigenomics an einem Test für die Früherkennung von Lungenkrebs und an einem Verfahren, das helfen soll, frühzeitig die Aggressivität von Tumoren in der Prostata einzuschätzen. Noch bleibt abzuwarten, wie erfolgreich diese Ansätze sind. Bestätigen sie aber das Potenzial, das die Analyse der epigenetischen Fingerabdrücke von Krebszellen theoretisch besitzt, dürften schon bald auch die ganz großen Pharmafirmen auf den Zug aufspringen.

Die neuen Hoffnungsträger

Alleskönner, Tausendsassas, Hoffnungsträger – solche Begriffe tauchen immer wieder auf, wenn es um Stammzellen geht. Gebetsmühlenartig wiederholen Medien und Wissenschaftler die gleiche lange Liste von Krankheiten, die Forscher eines Tages mit den unscheinbaren, mikroskopisch kleinen Zellen therapieren wollen: Diabetes, Parkinson'sche Krankheit, Herzinsuffizienz, Amyotrophe Lateralsklerose (ALS), Unfruchtbarkeit, Querschnittlähmung und so fort.

Parallel zu diesem Schauspiel wird mit mindestens genauso viel Tamtam diskutiert, ob es ethisch verwerflich ist, sogenannte embryonale Stammzellen für Forschungszwecke zu verwenden und damit ein potenzielles Leben zu opfern. Fast unbemerkt macht die Stammzellforschung jedoch riesige, weniger spektakuläre Fortschritte. Biologen lernen dramatisch Neues darüber, wie sich Zellen verändern und entwickeln können. Ganz nebenbei erkennen sie sogar, dass in jedem Organismus ein viel größeres natürliches Potenzial zur Regeneration, Heilung und Verwandlung steckt, als man früher ahnte.

Der Stammzellforscher Gerd Kempermann von der Technischen

Universität Dresden hat darauf gerade erst in seinem lesenswerten Buch «Neue Zellen braucht der Mensch» aufmerksam gemacht. Stammzellen seien geradezu ein Sinnbild für den derzeitigen Wandel in der Biomedizin, schreibt er. Die Wissenschaftler staunten darüber, wie wandelbar ausgewachsene Lebewesen seien, wie sehr man sie noch formen könne: «Wir waren es in der Biologie gewohnt, vom Gegebenem, von dem, ‹was ist›, auszugehen und uns in einer Kette von aufzuklärenden Kausalitäten zurückzufragen zur ersten Ursache.» Die Stammzellbiologie habe nun die Blickrichtung umgekehrt. Heute würden er und seine Kollegen Zellen betrachten und sich überlegen, was sie aus ihnen machen können. Stammzellen seien ein «Ausdruck von Möglichkeiten» geworden. Sie «werden über das Mögliche definiert, das in ihnen steckt».

Stammzellen heißen so, weil von ihnen andere Zellen abstammen, erklärt Kempermann ganz schlicht. Aus der Sicht der Epigenetiker bedeutet dies, einige Schalter am Erbgut der Stammzellen, die ihre biologische Entwicklung und somit ihre Identität zum Beispiel als Nerven- oder Darmschleimhautzelle determinieren, sind noch nicht endgültig umgelegt. Die Zellen warten noch auf Signale, die ihnen das Zeichen geben, solche Gene dauerhaft und weitgehend unumkehrbar an- oder auszuschalten. Ist das erst mal geschehen, ist die Zelle ein Stück ausgereifter, unflexibler geworden und hat sich ihrer endgültigen Aufgabe weiter angenähert.

Die Stammzellen mit dem größten Potenzial sind dabei in der Tat embryonale Zellen, weil sie noch ganz am Anfang der Entwicklung stehen – auf dem obersten Hügel in Waddingtons Bild von der epigenetischen Landschaft. Sogenannte adulte Stammzellen oder Vorläuferzellen sitzen dagegen in spezifischen Organen des erwachsenen Organismus, etwa in der Haut, im blutbildenden Knochenmark oder im Gehirn. Aus ihnen können meist nur noch die Zelltypen entstehen, die der Körper für die Regeneration dieses bestimmten Organs braucht.

Viele der entscheidenden biochemischen Weichenstellungen auf diesem langen Weg vom ersten Embryonalstadium – der *Blastozyste* – zu einer der etwa 200 möglichen komplett ausdifferenzierten Körperzellen gehen auf Veränderungen des Histon-Codes, der DNA-Methylierungen oder auf RNA-Interferenzen zurück. Oft ergänzen sich die epigenetischen Schalter sogar und sorgen gleich doppelt dafür, dass ein Gen nicht mehr aktivierbar ist und eine Zelle ihrer Bestimmung kaum noch entkommen kann.

Kein Wunder, dass Epigenetiker die Stammzellforschung beflügeln wollen – und dass sie umgekehrt hoffen, von dieser Disziplin zu profitieren. «Wir wollen die Zellen besser verstehen», sagt Alex Meissner, der beide Gebiete in Boston kombiniert: «Es geht darum herauszufinden, wie wir das Entwicklungspotenzial von Zellen besser erkennen können.» Schon in ein paar Jahren hofft er, einer Zelle anhand markanter Stellen ihres Epigenoms ansehen zu können, «ob sie noch nach links oder rechts gehen kann oder sich bereits entschieden hat».

Wenn es so weit ist, wissen die Molekularbiologen sicher sehr viel besser als heute, welche Schalter sie noch umlegen müssen, um den Typ einer Zelle zu verändern oder eine Zelle gezielt in eine bestimmte Richtung ausreifen zu lassen. Erst dann werden die Visionen der Stammzellforscher allmählich umsetzbar.

Die Grundidee der Stammzelltherapie ist – ganz unabhängig vom Einsatzgebiet – immer dieselbe: Einem Jungbrunnen gleich sollen die Zellen überall dort für einen gesunden Ersatz sorgen, wo kranke Zellen zugrunde gehen. Für Diabetiker wollen Forscher aus Stammzellen zum Beispiel neue Zellen züchten, die den Blutzuckerspiegel regulieren und Insulin ausschütten. Diese wollen sie dann in die kränkelnde Bauchspeicheldrüse einpflanzen. Für Menschen mit der Parkinson'schen Krankheit wollen sie genügend neue Nervenzellen heranziehen, die den Botenstoff Dopamin erzeugen, um die im Gehirn absterbenden Zellen gleichen Typs zu ersetzen. Und dem geschwächten Herzmuskel von Infarktopfern wollen sie mit frischen Zellen auf die Sprünge helfen, damit er regenerieren kann.

Doch was vom Konzept her so überzeugend klingt, ist ungleich komplizierter, als viele in den Anfängen der Stammzellforschung dachten. Damit das Immunsystem das Ersatzgewebe nicht abstößt, sollten die Zellen, aus denen dieses gezüchtet wurde, mit dem Empfänger genetisch identisch sein. Das gelang bis vor kurzem aber nur im Tierversuch mit embryonalen Stammzellen, die aus wenige Tage alten Klonen stammten. Doch die Methode ist ethisch hochproblematisch, weil solche Klone theoretisch lebensfähig sind. Zudem ist das Verfahren wegen zahlreicher technischer Schwierigkeiten nur für Forschungszwecke geeignet.

Im Jahr 2007 ließen dann gleich zwei Teams von Genetikern aufhorchen, weil es ihnen gelungen war, das Epigenom menschlicher Körperzellen auf künstliche Weise in das früheste Stammzellstadium zurückzuversetzen. Das war eine echte wissenschaftliche Sensation, denn es zeigte, dass das Klonen als therapeutische Methode ersetzbar ist. Die Forscher hatten die Zellen mit Hilfe vierer eingeschleuster Gene umprogrammiert. Offensichtlich sind diese Gene auch in einer Eizelle aktiv, die sich kurz nach ihrer Befruchtung epigenetisch auf «Lebensbeginn» zurückstellt.

Auf diese Weise entstandene Zellen werden *induzierte pluripotente Stamm-Zellen (iPS-Zellen)* genannt. *Pluripotenz* heißt, sie können sich theoretisch in jede Körperzelle entwickeln. Und *induziert* sind sie, weil ihr embryoähnlicher Zustand artifiziell herbeigeführt wurde. Dass ihr Epigenom mit dem einer echten embryonalen Stammzelle identisch ist und dass sie das gleiche Potenzial wie diese haben, zeigten Marius Wernig, Alex Meissner und weitere Mitarbeiter aus dem Bostoner Team von Rudolf Jaenisch. Sie verglichen die DNA-Methylierungen, den Histon-Code und die Genaktivitätsmuster von *iPS-Zellen* der Maus mit den epigenetischen Schaltern an echten embryonalen Stammzellen –

und fanden keine Unterschiede. Außerdem fügten sich die Zellen problemlos in echte Mausembryonen ein und entwickelten sich später zu jedem denkbaren Gewebetyp.

Nicht das Klonen, sondern «die Reprogrammierung von Zellen ist derzeit die einzige realistische Option», sagte mir Jaenisch am Rande des Berliner Genetik-Kongresses im Jahr 2008. Dort präsentierte er auch faszinierende neue Experimente aus seinen Labors, bei denen die pluripotenten Mauszellen bereits zur Behandlung kranker Tiere eingesetzt wurden. Sein Fazit: «Wir wissen inzwischen, dass die Stammzelltherapie prinzipiell funktioniert.»

In einer der Studien sorgte ein Team um Marius Wernig dafür, dass sich *iPS-Zellen* ein Stück weit in Richtung Gehirnzelle entwickelten. Dann pflanzten sie die Zellen in das Gehirn junger Mäuse ein. Dort verwandelten sie sich tatsächlich in verschiedene Zelltypen und fügten sich sinnvoll in das Organ ein. Einige Zellen ließen die Forscher im Reagenzglas sogar bis zu jenen dopaminproduzierenden Zellen ausreifen, die bei Parkinson-Patienten massenhaft sterben. Diese pflanzten die Forscher in das Gehirn von fünf parkinsonkranken Ratten. Und tatsächlich besserte sich der Zustand von vier Tieren binnen weniger Wochen deutlich.

Im anderen Modellversuch behandelte Jacob Hanna mit Kollegen Mäuse, die eine Art Sichelzellenanämie hatten. Dabei sorgt ein defektes Gen für eine Störung der roten Blutkörperchen. Zunächst entnahmen die Forscher Zellen aus dem Schwanz der Mäuse und reprogrammierten sie zu *iPS-Zellen*. In diesen Zellen ersetzten sie das fehlerhafte Gen durch ein korrektes und ließen sie dann zu Vorläufern von Blutzellen reifen. Die pflanzten sie wiederum in das Knochenmark dreier Tiere ein, das zuvor möglichst vollständig durch Bestrahlungen zerstört worden war, damit sie sich dort vermehrten und gesunde Blutkörperchen bildeten. Das machte die Mäuse zwar nicht schlagartig gesund, da sie nach wie vor ein paar Blutstammzellen mit dem fehlerhaften Gen besaßen, aber ihr Zustand besserte sich deutlich. «Mit dieser Methode könnten wir theoretisch alle möglichen Arten von Knochenmarkskrankheiten behandeln», sagt Jaenisch.

Im Frühjahr 2009 zeichnete sich dann sogar ab, dass Ärzte die Methode bald auch beim Menschen testen können. Gleich mehrere Forscherteams stellten nämlich binnen weniger Wochen verschiedene Methoden vor, wie sich das bis dato größte Problem der *iPS-Zellen* wahrscheinlich lösen lässt. Denn die vier Gene, die Stammzellforscher für die Reprogrammierung einpflanzen müssen, lösen in vielen Fällen Krebs aus. In aller Welt suchten die Experten deshalb fieberhaft nach Wegen, Zellen auch ohne diese Gene in den pluripotenten Zustand zurückzuversetzen.

Zunächst veröffentlichten die Stammzellforscher Jeong Beom Kim und Hans Schöler vom Max-Planck-Institut für molekulare Biomedizin in Münster, dass sie adulte Stammzellen sogar mit nur einem Gen in das embryonale Stadium zurückversetzen können. Dann folgten Frank Soldner und Rudolf Jaenisch mit der Veröffentlichung einer Methode, die *iPS-Zellen* fast ohne jede Spuren fremder Gene erzeugt. Die Bostoner benutzten zwar noch immer einen Virus, entfernten dessen Gene nach der Reprogrammierung aber wieder weitgehend. Ähnlich gingen fast zur gleichen Zeit Knut Woltjen und Kollegen aus Toronto vor – mit vergleichbaren Ergebnissen.

Und kurz darauf publizierte Junying Yu aus dem Team von James Thomson – das ist der US-Amerikaner, der einst als Erster überhaupt menschliche embryonale Stammzellen gewonnen hatte – einen anderen Trick. Sie brachte die Viren-Gene in einer Erscheinungsform in die Zelle, die sich nicht in die DNA des Menschen einbaut und deshalb bei späteren Zellteilungen manchmal von allein verschwindet. Diese Zellen müssen dann nur noch isoliert werden.

«Das Problem der Reprogrammierung ist im Grunde gelöst», urteilte Rudolf Jaenisch, schon ein gutes halbes Jahr bevor diese dramatischen Fortschritte bekannt wurden. In absehbarer Zeit habe man das Verfahren vermutlich so gut verstanden, dass man geeignete Körperzellen auch ohne Gentechnik in Stammzellen verwandeln könne – allein mit einem Mix verschiedener, von außen zugeführter Substanzen, die das Epigenom zur passenden Umschaltung veranlassen. Dann müsse man nur noch herausbekommen, wie, in welche Richtung und wie weit man die Stammzellen vor dem Zurückpflanzen in den Körper des Patienten am besten ausdifferenziere, damit die Heilungschance am größten und das Krebsrisiko am kleinsten seien.

Und dabei sind natürlich wieder die Epigenetiker gefordert: Sie erkunden, welche Schalter eine Zelle während ihrer Entwicklung umlegt. Damit helfen sie den Stammzellforschern, die richtigen Ansatzpunkte für eine gezielte Manipulation der Zellen zu finden. Noch ist es nämlich gar nicht so einfach, eine Stammzelle exakt in die Richtung ausreifen zu lassen, in die man sie haben möchte, zum Beispiel in eine Nerven- oder eine Herzmuskelzelle.

Sehr wahrscheinlich macht die Epigenetik die Stammzelltherapie eines Tages sogar überflüssig. Wenn die Wissenschaftler nämlich erst gelernt haben, direkt vom epigenetischen Programm einer ausdifferenzierten Zelle in das einer anderen umzuschalten, können sie zum Beispiel eine Hautzelle in eine Nervenzelle verwandeln oder eine Hodenzelle in eine insulinproduzierende Bauchspeicheldrüsenzelle und so weiter.

Bei Mauszellen ist das im Ansatz bereits gelungen. Bis es auch bei Menschen und mit all seinen verschiedenen Zelltypen gelingt, dürfte es noch eine ganze Weile dauern. Aber spätestens dann hat sich der Umweg über die Stammzellen erledigt.

Den zweiten Code verändern: Die Medizin der Zukunft?

Das führende US-amerikanische Wissenschaftsmagazin *Science* kürt alljährlich Ende Dezember den *breakthrough of the year.* Es ist eine Top-Ten-Liste jener Forschungstrends, die nach Meinung der äußerst sachkundigen Redaktion das vergangene Wissenschaftsjahr entscheidend prägten und die die vielversprechendsten Impulse für die Zukunft lieferten.

Im Jahr 2007 hatte es die erstmalige Erschaffung menschlicher *iPS-Zellen* bereits auf Platz zwei der Liste geschafft. Im Jahr 2008 war dann das gesamte Gebiet der Reprogrammierung von Zellen auf die erste Position vorgerückt. Indem die Biologen herausgefunden hätten, wie man die Entwicklungsuhr von Zellen zurückdrehen kann, seien ihnen völlig neue Einsichten in Krankheiten und in die Art und Weise gelungen, wie Zellen ihr biologisches Schicksal bestimmten, begründete die Redaktion ihre Entscheidung. Und tatsächlich könnte eine gezielte Veränderung des zweiten Codes die Medizin in Zukunft grundlegend verändern.

Dabei finden gleich zwei Entwicklungen gleichzeitig statt: Zum einen lernen die Wissenschaftler, wie sie die Epigenome von Zellen lesen, interpretieren und pharmakologisch verändern können. Das dürfte die Diagnostik und die Therapie zahlreicher Krankheiten voranbringen. Zum anderen begreifen sie immer besser, wie, wann und mit welchen langfristigen Folgen die Umwelt im Laufe eines Lebens mit dem Erbgut kommuniziert. Das eröffnet völlig neue Ansatzpunkte für effektive Vorsorgeprogramme – und bietet Chancen für jeden Menschen, sein biomedizinisches Schicksal oder das seiner Kinder selbst in die Hand zu nehmen.

So ist die Epigenetik auf dem besten Weg, entscheidend dazu beizutragen, dass viele gefährliche Leiden in Zukunft besser erkannt und therapiert werden können und sie so ihren Schrecken verlieren. Dank der Erforschung des zweiten Codes könnten schon in wenigen Jahrzehnten ungleich mehr Menschen als heute ein hohes Alter erreichen und dabei geistig und körperlich länger fit bleiben.

Wie sehr die Biomedizin vom neuen Wissen profitiert, habe ich gerade geschildert: Pharmazeutische Hemmstoffe für die epigenetischen Enzyme, die die DNA oder Histone modifizieren, werden im Kampf gegen Krebs eingesetzt oder befinden sich in klinischen Versuchsreihen. Die Krebsdiagnostik durch epigenetische Tests wird immer aussagekräftiger. Und die Stammzellgewinnung und -therapie konnte dank Erforschung und Analyse der Epigenome wesentlich verbessert werden.

Große Hoffnung setzen die Mediziner zudem in neue Medikamente zur Behandlung von Gehirnerkrankungen aller Art und zur Unterstützung oder Korrektur des körpereigenen Immunsystems. Die ersten Ideen zu einer epigenetischen Therapie von Depression, Borderline-Syndrom oder einer Posttraumatischen Belastungsstörung entwickeln Hirnforscher bereits. Und eine gezielte Umprogrammierung des zweiten Codes von Immunzellen könnte das Gedächtnis der Krankheitsabwehr stabilisieren und so einen völlig neuen Ansatz zur Behandlungs von Autoimmunkrankheiten liefern. Leiden wie Asthma, Neurodermitis, Morbus Crohn oder Rheumatoide Arthritis wären davon betroffen.

Auch die Entdeckung der RNA-Interferenz dürfte zu einer neuen Art von Medikamenten anregen, die den Mechanismus eines Tages nutzen werden, um krankmachende Gene gezielt abzuschalten. Dazu muss es allerdings erst gelingen, passende RNA-Stückchen in die richtigen Zellen zu lotsen – noch ein sehr schweres, kaum gelöstes Unterfangen. Klar ist inzwischen: Jeder menschliche Zelltyp scheint seinen eigenen Satz an Mikro-RNAs zu haben, mit denen er Einfluss auf die Genregulation nimmt.

258   Kapitel 7   Das Epigenomprojekt

Läuft dabei etwas schief, kann das Krankheiten auslösen, die sich theoretisch mit einer Korrektur der RNA-Interferenz kurieren lassen.

Im Tiermodell funktioniert dieser Ansatz bereits. Thomas Thum von der Universität Würzburg und ein internationales Forscherteam stellten im Jahr 2008 die Resultate ihrer Experimente mit Mäusen vor, die an Herzschwäche litten – bei Menschen immerhin eine der häufigsten Todesursachen. Die Forscher hatten herausgefunden, dass in den Herzbindegewebszellen der kranken Tiere die Mikro-RNA mit der Nummer 21 ungewöhnlich oft vorkam. Sie sorgt dafür, dass im Herz zu viele Bindegewebszellen wachsen, was den Herzmuskel schwächt. Thum und Kollegen gaben den Mäusen *Antagomir-21*, ein Protein, das gezielt die Aktivität der Mikro-RNA-21 hemmt – und tatsächlich linderten sie damit die Krankheit.

Die Forscher konnten sogar belegen, dass bei Menschen mit Herzschwäche in den gleichen Zellen die gleichen epigenetischen Fehlregulationen ablaufen wie bei den Mäusen. Deshalb sind sie optimistisch, auf dem besten Weg zu einer neuartigen Behandlung zu sein. «Gegenwärtige Therapien können das Fortschreiten der Herzinsuffizienz lediglich verlangsamen, jedoch meist nicht heilen. Unsere Ergebnisse zeigen erstmals einen Weg, wie diese Krankheit durch Regulation von Mikro-RNA behandelt werden könnte», sagt Stefan Engelhardt, einer der Hauptautoren der Studie.

Der Berliner Geburtsmediziner Andreas Plagemann macht auf die zweite Gesundheitsrevolution aufmerksam, die die Epigenetik auslösen dürfte: «Vielleicht sogar *die* wichtigste praktische Potenz» der neuen Wissenschaft «liegt in der künftigen Präventivmedizin». So habe man inzwischen erkannt, welch bedeutende physiologische Strukturen sich bereits im Mutterleib und in den ersten Lebensjahren eines Menschen einjustieren. Wer hier mit sinnvollen Vorsorgemaßnahmen ansetze, könne langfristig die Gesundheit eines ganzen Volkes zum Positiven verändern.

Das betrifft natürlich die Vorsorge vor Übergewicht und dem Metabolischen Syndrom. Es betrifft aber auch die geistigen und sozialen Lebensbedingungen, in denen wir unsere Kinder aufwachsen lassen: Wir sollten ihnen so viele Anregungen und so viel Zeit, Gelassenheit und Liebe wie möglich entgegenbringen, damit sie selbst zu starken Persönlichkeiten werden.

Doch nicht nur auf Schwangere, junge Eltern und Kinder sollte sich die epigenetisch ausgerichtete Vorsorge konzentrieren. Fast alle von uns ignorieren noch immer die vielen guten allgemeinen Ratschläge für eine gesündere Lebensführung. Ihnen verleiht die Erforschung des zweiten Codes einen derartigen Nachdruck, dass sie kaum noch auszublenden sind. Die Botschaft der Epigenetiker: Wir sollten den inneren Schweinehund ein für alle Mal besiegen und uns endlich mehr bewegen, gesünder ernähren und mit unseren Kindern besonders liebevoll umgehen. Ärzte sollten diese Tipps häufiger anstelle von Medikamenten verordnen, Patienten sollten sie konsequenter umsetzen, und alle gesundheitsbewussten Menschen sowie sämtliche Eltern sollten sie tief verinnerlichen.

Denn wir haben tatsächlich gute Chancen, die Macht über unser Erbgut zurückzugewinnen. Wir sind so frei.

SCHLUSSWORT

Wie wir unser Erbgut steuern können

Ginge es mir darum, das große Geld zu verdienen, wüsste ich, was nun zu tun wäre: rasch eine Firma gründen, eine Marke schützen lassen und an dieser Stelle verkünden, wo man die richtige «epigenetische Nahrung» beziehen kann, wer die wahren «epigenetischen Psychotherapeuten» sind und in welchen Kursen man die besten Ratschläge zur «epigenetischen Kindererziehung» erhält.

Doch das wäre pure Scharlatanerie. Denn diese junge Wissenschaft ist noch lange nicht so weit, dass sich ihre Erkenntnisse auf ein marktgerechtes Format herunterbrechen lassen. Zu 99 Prozent spielt sich die Epigenetik heute im Elfenbeinturm der Grundlagenforschung ab. Erst allmählich beginnt sie, die Biomedizin zu revolutionieren. Und es gibt zwar Untersuchungen, die belegen, dass wir unser Erbgut zumindest theoretisch selbst steuern können – und vermutlich völlig unbewusst tagtäglich aktiv steuern. Aber diese erklären noch lange nicht, wie und mit welchen Signalen wir die Epigenome unserer Zellen am besten in eine positive Richtung umprogrammieren.

Die eigentliche Botschaft der Epigenetik habe ich in diesem Buch schon oft erwähnt. Sie lautet nicht: «Folge der Behandlung A.» Oder: «Iss das Nahrungsergänzungsmittel B.» Oder: «Mache es dir einfach, renne zum berühmten Heilkundler und Therapeuten C und schmeiße ihm viel Geld in den Rachen, damit er dich gesund macht und dir ein langes Leben schenkt.» Sie lautet schlicht: «Tue so regelmäßig wie möglich immer wieder etwas für deine Gesundheit und deine Entspannung. Achte auf das, was du isst. Gönne deinem Körper die Bewegung, nach der er verlangt, und am besten noch ein wenig mehr. Behandele deine Kinder immer aufmerksam, ohne Aggressionen und fürsorglich und sorge dafür, dass dir dabei auch noch genügend Zeit für dich selbst bleibt.»

Das alles scheint so einfach. Es klingt noch nicht mal neu oder besonders trendig. Jeder kennt diese Tipps, jeder weiß, dass sie richtig sind. Und doch sind sie so schwer umzusetzen – weil uns kein Arzt, Therapeut oder Guru die Verantwortung für uns selbst abnehmen kann. Wir entscheiden nun mal zu einem Großteil selbst darüber, in welcher Umwelt wir leben. Damit meine ich nicht, wie wohlhabend wir sind oder in welchem Stadtviertel wir aufwachsen. Es geht um so triviale Dinge wie: ob wir den Fahrstuhl oder die Treppe benutzen, das Fahrrad oder das Auto; ob wir unsere Freizeit immer nur vorm Fernseher und beim Brunchen und Kuchenessen verbringen oder häufig spazieren gehen und gesunde Mahlzeiten aus frischen, hochwertigen Lebensmitteln zubereiten; ob wir uns Zeit für ausreichend Schlaf und Entspannung sowie für unsere un- oder neugeborenen Kinder nehmen oder rund um die Uhr schuften.

Epigenetiker sind keine Gesundheitsapostel. Und ihre Erkenntnisse sollen auch nicht dazu führen, dass wir alle nur noch sportlich und asketisch leben. Die gelegentliche Portion Pommes frites, der mäßige Alkoholkonsum, faule Abende im Fernsehsessel: All das ist erlaubt, wenn es nicht zur regelmäßigen Angewohnheit wird, die auf Dauer den Stoffwechsel beeinflusst und epigenetische Programme verstellt. Die gesunde, halbwegs stressfreie Lebensweise sollte die Regel sein, die ungesunde die Ausnahme. Nicht umgekehrt.

Das wirklich neue an der Epigenetik ist, dass sie uns erklärt, wo und wie ein gesunder Lebensstil unseren Körper und Geist verändert. Und dass sie uns die Augen dafür öffnet, wie dauerhaft

262   Schlusswort

und tief sich die negativen Folgen eines ungesunden Verhaltens in die Zellen des Gehirns und des Stoffwechsels eingraben.

Wichtig ist zu wissen, dass es sensible Phasen im Leben gibt, in denen die Epigenome besonders empfindlich auf äußere Reize reagieren. Die Zeit im Mutterleib und nach der Geburt sind solche Phasen. Schwangere sollten deshalb Zeit für genügend Schlaf und den Abbau ungesunden Dauerstresses haben. Sie sollten niemals Alkohol trinken, sogar mit Kaffee oder Tee zurückhaltend sein, besonders viel frisches Obst und Gemüse und auch sonst sehr abwechslungsreich essen und sich frühzeitig auf Schwangerschaftsdiabetes testen lassen. Die werdenden Väter sollten sie bestmöglich unterstützen und ihnen Arbeit abnehmen, wann immer es geht. Und beide Eltern sollten darauf achten, dass ihre Kinder nicht bereits in jungen Jahren übergewichtig werden.

Natürlich sind auch dann die möglichst lange, gute Gesundheit sowie die ausgeglichene, einnehmende Persönlichkeit nicht garantiert. Aber die Wahrscheinlichkeit, beides zu erlangen, steigt.

Im Light-Format, ohne allzu große körperliche und mentale Mühe, funktioniert diese Art der positiven Beeinflussung des zweiten Codes indes wohl kaum. Die langlebigen Bewohner der Inselgruppe Okinawa halten ihre *Body-Mass-Indizes* zeitlebens unter schlanken 22 – wer das schaffen will, muss sich immer viel bewegen und darf sich nicht allzu kalorienreich ernähren.

Auch Patienten, die aus eigener Kraft etwas für ihre Genesung tun wollen, bekommen nichts geschenkt: Ärzte, die ein Bewegungsprogramm für Krebskranke entworfen haben, verordnen beispielsweise nicht weniger als eine Wanderung über die Alpen. Und wer eine Vorstufe von Diabetes hat, der Zuckerkrankheit aber mit einer Änderung des Lebensstils entkommen will, muss dafür mindestens fünf Prozent seines Körpergewichts abnehmen, mindestens 30 Minuten täglich spazieren gehen und seine Ernährung auf gesunde Kost umstellen – mit weniger gesättigten und mehr ungesättigten Fettsäuren sowie vielen Ballaststoffen. Ist man bereits Diabetiker, sollte man nach den Erfahrungen der Ärzte im Laufe einer Woche sogar mindestens viereinhalb Stunden so stark Sport treiben, dass man ins Schwitzen kommt. Nur so besteht die Chance, gefährlichen Spätfolgen vorzubeugen.

Selbstverständlich helfen solche Maßnahmen gesunden Menschen mindestens so viel wie kranken. Denn mit ihnen können sie das Auftreten bedrohlicher Altersleiden höchstwahrscheinlich entscheidend hinauszögern.

In welche Richtung wir unser Erbgut – und vielleicht sogar das unserer Kinder und Enkel – steuern, ist folglich zum größten Teil unseren eigenen Entscheidungen und denen unserer Eltern überlassen. Politik und Gesundheitswesen können immerhin mit ein paar Maßnahmen nachhelfen: Sie könnten für eine deutlich bessere Beratung und Entlastung werdender Eltern sorgen. Sie könnten eine leichtverständliche und verpflichtende Kennzeichnung von Lebensmitteln einführen, die anzeigt, wie gesund Produkte wirklich sind. Sie könnten den Schulsport und Sportvereine mit großen Jugendabteilungen viel mehr als heute unterstützen. Sie könnten dafür sorgen, dass es mehr Erzieher und Lehrer gibt, die noch dazu psychologisch besser ausgebildet und betreut werden. Und sie könnten mit Finanzspritzen für Kindergärten und Schulkantinen dafür sorgen, dass Kindern ein gesünderes Essen aufgetischt wird.

Natürlich können wir unsere Epigenome auch im Alter noch in eine positive Richtung verstellen. Doch je früher im Leben gesundmachende Einflüsse auf unsere Epigenome wirken, desto größer ist der langfristige Erfolg. Denn gerade die Schalter des zweiten Codes, die unsere Zellen als erste installieren, halten oft ein Leben lang.

ANHANG

Literatur

Aggarwal, S., Ichikawa, H., *und andere:* Curcumin (Diferuloylmethane) down-regulates expression of cell proliferation and antiapoptotic and metastatic gene products through suppression of IKBa kinase and Akt activation. Molecular Pharmacology 69, S. 195, 2006.

Alastalo, H., Räikkönen, K., *und andere:* Cardiovascular health of Finnish war evacuees 60 years later. Annals of Medicine 41, S. 66, 2009.

Albrecht, H.: Großvaters Erblast. Die Zeit 37, 2003.

Allis, C.D., Jenuwein, T., und Reinberg, D.: Overview and concepts. In: Epigenetics, C.D. Allis, T. Jenuwein, D. Reinberg (Hrsg.). Cold Spring Harbor Laboratory Press, Cold Spring Harbor, S. 23, 2007.

Amrhein, C.: Forscher raten: Kein Koffein in der Schwangerschaft. www.wissenschaft.de, 18. 12. 2008.

Anstay, M.L., Rogers, S.M., *und andere:* Serotonin mediates behavioural gregarization underlying swarm formation in desert locusts. Science 323, S. 627, 2009.

Anway, M.D., Cuoo, A.S., *und andere:* Epigenetic transgenerational actions of endocrine disruptors and male fertility. Science 308, S. 1466, 2005.

AP/viw/bilu: Junkfood-Babys. www.sueddeutsche.de. URL: /gesundheit/264/308212/text/, 1. 9. 2008.

Arai, J., Li, S., *und andere:* Transgenerational rescue of a genetic defect in long-term potentiation and memory formation by juvenile enrichment. Journal of Neuroscience 29, S. 1496, 2009.

Bachmann, K.: Was den Menschen prägt. Geo 4, 2007.

Bahnsen, U.: Erbgut in Auflösung. Die Zeit 25, 2008.

Balasubramanyam, K., Varier, R.A., *und andere:* Curcumin, a novel p300/CREB-binding protein-specific inhibitor of acetyltransferase, represses the acetylation of Histone/nonhistone proteins and Histone acetyltransferase-dependent chromatin transcription. The Journal of Biological Chemistry 279, S. 51163, 2004.

Bandelow, B.: Das Angstbuch. Rowohlt, Reinbek 2004.

Barker, D. J. P.: The developmental origins of well-being. Philosophical Transactions of the Royal Society of London B 359, S. 1359, 2004.

Barker, D. J.: The origins of the developmental origins theory. Journal of Internal Medicine 261, S. 412, 2007.

Barrot, M., Wallace, D. L., und andere: Regulation of anxiety and initiation of sexual behaviour by CREB in the nucleus accumbens. PNAS 102, S. 8357, 2005.

Bauer, J.: Das Gedächtnis des Körpers. Piper, München 2004.

Bauer, J.: Unser flexibles Erbe. Gehirn & Geist 9, 2007.

Bauer, J.: Das kooperative Gen. Hoffmann und Campe, Hamburg 2008.

Bayer AG: Die Medizin der Zukunft. Bayer research 12, 2000.

Befroy, D. E., Peterson, K. F., und andere: Increased substrate oxidation and mitochondrial uncoupling in skeletal muscle of endurance-trained individuals. PNAS 105, S. 16701, 2008.

Berndt, C.: Gewichtiger Kurvenknick. www.sueddeutsche.de. URL.: /gesundheit/artikel/459/176923/, 28. 5. 2008.

Berndt, C.: 115 und kein bisschen Alzheimer. Süddeutsche Zeitung, 11. 6. 2008.

Bernstein, B. E., Meissner, A., und Lander, E. S.: The mammalian epigenome. Cell 128, S. 669, 2007.

Berton, O., McClung, C. A., und andere: Essential role of BDNF in the mesolimbic dopamine pathway in social defeat stress. Science 311, S. 864, 2006.

Bjornsson, H. T., Sigurdsson, M. I., und andere: Intra-individual change over time in DNA methylation with familial clustering. Journal of the American Medical Association 299, S. 2877, 2008.

Blech, J.: Jagd nach Methusalem-Genen. Der Spiegel 18, 2004.

Blech, J.: Bewegung auf Rezept. Spiegel Online, 16. 01. 2009.

Bosch, O. J., und Neumann, I. D.: Brain vasopressin is an important regulator of maternal behavior independent of dam's trait anxiety. PNAS 105, S. 17139, 2008.

Breuer, H.: Der Mann, der die Gene zum Schweigen brachte. Porträt: Thomas Tuschl. Spektrum der Wissenschaft 9, 2008.

Budovskaya, Y. V., Wu, K., und andere: An elt-3/elt-5/elt-6 GATA transcription circuit guides aging in C. elegans. Cell 134, S. 291, 2008.

Bundesministerium für Gesundheit: Studie der Charité: 58 % der Schwangeren trinken Alkohol. Pressemitteilung vom 9. 9. 2008.

Buiting, K., Groß, S., und andere: Epimutations in Prader-Willi and Angelman syndromes: a molecular study of 136 patients with an imprinting defect. American Journal of Human Genetics 72, S. 571, 2003.

Bygren, L.O., Kaati, G., und Edvinsson, S.: Longevity determined by paternal ancestors' nutrition during their slow growth period. Acta Biotheoretica 49, S. 53, 2001.

Carmichael, M.: A changing portrait of DNA. Newsweek, 10. 12. 2007.

Cao, X., Wang, H., und andere: Inducable and selective erasure of memories in the mouse brain via chemical-genetic manipulation. Neuron 60, S. 353, 2008.

CARE Study Group: Maternal caffeine intake during pregnancy and risk of fetal growth restriction: a large prospective observational study. British Medical Journal 337, S. a2332, 2008.

Cavalli, G., und Paro, R.: The Drosophila Fab-7 chromosomal element conveys epigenetic inheritance during mitosis and meiosis. Cell 93, S. 505, 1998.

Chan, S.R.W.L., und Blackburn, E.H.: Telomeres and Telomerase. Philosophical Transactions of the Royal Society of London B 359, S. 109, 2004.

Cherkas, L.F., Hunkin, J.L., und andere: The association between physical activity in leisure time and leukocyte telomere length. Archives of Internal Medicine 168, S. 154, 2008.

Chin, E.H., Love, O.P., und andere: Juveniles exposed to embryonic corticosterone have enhanced flight performance. Proceedings of the Royal Society B 276, S. 499, 2009.

Christensen, K., McGue, M., und andere: Exceptional longevity does not result in exceptional levels of disability. PNAS 105, S. 13274, 2008.

Church, D.: The genie in your genes. Elite Books, Santa Rosa 2007.

Crews, D., Gore, A.C., und andere: Transgenerational epigenetic imprints on mate preference. PNAS 104, S. 5942, 2007.

Cubas, P., Vincent, C., und Coen, E.: An epigenetic mutation responsible for natural variation in floral symmetry. Nature 401, S. 157, 1999.

Der Spiegel: «Gene sind nur Marionetten». Heft 45, 2002.

Derwahl, K.-M.: Schilddrüse und Alter: Alter – Altern – Anti-Aging. UMD Medizin Verlag, Berlin 2004.

Deutsche Gesellschaft für Ernährung: Prävention beginnt bereits im Mutterleib. DGE-Aktuell, 28. 01. 2009.

Dhabi, J.M., Kim, H.-J., und andere: Temporal linkage between the phenotypic and genomic responses to caloric restriction. PNAS 101, S. 5524, 2004.

Dolinoy, D.C., Weidman, J.R., und andere: Maternal genistein alters coat color and protects A^{vy} mouse offspring from obesity by modifying the fetal Epigenome. Environmental Health Perspectives 114, S. 567, 2006.

Dolinoy, D.C., Huang, D., und Jirtle, R.L.: Maternal nutrient supplementation counteracts bisphenol A-induced DNA hypomethylation in early development. PNAS 104, S. 13056, 2007.

dpa/AFP/sa: Täglich begehen 17 Ex-Soldaten Selbstmord. Die Welt, 15. 11. 2007.

Ehrenhofer-Murray, A.E.: Chromatin dynamics at DNA replication, transcription and repair. European Journal of Biochemistry 271, S. 2335, 2004.

Entringer, S., Wüst, S., und andere: Prenatal psychosocial stress exposure is associated with insulin resistance in young adults. American Journal of Obstetrics and Gynecology 199, s. e1, 2008.

Epel, E.S., Blackburn, E.H., und andere: Accelerated telomere shortening in response to life stress. PNAS 101, S. 17312, 2004.

Epel, E.S., Lin, J., und andere: Cell aging in relation to stress arousal and cardiovascular disease risk factors. Psychoneuroendocrinology 31, S. 277, 2006.

Fang, M.Z., Wang, Y., und andere: Tea polyphenol (-)-epigallocatechin-3-gallate inhibits DNA methyltransferase and reactivates methylation-silenced genes in cancer cell lines. Cancer Research 63, S. 7563, 2003.

Felsenfeld, G.: A brief history of epigenetics. In: Epigenetics, C.D. Allis, T. Jenuwein, D. Reinberg (Hrsg.). Cold Spring Harbor Laboratory Press, Cold Spring Harbor, S. 15, 2007.

Fire, A., Xu, S.Q., und andere: Potent and specific genetic interference by double-stranded RNA in *Caenorhabditis elegans.* Nature 391, S. 806, 1998.

Flachsbart, F., Caliebe, A., und andere: Association of FOXO3A variation with human longevity confirmed in German centenarians. PNAS 106, S. 2700, 2009.

Fontana, L., Meyer, T.E., und andere: Long-term caloric restriction is highly effective in reducing the risk for atherosclerosis in humans. PNAS 101, S. 6659, 2004.

Fraga, M.F., Ballestar, E., und andere: Epigenetic differences arise during the lifetime of monozygotic twins. PNAS 102, S. 10604, 2005.

Franzek, E.J., Sprangers, N., und andere: Prenatal exposure to the 1944–45 Dutch ‹hunger winter› and addiction later in life. Addiction 103, S. 433, 2008.

Fries, A.B.W., Ziegler, T.E., und andere: Early experience in humans is associated with changes in neuropeptides critical for regulating social behavior. PNAS 102, S. 17237, 2005.

Fries, A.B., Shirtcliff, E.A., und Pollak, S.D.: Neuroendocrine dysregulation following early social deprivation in children. Developmental Psychobiology 50, S. 588, 2008.

Gilbert, S. F.: Diachronic biology meets evo-devo: C. H. Waddington's approach to evolutionary development biology. American Zoologist 11, 2000.

Geier, M.: Die Brüder Humboldt. Rowohlt, Reinbek 2009.

Golden, E. B., Lam, P. Y., und andere: Green tea polyphenols block the anticancer effects of bortezomib and other boronic acid-based proteasome inhibitors. Blood, Online-Vorabpublikation, 2009.

Gräff, J., und Mansuy, I. M.: Epigenetic codes in cognition and behaviour. Behavioural Brain Research 192, S. 70, 2008.

Greger, V., Passarge, E., und andere: Epigenetic changes may contribute to the formation and spontaneous regression of retinoblastoma. Human Genetics 83, S. 155, 1989.

Groh, C., Tautz, J., und Rössler, W.: Synaptic organiszation in the adult honey bee brain is influenced by brood-temperature control during pupal development. PNAS 101, S. 4268, 2004.

grue: Enzym-Hemmer löst Tod von Tumorzellen aus. Ärzte Zeitung, 28. 4. 2008.

Hanna, J., Wernig, M., und andere: Treatment of sickle cell anemia mouse model with iPS cells generated from autologous skin. Science 318, S. 1920, 2007.

Heijmans, B. T., Tobi, E. W., und andere: Persistent epigenetic differences associated with prenatal exposure to famine in humans. PNAS 105, S. 17046, 2008.

Heitz, E.: Die Herkunft der Chromocentren. Dritter Beitrag zur Kenntnis der Beziehung zwischen Kernstruktur und qualitativer Verschiedenheit der Chromosomen in ihrer Längsrichtung. Planta 18, S. 571, 1932.

Hellhammer, D. H., und Hellhammer, J.: Stress: the brain-body connection. Key Issues in Mental Health 174. Karger, Basel 2008.

Hengstschläger, M.: Die Macht der Gene. Piper, München 2008.

Henikoff, S.: ENCODE and our very busy genome. Nature Genetics 39, S. 817, 2007.

Henikoff, S.: Nucleosome destabilization in the epigenetic regulation of gene expression. Nature Reviews Genetics 9, S. 15, 2008.

Hobom, B.: Böses Erwachen aus der Verjüngungskur? Frankfurter Allgemeine Zeitung, 25. 4. 2007.

Hölldobler, B., und Wilson, E. O.: Ameisen – die Entdeckung einer faszinierenden Welt. Birkhäuser, Berlin 1995.

Hollingsworth, J. W., Maruoka, S., und andere: In utero supplementation with methyl donors enhances allergic airway disease in mice. The Journal of Clinical Investigation 118, S. 3462, 2008.

Holloszy, J.O., und Fontana, L.: Caloric restriction in humans. Experimental Gerontology 42, S. 709, 2007.

Horsthemke, B., und Ludwig, M.: Assisted reproduction: the epigenetic perspective. Human Reproduction Update 11, S. 473, 2005.

Horsthemke, B.: Epimutations in human disease. Current topics in microbiology and immunology 310, S. 45, 2006.

Jablonka, E., und Lamb, M.J.: Evolution in four dimensions: genetic, epigenetic, behavioral, and symbolic variation in the history of life. MIT Press, Cambridge, 2005.

Jia, D., Jurkowska, R.Z., und andere: Structure of Dnmt3a bound to Dnmt3L suggests a model for *de novo* DNA methylation. Nature 449, S. 148, 2007.

Jirtle, R.L., und Skinner, M.K.: Environmental epigenomics and disease susceptibility. Nature Reviews Genetics 8, S. 253, 2007.

Jirtle, R.J., und Weidmann, J.R.: Imprinted and more equal. American Scientist 95, S. 143, 2007.

Kaati, G., Bygren, L.O., und Edvinsson, S.: Cardiovascular and diabetes mortality determined by nutrition during parents' and grandparents' slow growth period. European Journal of Human Genetics 10, S. 682, 2002.

Kaati, G., Bygren, L.O., und andere: Transgenerational response to nutrition, early life circumstances and longevity. European Journal of Human Genetics 15, S. 784, 2007.

Kang, J., Chen, J., und andere: Curcumin-induced histone hypoacetylation: the role of reactive oxygen species. Biochemical Pharmacology 69, S. 1205, 2005.

Karberg, S.: Mach doch mal das Gen aus. Die Zeit 41, 2006.

Karberg, S.: Der Müll in uns. SZ Wissen 19, 2007.

Kastilan, S.: Molekulare Spuren kindlicher Gewalterfahrungen? www.faz.net, 14. 5. 2008.

Kempermann, G.: Neue Zellen braucht der Mensch. Piper, München 2008.

Ketola, M., und Vuorinen, I.: Modification of life-history parameters of *Daphnia pulex* Leydig and *D. magna* Strauss by the presence of *Chaeborus* sp. Hydrobiologia 179, S. 149, 1989.

Khaitovich, P., Hellmann, I., und andere: Parallel patterns of evolution in the genomes and transcriptomes of humans and chimpanzees. Science 309, S. 1850, 2005.

Khashan, A.S., Abel, K.M., und andere: Higher risk of offspring schizophrenia following antenatal maternal exposure to severe adverse life events. Archives of General Psychiatry 65, S. 146, 2008.

Kienast, T., Hariri, A.R., und andere: Dopamine in amygdala gates limbic processing of aversive stimuli in humans. Nature Neuroscience 11, S. 1381, 2008.

Kim, J.B., Sebastiano, V., und andere: Oct4-induced pluripotency in adult neural stem cells. Cell 136, S. 411, 2009.

Klein, S.: Die Glücksformel. Rowohlt, Reinbek 2002.

Klingmann, P.O., Kugler, I., und andere: Sex specific prenatal programming. A risk for fibromyalgia? Annals of the New York Academy of Sciences 1148, S. 446, 2008.

Kouzarides, T., und Berger, S.L.: Chromatin modifications and their mechanism of action. In: Epigenetics, C.D. Allis, T. Jenuwein, D. Reinberg (Hrsg.). Cold Spring Harbor Laboratory Press, Cold Spring Harbor, S. 191, 2007.

Kovacheva, V.P., Davison, J.M., und andere: Raising gestational choline intake alters gene expression in DMBA-evoked mammary tumors and prolongs survival. The FASEB Journal 23, S. 1054, 2009.

Krishnan, V., und Nestler, E.J.: The molecular neurobiology of depression. Nature 455, S. 894, 2008.

Kucharski, R., Maleszka, J., und andere: Nutritional control of reproductive status in honeybees via DNA methylation. Science 319, S. 1827, 2008.

Kuhlendahl, S., Minol, K., und andere: Innovationspotenziale der Epigenomik in der Medizin: Klärung molekularer Ursachen, Diagnoseverfahren und neue Therapien. Genius, Darmstadt, 2007.

LaMonte, M.J., Blair, S.N., und Church, T.S.: Physical activity and diabetes prevention. Journal of Applied Physiology 99, S. 1205, 2005.

Lepikhov, K., und Walter, J.: Differential dynamics of histone H3 methylation at positions K4 and K9 in the mouse zygote. BMC Developmental Biology Bd. 4 (doi:10.1186/1471-213X-4-12), 2004.

Leyk, D., Rüther, T., und andere: Sportaktivität, Übergewichtsprävalenz und Risikofaktoren. Deutsches Ärzteblatt 46, S. 793, 2008.

Li, E., und Bird, A.: DNA methylation in mammals. In: Epigenetics, C.D. Allis, T. Jenuwein, D. Reinberg (Hrsg.). Cold Spring Harbor Laboratory Press, Cold Spring Harbor, S. 341, 2007.

Lipton, B.: Intelligente Zellen. KOHA-Verlag, Burgrain 2007.

Lumey, L.H.: Decreased birthweights in infants after maternal in utero exposure to the Dutch famine of 1944–1945. Paediatric and perinatal epidemiology 6, S. 240, 1992.

Martienssen, R., und Moazed, D.: RNAi and heterochromatin assembly. In: Epigenetics, C.D. Allis, T. Jenuwein, D. Reinberg (Hrsg.). Cold Spring Harbor Laboratory Press, Cold Spring Harbor, S. 151, 2007.

Matzke, M., und Scheid, O. M.: Epigenetic regulation in plants. In: Epigenetics, C. D. Allis, T. Jenuwein, D. Reinberg (Hrsg.). Cold Spring Harbor Laboratory Press, Cold Spring Harbor, S. 167, 2007.

McGowan, P. O., Sasaki, A., und andere: Promoter-wide hypermethylation of the ribosomal RNA gene promoter in the suicide brain. PLoS ONE 3, S. e2085, 2008.

McGowan, P. O., Sasaki, A., und andere: Epigenetic regulation of the glucocorticoid receptor in human brain associates with childhood abuse. Nature Neuroscience 12, S. 342, 2009.

Meaney, M. J., und Szyf, M.: Environmental programming of stress responses through DNA methylation: life at the interface between a dynamic environment and a fixed genome. Dialogues of Clinical Neurosciences 7, S. 103, 2005.

Meissner, A., Mikkelsen, T. S., und andere: Genome-scale DNA methylation maps of pluripotent and differentiated cells. Nature 454, S. 766, 2008.

Miller, C. A., und Sweatt, J. D.: Covalent modification of DNA regulates memory formation. Neuron 53, S. 857, 2007.

Morgan, H. D., Sutherland, H. G., und andere: Epigenetic inheritance at the agouti locus in the mouse. Nature Genetics 23, S. 314, 1999.

Müller-Jung, J.: Leben wir länger, um krank zu werden? Frankfurter Allgemeine Zeitung 212, 10. 9. 2008.

Müller-Lissner, A.: Zunder gegen die Zuckerkrankheit. Der Tagesspiegel 20075, 2008.

Muth, E., Kruse, A., und Doblhammer, G.: Was das Leben Jahre kostet. Demografische Forschung aus erster Hand 3, 2008.

Nakagawa, S., Gemmell, N. J., und Burke, T.: Measuring vertebrate telomeres: applications and limitations. Molecular Ecology 13, S. 2523, 2004.

National Institutes of Health: NIH announces funding for new epigenomics initiative. www.nih.gov/news/health/sep2008/od-29.htm, Zugriff 2008.

Nautiyal, S., DeRisi, J. L., und Blackburn, E. H.: The genome-wide expression response to Telomerase deletion in *Saccharomyces cerevisiae*. PNAS 99, S. 9316, 2001.

Nestler, E. J.: The neurobiology of cocaine addiction. Science & Practice Perspectives 3, S. 4, 2005.

Okinawa Centenarian Study: Website, www.okicent.org/study.html, Zugriff 2008.

Ornish, D., Lin, J., und andere: Increased Telomerase activity and comprehensive lifestyle changes: a pilot study. Lancet Oncology 9, S. 1048, 2008.

Ornish, D., Magbanua, M. J. M., und andere: Changes in prostate gene expression in men undergoing an intensive nutrition and lifestyle intervention. PNAS 105, S. 8369, 2008.

Pembrey, M.E.: Time to take epigenetic inheritance seriously. European Journal of Human Genetics 10, S. 669, 2002.

Pembrey, M.E., Bygren, L.O., und andere: Sex-specific, male-line transgenerational responses in humans. European Journal of Human Genetics 14, S. 159, 2006.

Plagemann, A.: ‹Fetal programming› and ‹functional teratogenesis›: on epigenetic mechanisms and prevention of perinatally acquired lasting health risks. Journal of Perinatal Medicine 32, S. 297, 2004.

Plagemann, A.: A matter of insulin: developmental programming of body weight regulation. Journal of Maternal-Fetal and Neonatal Medicine 21, S. 143, 2008.

Plagemann, A., und Dudenhausen, J. W.: Weichenstellung im Mutterleib. Humboldt-Spektrum 1, 2008.

Popkin, B.M.: Will China's nutrition overwhelm its health care system and slow economic growth? Health Affairs 27, S. 1064, 2008.

Poulsen, P., Esteller, M., und andere: The epigenetic basis of twin discordance in age-related diseases. Pediatric Research 61, S. 38R, 2007.

Rabinowicz, P., Vollbrecht, E. und May, B.: How many genes does it take to make a human being? Genome Biology, http://genomebiology.com/2000/1/2/reports/4013/ 2000.

Rassoulzadegan, M., Grandjean, V., und andere: RNA-mediated non-mendelian inheritance of an epigenetic change in the mouse. Nature 441, S. 469, 2006.

Reich, J.: Ein Fest der Forschung. Die Zeit 27, 2000.

Reich, J.: Der entweihte Mensch. Bild der Wissenschaft 2, 2000.

Renthal, W., und Nestler, E.J.: Epigenetic mechanisms in drug addiction. Trends in Molecular Medicine 14, S. 341, 2008.

Ruhr-Universität Bochum: Neue Strategien gegen Bauchspeicheldrüsenkrebs. Presseinfo 387, 17. 12. 2007.

Schneppen, A.: Mit 70 ein Kind, mit 80 Jugendlicher. www.faz.net, Zugriff 2008.

Schramm, S.: Mein Bauch gehört mir. Die Zeit 33, 2007.

Schröder, T.: Spurensuche an bösartigen Genen. Max Planck Forschung 2, 2008.

Science News Staff: Breakthrough of the year. Reprogramming cells. Science 322, S. 1766, 2008.

Shirtcliff, E.A., Coe, C.L., und Pollak, S.D.: Early childhood stress is associated with elevated antibody levels to herpes simplex virus type 1. PNAS 106, S. 2963, 2009.

Shramek, T.E.: A mother's touch: crucial in child development. www.douglas recherche.qc.ca, Zugriff 2008.

Siegmund, K.D., Connor, C.M., und andere: DNA methylation in the human cerebral cortex is dynamically regulated throughout the life span and involves differentiated neurons. PLoS ONE 9, S. e895, 2007.

Sinclair, K.D., Allegrucci, C., und andere: DNA methylation, insulin resistance, and blood pressure in offspring determined by maternal periconceptional B vitamin and methionine status. PNAS 104, S. 19351, 2007.

Singh, G., und Klar, A.J.S.: A hypothesis for how chromosome 11 translocations cause psychiatric disorders. Genetics 177, S. 1259, 2007.

Skinner, M.K., Anway, M.D., und andere: Transgenerational epigenetic programming of the brain transcriptome and anxiety behaviour. PLoS ONE 11, S. e3745, 2008.

Soldner, F., Hockemeyer, D., und andere: Parkinson's disease patient-derived induced pluripotent stem cells free of viral reprogramming factors. Cell 136, S. 964, 2009.

Sorger, M.: Insulintherapie in der Schwangerschaft. Der Diabetologe 4, S. 535, 2008.

Spork, P.: Das Schlafbuch. Rowohlt, Reinbek 2007.

Spork, P.: Das Schnarchbuch. Rowohlt, Reinbek 2007.

Stice, E., Spoor, S., und andere: Relation between obesity and blunted striatal response to food is moderated by TaqlA A1 allele. Science 322, S. 449, 2008.

Swaminathan, N.: How to make – or break – memory. Scientific American News, 14. März 2007.

Szyf, M., McGowan, P., und Meaney, M.J.: The social environment and the epigenome. Environmental and Molecular Mutagenesis 49, S. 46, 2008.

Szyf, M.: Epigenomics and its implications for medicine. In: Genomic and Personalized Medicine, 2-vol set, H.F. Willard und G.F. Ginsburg (Hrsg.). Academic Press, Oxford, S. 60, 2008.

Szyf, M.: The role of DNA hypermethylation and demethylation in cancer and cancer therapy. Current Oncology 15, S. 772, 2008.

The Epigenome Network of Excellence: Website, www.epigenome.eu, Zugriff 2008.

Thum, T., Gross, C., und andere: MicroRNA-21 contributes to myocardial disease by stimulating MAP kinase signalling in fibroplasts. Nature 456, S. 980, 2008.

Time Magazine: Person of the year. Time, 8. 11. 2007.

Tsankova, N.M., Berton, O., und andere: Sustained hippocampal chromatin regulation in a mouse model of depression and antidepressant action. Nature Neuroscience 9, S. 519, 2006.

Tsankova, N., Renthal, W., und andere: Epigenetic regulation in psychiatric disorders. Nature Reviews Neuroscience 8, S. 355, 2007.

University of Leeds: Flexible genes allow ants to change destiny. Pressemitteilung vom 24. 05. 2007.

Victoria, C.G., Adair, L., und andere: Maternal and child undernutrition: consequences for adult health and human capital. The Lancet 371, S. 340, 2008.

Von Randow, G., und Sentker, A.: Technisches Leben, lebende Technik. Die Zeit 27, 2000.

Waddington, C.H.: An introduction to modern genetics. Macmillan, New York 1939.

Walter, J., und Paulsen, M.: Imprinting and disease. Seminars on cell and developmental biology 14, S. 101, 2003.

Watanabe, T., Totoki, Y., und andere: Endogenous siRNAs from naturally formed dsRNAs regulate transcripts in mouse oocytes. Nature 453, S. 539, 2008.

Waterland, R.A., Jirtle, R.L.: Transposable elements: Targets for early nutritional effects on epigenetic gene regulation. Molecular and Cellular Biology 23, S. 5293, 2003.

Watson, J.D., Crick, F.H.C.: Molecular structure of nucleic acids. A structure for deoxyribose nucleic acid. Nature 171, S. 737, 1953.

Watters, E.: DNA is not destiny. Discover 11, 2006.

Weaver, I.C.G., Cervoni, N., und andere: Epigenetic programming by maternal behaviour. Nature Neuroscience 7, S. 847, 2004.

Wernig, M., Meissner, A., und andere: In vitro reprogramming of fibroplasts into a pluripotent ES-cell-like state. Nature 448, S. 260, 2007.

Wernig, M., Zhao, J.-P., und andere: Neurons derived from reprogrammed fibroplasts integrate into the fetal brain and improve symptoms of rats with Parkinson's disease. PNAS 105, S. 5856, 2008.

Weymayr, C.: Mythos Krebsvorsorge. Eichborn, Frankfurt am Main 2003.

Willcox, B.J., Willcox, D.C., und andere: Caloric restriction, the traditional Okinawan diet, and healthy aging: the diet of the world's longest-lived people and its potential impact on morbidity and life span. Annals of the New York Academy of Sciences 1114, S. 434, 2007.

Willcox, B.J., Donlon, T.A., und andere: FOXO3A genotype is strongly associated with human longevity. PNAS 105, S. 13987, 2008.

Witte, A. V., Fobker, M., und andere: Caloric restriction improves memory in elderly humans. PNAS 106, S. 1255, 2009.

Woltjen, K., Michael, I. P., und andere: piggyBac transposition reprograms fibroblasts to induced pluripotent stem cells. Nature 458, S. 766, 2009.

Xu, W., Ngo, L., und andere: Intrinsic apoptotic and thioredoxin pathways in human prostate cancer cell response to histone deacetylase inhibitor. PNAS 103, S. 15540, 2006.

Youngstedt, S. D., und Kripke, D. F.: Long sleep and mortality: rationale for sleep restriction. Sleep Medicine Reviews 8, S. 159, 2004.

Yu, J., Vodyanik, M. A., und andere: Induced pluripotent stem cell lines derived from human somatic cells. Science 318, S. 19917, 2007.

Yu, J., Hu, K., und andere: Human induced pluripotent stem cells free of vector and transgene sequences. Science, Online-Vorabpublikation, 2009.

Zhang, X.: The epigenetic landscape of plants. Science 320, S. 489, 2008.

Zimmermann, U.: Im Tal der Hundertjährigen. Der Tagesspiegel 20 004, 2008.

Zoghbi, H. Y., und Beaudet, A. L.: Epigenetics and human disease. In: Epigenetics, C. D. Allis, T. Jenuwein, D. Reinberg (Hrsg.). Cold Spring Harbor Laboratory Press, Cold Spring Harbor, S. 435, 2007.

Bildnachweis

Seite 26: Associated Press.

Seite 30: *N. A. Campbell: J. B. Reece:* Biologie, Pearsum Studium, München 2006.

Seite 50 links: *C. D. Allis, T. Jenuwein, D. Reinberg (Hrsg.):* Epigenetics. Cold Spring Harbor Laboratory Press, Cold Spring Harbor 2007.

Seite 50 rechts: Christoph Bock, Max-Planck-Institut für Informatik, Saarbrücken.

Seite 53: www.krebsinformationsdienst.de./C. v. Solodkoff.

Seite 55: *C. D. Allis, T. Jenuwein, D. Reinberg (Hrsg.):* Epigenetics. Cold Spring Harbor Laboratory Press, Cold Spring Harbor 2007.

Seite 60: The Nobel Committee for Physiology or Medicine, Annika Röhl.

Seite 73: *Conrad H. Waddington,* verändert nach Bernhard Horsthemke, Essen.

Seite 81: *Hölldobler, B. und Wilson, E. O.:* Ameisen – die Entdeckung einer faszinierenden Welt. Birkhäuser, Berlin 1995.

Seite 92: Andreas Teichmann, Essen (www.andreasteichmann.de).

Seite 99: *Bandelow, B.:* Das Angstbuch. Rowohlt, Reinbek 2004.

Seite 127: David Sweatt, Birmingham, USA.

Seite 144: Randy Jirtle, Durham, USA.

Seite 174: picture-alliance/dpa/epa (Georges Gobet).

Seite 184: Peter M. Lansdorp, Vancouver, Kanada.

Seite 208: Enrico Coen, Norwich, Großbritannien.

Dank

Ihnen, werte Leserin und werter Leser, ist hoffentlich gar nicht aufgefallen, wie kompliziert die Epigenetik ist. Sollte mir dieses Kunststück tatsächlich gelungen sein, ist es allerdings weniger meine Leistung als das Verdienst all jener Forscher, die mir die neue, hochkomplexe Wissenschaft anschaulich und mit sehr viel Geduld vermittelt haben. Dafür bedanke ich mich bei Joachim Bauer, Ann Ehrenhofer-Murray, Dirk Hellhammer, Bernhard Horsthemke, Rudolf Jaenisch, Albert Jeltsch, Randy Jirtle, Alexander Meissner, Renato Paro, Andreas Plagemann, Gunter Reuter, Moshe Szyf und Jörn Walter.

Teils empfingen sie mich für mehrere Stunden in ihren Laboratorien. Teils schenkten sie mir am Rande von Kongressen erstaunlich viel ihrer dort besonders knapp bemessenen Zeit. Teils scheuten Sie sich nicht, so lange mit mir zu telefonieren, dass so manche dringende Arbeit liegengeblieben sein dürfte. Zu guter Letzt lasen sie sogar jene Manuskriptstellen, in denen ich auf ihre Arbeit einging – oft sogar ganze Kapitel und Unterkapitel – und machten interessante Anregungen. Selbstverständlich verantworte ich alle Irrtümer allein.

Für die freundliche Überlassung von Bildrechten bedanke ich mich bei Christoph Bock, Enrico Coen, Bernhard Horsthemke, Randy Jirtle, Peter Lansdorp, David Sweatt, Andreas Teichmann und dem Krebsinformationsdienst.

Schließlich bedanke ich mich bei meinem Lektor Christof Blome und bei Uwe Naumann, beide vom Rowohlt Verlag. Sie waren nicht nur während eines angenehmen Abends in einem Hamburger Restaurant Geburtshelfer des Projekts, sondern machten mir später auch immer wieder Mut und brachten konstruktive Ideen ein.

Bei Christof Blome möchte ich mich darüber hinaus bedanken für die große Mühe, die er sich mit der Durchsicht des Manuskripts gemacht hat. Sie hat sich gelohnt. Vielen Dank auch an Marie Harder für die Erstellung der Register sowie an Susanne Frischling und Christian Weymayr. Beide lasen den kompletten Text und brachten äußerst hilfreiche Kommentare an.

Personenregister

Albring, Christian 157
Andel-Schipper, Hendrikje van 175
Anstey, Michael 82
Anway, Matthew 212
Arai, Junko 214
Armstrong, Neil 32, 34

Bahnsen, Ulrich 36
Barker, David 151, 154
Barrot, Michel 102, 104
Bätzing, Sabine 133
Bauer, Joachim 21, 36, 85, 109,
    116–118
Baumeister, Ralf 199
Berger, Shelly 194
Bernstein, Bradley 238, 240
Birney, Edward 38 f.
Bjornsson, Hans 96
Blackburn, Elizabeth 179–181,
    184–187, 189 f.
Blair, Tony 26, 32
Blumenbach, Johann Friedrich 76
Bock, Christoph 248 f.
Bosch, Oliver 101 f., 104
Broad, Edythe 235
Broad, Eli 235
Budovskaya, Yelena 192 f.
Buiting, Karin 226
Burlund, Käthe 91
Bygren, Lars Olov 215 f.

Calment, Jeanne Louise 173 f., 176,
    178, 200
Cavalli, Giacomo 210
Cherkas, Lynn 188
Chin, Eunice 100
Clinton, Bill 25 f., 32, 34, 71, 240

Collins, Francis 25 f., 28, 32, 34, 71,
    240
Crews, David 213
Crick, Francis Harry Compton 70,
    126
Cubas, Pilar 207

Darmstädter, Ludwig 180
Darwin, Charles 20 f., 220–220
Derwahl, Michael 197
Dhabi, Joseph 195
Doblhammer, Gabriele 139–141
Dolinoy, Dana 166, 170
Dörner, Günter 155

Ehrenhofer-Murray, Ann 194
Ehrlich, Paul 180
Engelhardt, Stefan 259
Entringer, Sonja 108
Epel, Elissa 187

Fang, Ming Zhu 163
Feinberg, Andrew 96
Felsenfeld, Gary 42
Fire, Andrew 23, 58, 61
Flachsbart, Friederike 192
Fontana, Luigi 196
Fraga, Mario 93 f.
Franceschi, Claudio 178, 181
Franzek, Ernst 130 f.
Freud, Sigmund 121
Fries, Alison 101, 105, 111 f.

García-Rama Pacheco, Concepcion
    92, 94
García-Rama Pacheco, Patricia 92,
    94

Gogh, Vincent van 173
Greger, Valerie 244
Greider, Carol 180, 184
Groh, Claudia 81

Hafen, Ernst 197, 199
Haig, David 228
Hanna, Jacob 254
Hansen, Gerda 91 f.
Hartwig, Wolfgang 34
Heijmans, Bastiaan 152
Heitz, Emil 77
Hellhammer, Dirk 90 f., 105 f., 108,
118
Hengstschläger, Markus 87
Henikoff, Steven 57
Hölldobler, Bert 79
Hollingsworth, John 168 f.
Holloszy, John 196
Holsboer, Florian 120–122
Holstege, Gert 175
Horsthemke, Bernhard 75, 78, 85,
135–137, 170, 178, 226 f., 230 f.,
244
Hughes, Howard 57
Hughes, William 80
Humboldt, Alexander von 76

Innes, John 207

Jablonka, Eva 222
Jaeger, Lizzie 91
Jaenisch, Rudolf 17 f., 84, 87, 128,
236, 253–256
Jefferson, Thomas 26
Jeltsch, Albert 46, 51
Jenuwein, Thomas 17, 47, 57
Jesus dos Santos, Maria de 174

Jirtle, Randy 13, 16, 142–145, 147,
161 f., 166–171, 210, 214 f., 225,
228
Jörnvall, Hans 57

Kaati, Gunnar 215 f.
Kempermann, Gerd 250 f.
Khaitovich, Philipp 43
Khashan, Ali 134
Kienast, Thorsten 103
Kim, Jeong Beom 255
Klar, Amar 135
Kovacheva, Vesela 160
Kruse, Anne 139–141
Kucharsky, Robert 69

Lamarck, Jean Baptiste de 220–223
LaMonte, Michael 158
Lander, Eric 236
Linné, Carl von 207
Ludwig, Michael 231
Lumey, Lambert 203 f.

Maleszka, Ryszard 69 f.
Mansuy, Isabelle 126
Matzke, Marjori 205
McGill, Peter 97
McGowan, Patrick 112 f., 119
Meaney, Michael 97 f., 100, 103 f.,
108, 110, 112 f., 115 f., 118, 214
Meissner, Alexander 235–241, 246 f.,
249, 252 f.
Mello, Craig 23, 58, 61
Mendel, Gregor 205, 224 f.
Mendel, Lafayette 195
Miller, Courtney 125 f., 128
Morgan, Hugh 210
Muth, Elena 139–141

Nakagawa, Shinichi 185
Nautiyal, Shivani 186
Nestler, Eric 120–122, 131
Neumann, Inga 101 f., 104
Nielsen, Doris 91 f.

Olek, Alexander 249
Ornish, Dean 189
Osborne, Thomas 195

Pääbo, Svente 43
Paro, Renato 20, 62, 89, 209, 223
Partridge, Linda 191
Pembrey, Marcus 217–219
Plagemann, Andreas 155 f., 159, 259
Poulsen, Pernille 94

Rassoulzadegan, Minoo 212
Reich, Jens 34
Renthal, William 131
Reuter, Gunter 77, 205, 208
Rodriguez, Ana Maria 91 f.
Rodriguez, Clotilde 91 f.
Rössler, Wolfgang 81 f.

Schöler, Hans 255
Schorb, Friedrich 158
Shirtcliff, Elizabeth 105
Siegmund, Kimberley 128
Sinclair, Kevin 145
Singh, Gurjeet 135
Skinner, Michael 212 f.
Smith, Will 124
Soldner, Frank 255
Solter, Davor 224
Spemann, Hans 76
Spindler, Stephen 195 f.
Staudinger, Ursula 188

Surani, Azim 224
Sweatt, David 125–128
Szyf, Moshe 16, 47, 98, 109 f., 112–115,
    122, 244, 246

Taira, Kazuhiko 177
Teichmann, Andreas 92
Thomson, James 255
Thum, Thomas 259
Tsankova, Nadia 120
Tuschl, Thomas 62 f., 122 f.

Venter, Craig 25 f., 28, 32, 34, 71,
    240
Volkow, Nora 167

Waddington, Conrad Hal 71–73,
    75–77, 223, 251
Waha, Andreas 248
Walter, Jörn 42 f., 45, 78, 84 f., 211,
    227, 229, 245, 249
Waterland, Robert 143, 145
Watson, James Dewey 70
Weaver, Ian 98
Weismann, August 209
Wernig, Marius 253 f.
Weymayr, Christian 248
Whitelaw, Emma 210 f.
Willcox, Bradley 176 f., 192, 196
Willcox, Craig 176 f., 192, 196
Witte, Veronika 197
Woltjen, Knut 255
Wüst, Stefan 108

Youngstedt, Shawn 199
Yu, Juniying 255

Zerhouni, Elias 239

Sachregister

5-Azacytidin 245
5-Azadeoxycytidin 245
11. September 2001 120

Abmagerungskuren 132
Abwehr s. Krankheitsresistenz
Abwehrsystem s. Immunsystem
Acetylgruppen 56, 62, 66, 178, 194,
236, 242
Ackerschmalwand 38, 40
Adenin 28
Adipositas 87, 149, 165, 177
Adoptivkinder 111
Affe s. a. Schimpanse 44, 221
Aggressionen 116, 121, 262
Aggressivität von Tumoren 160 f.,
247, 250
Agouti-Gen 142–144, 147, 166, 210
-Maus 142–145, 161 f., 166–168,170,
210
Agrarwirtschaft 206
Alarmsystem 118
Algen 177
Alkohol 87, 132–134, 141, 169, 174, 177,
195, 262 f.
-Abstinenz 133 f., 263
Allergien 106, 237
Altern 15, 32, 89, 137, 175, 178–182,
186–188, 190–198, 237, 243
Alternsforschung 12, 19, 175, 178,
187, 191, 198
Alters-diabetes s. Diabetes
-krankheiten 87, 95 f., 154, 174 f.,
181, 196, 203, 216, 264
-schwäche 174
Alzheimer'sche Krankheit 26, 86 f.,
90, 137, 147, 174, 180, 227

Ameise 79–82, 84
Aminosäuren 29 f., 58 f., 68, 163
Amöbe 37
Amygdala 99, 103, 118, 214
Amyotrophe Lateralsklerose (ALS)
250
Angelman-Syndrom 136, 226
Angehörige, Sorge um 90, 108,
134 f., 187
angereicherte Umwelt (enriched
environment) 104, 214
Angst 17, 99, 102 f., 116–118, 125
Antagomir-21 259
Antidepressiva 122
Antikörper 105
Antitumorgene s. a. Tumorsuppres-
sorgene 194
Apoptose s.a. zellulärer Selbstmord
194, 243 f.
Appetit 148
Arbeiterinnen
Ameisen 79–81
Bienen 68 f.
Arbeitslosigkeit 141
Arecolin 220
Arterien 175, 180 f.
Arteriosklerose 180
Arthritis 258
Asbest 182
Asien 164–167, 220
Asthma 168 f., 227, 237, 258
Atemwegserkrankungen 154
Äther 223
Attraktivität 213
Aufmerksamkeitsdefizit- und
Hyperaktivitätssyndrom (ADHS)
116

Augenfarbe 28, 209 f.
Autismus 132, 135 f., 227
Autofahren 153, 262
Autoimmunkrankheiten 237, 258
Ayurveda 165

Bakterien 78, 221
Ballaststoffe 263
Barker-Hypothese 151
Basen 28, 34, 50, 53, 57, 60, 71,
  189
Bauch-fett 147–149
  -speicheldrüse 45, 148, 252
  -speicheldrüsenzellen 154, 238,
  256
  -umfang 109, 148
Beckwith-Wiedemann-Syndrom
  226
Befruchtung s. a. Eizelle 27, 145 f.,
  161, 191, 208 f., 211
  künstliche 230 f.
Behinderungen 133 f., 160, 226
Belohnungssystem 102 f., 130–132
Berufstätigkeit 109, 117, 141
  traumagefährdende 117
Betain 143, 162
Betelnüsse 220
Bewegung 87 f., 137, 140 f., 148 f., 152,
  156, 158, 176 f., 182, 188 f., 200 f.,
  217, 237, 260, 262 f.
Bewusstsein 128
Biene 52, 68–70, 74, 80–82, 84
  Amme 68, 81
  Arbeiterin 68 f.
  Königin 52, 68 f., 74, 80
  Larve 68 f., 74, 81
Bildungsgrad 141
Bildungsgewebe (Meristeme) 206
Bindegewebszellen 239, 259

Bindungs-hormone s. «Kuschelhormone»
  -fähigkeit 101, 107, 112, 116
Bio-marker 247
  -medizin 42, 235, 251, 261
  -moleküle s. a. Aminosäuren 21,
  29
  -Produkte 169
Bisphenol A 170 f.
Blastozyste 252
Blattschneiderameisen 79–82
Blut-analyse 115 f., 187, 247, 249 f.
  -druck 145, 176, 196
  fetales 90 f., 108, 133
  -hochdruck 139, 147, 151, 153
  -körperchen 254
  -zellen 254 f.
  -zucker 45, 108, 145, 147 f., 153,
  159, 191, 252
Blüten-farbe 224
  -form 207
Body-Mass-Index (BMI) 177, 197,
  199, 263
Borderline-Syndrom 118 f., 258
Bortezomib 164
Boten-RNA (mRNA) 30, 52, 58–61
Botenstoffe 28, 31 f., 72, 89, 99, 101,
  111, 118, 142, 148, 152, 191 f.
  -Rezeptoren 86
breakthrough of the year 257
Brokkoli 163
Bronchien 154
Brustkrebsgen (BRCA1) 86 f.
B-Vitamine 68, 143, 162 f.

Caenorhabditis elegans s. Faden-
  wurm
CALERIE-Studie 197
Cancerdip 249

286   Anhang

Chemikalien 22, 83, 237
Chemotherapie 244, 248 f.
Cholesterin 176, 190, 196
   HDL- 147
   LDL- 147, 197
Cholin 143, 160, 162 f., 168, 170
Chromatin 53 f., 57, 62, 154, 161, 194,
   239
Chromosomen 27 f., 38, 53 f., 76, 126,
   183 f., 186 f., 194, 211, 240
   geschlechtsspezifische Ver-
   erbung 225 f., 228
   X-Inaktivierung 232
chronische Leiden 116, 120 f., 139,
   152, 154, 172, 174 f., 181, 187, 196,
   200, 227
Computerspiele 111
Cortisol 90 f., 98–100, 105, 108, 113
CpG-Inseln 50
Curcumin 164 f.
C-Value-Paradox 37, 40
Cytoplasma 30
Cytosin 28, 50

Dahlien-Seeanemone 191
Darmschleimhautzellen 14, 251
Demenz 175, 187
Demographie 139 f.
Depression 17, 19, 22, 63, 106, 108,
   115–123, 227, 258
   postpartale 102
Deutsche Gesellschaft für Ernährung (DGE) 157
developmental origins theory s.
   Barker-Hypothese
Diabetes 17, 26, 46, 86 f., 91, 94, 106,
   109, 120, 137, 139, 141 f., 151, 157,
   166, 180–182, 188, 199, 216, 250,
   227, 252, 263 f.

Typ-2-/ Alters- 141, 147, 151, 154,
   157, 174
Schwangerschafts- 159 f.
Dicer 59–61
Dicksein s. Fettleibigkeit
DNA/DNS (Desoxyribonukleinsäure)
   (Definition) 27–33
   -Code s. Gentext
   -Doppelhelix 27, 50, 53, 58, 71,
   126, 183, 188
   -Faden s. DNA-Strang
   -Methylierung 63, 69, 78, 93, 114,
   126–128, 146, 152, 160, 164, 170,
   205, 207, 210, 212 f., 238 f., 249, 252 f.
   -Methylierungsmuster 63, 113,
   145
   -Methyltransferase (DNMT)
   49–52, 69 f., 126, 164, 245
   -Reparaturproteine 182 f.
   -Sequenz 31, 60, 77, 96, 204, 225
   -Strang 27, 50, 53–57, 77, 96, 164,
   183, 242
   -Text s. Gentext
DNMT / DNMT-Hemmer s. DNA-
   Methyltransferase
DNMT-3 69 f.
Dolly, Klonschaf 232
dominante Gene 224 f.
Dopamin 63, 87, 102 f., 123, 131, 252,
   254
Doppelhelix s. DNA-Doppelhelix
Drogen 102, 132, 237
   -abhängigkeit 130, 132
Dürre 83, 206

Eier (Hühner-) 163
   (Insekten-) 68
Einkommen 141, 173
Einzeller 185 f., 204, 208

Eizellen 27, 76, 146, 185, 191, 205,
209–211, 216 f., 224 f., 230–232
befruchtete 51, 71, 74, 77 f., 253
Elternurlaub 109
Embryonen 100, 107 f., 132 f., 146,
209, 211
Entwicklung 95, 143, 161 f., 169,
206, 211, 216–218, 230, 232, 237, 245
Stammzellen 206, 250–255
Verpflanzung 145
Emotionssystem 118
Endosperm 229
Enkel 11, 46, 205, 213, 215, 217, 219 f.,
222, 264
enriched environment s. angereicherte Umwelt
Entartung von Zellen 86, 88, 95,
196, 228
Entschlüsselung
der DNA s. a. Humangenomprojekt 20, 34–40, 236, 240
der Epigenome s. a. Epigenom-
projekt 20, 237–241
Entspannung 188, 262
Entwicklungsstörungen 132, 135 f.,
146, 227
Entzündungen 165, 179–181, 196
Enzyme 28, 55, 59–61, 70, 126, 142 f.,
160, 165, 171, 178, 184–187, 192, 205,
215, 242, 258
EPIC-Studie 109
epidemiologische Untersuchungen
110, 130, 195, 204
Epigallocatechin-3-Gallat (EGCG)
163
Epigenese 76
Epigenetik (Definition) 14–16
epigenetische Diät 163
Landschaft 70, 72–75, 89, 223, 251

Medikamente 121 f., 132, 206, 243
Pharmakologie s. a. Medikamente, epigenetische 132
Programme 15, 47, 51, 66, 68, 70,
73, 101, 122, 219, 262
Riegel s. a. Methylgruppen
48–52, 211, 227
Schalter 15, 19, 42, 45–47, 61, 74,
77, 88, 93, 95 f., 103, 119–121, 123,
126, 132, 146, 178 f., 188, 192, 194 f.,
205, 209 f., 214, 216, 238–241, 251 f.,
264
geschlechtsabhängige 226 f.
Vererbung 204–205, 209–214,
216–218, 222, 227
Epigenom (Definition) 45 f.
-karten 237–241
-manipulatoren 79, 84
-projekt 235, 240, 246
Epigenotyp 73, 76
Epilepsie 245
Epimutationen 135–137, 178, 207 f.,
213, 223
Erbkrankheit 186
Erbsen 224
Erdnüsse 163
Erfolgsdruck 111
Erinnerungen 122, 124–127, 214
Ernährung 13, 22, 69 f., 84–89, 96,
137, 155, 182, 237
gesunde 140, 148, 153, 160–167,
169–171, 173–177, 188, 260–264
in der Schwangerschaft 13, 46,
88 f., 142–46, 156 f., 166–170
kalorienreduzierte 177, 195–201
Mangel- 130 f., 199, 203
ungesunde 75, 141, 152, 220
von Kindern 156–159
von Säuglingen 170

Ernteerträge 216
Erziehung 16, 18, 89, 261
Esel 225
Essen s. a. Ernährung 102, 156, 201
Essstörungen 188
-verhalten 156 f., 177
Europäische Behörde für Lebens-
mittelsicherheit (EFSA) 170
Evolution 37, 43–46, 71, 90, 100, 109,
191, 205, 219, 222, 228–230
-sbiologie 12, 149, 204, 213
-stheorie 20, 221
Extreme 154, 173

Fadenwurm 40, 61, 178, 192 f., 199
Familien-beratung 107
-form 141
Fasten 196–199
Fastfood 157, 159, 162
Fehl-bildungen s. Behinderungen
-bildungsrisiko 230 f.
-entwicklungen 133–136
-geburten 160
-programmierungen 22, 178, 214,
230 f.
-schaltungen 133, 135 f., 180 f.
Fellfarbe 16, 142–144, 212, 232
Fernsehen 111, 262
fetale Programmierung 152
Fetales Alkoholsyndrom (FAS) 132 f.,
136
Fett 88, 148, 189
-gewebe 149, 154
-leibigkeit 142–145, 155 f., 204
-säuren 263
-sucht s. Adipositas
Fibromyalgie 90 f., 105 f.
finanzielle Absicherung 22, 141,
173

Fingerabdruck, epigenetischer
249 f.
Fisch 88, 174–177
Flaschenernährung 159
Fleisch 174
Fliege s. a. Fruchtfliege 21, 191 f., 195,
197, 209, 223
Folsäure 68, 143, 146 f., 162 f., 166,
168–170
Föten s. Embryonen
FOXO3A 192
Fruchtbarkeit 68, 152, 165, 209,
212 f.
Fruchtfliege 40, 179 f., 209
Fruchtsäfte 158
Früherkennung 87, 115, 246
frühkindliche Entwicklung 169,
203 f., 227, 237
frühkindliche Erfahrungen 46,
104 f., 110, 112, 114, 118 f.
frühkindliche Programmierung 150
Fürsorge 97–101, 104 f., 112, 150, 157,
262
Geborgenheit 111
Geburt 88–90, 150, 233
frühe 90
erste Jahre nach der 19, 88 f., 128,
231
erste Monate nach der 128, 152,
263
erste Tage nach der 97 f., 102,
104
kurz nach der 118, 214, 216 f., 231
Monate um die 89 f.
-sgewicht 151, 156, 169, 203, 217
Stress vor und nach der 105 f.
Zeit um die 17, 152, 155 f.
Zeit nach der 97
Zeit vor der 17, 219

Gedächtnis 99, 125–129, 197
-ausbildung 113, 126–129
Kurzzeit- 45, 99, 126
Langzeit- 99, 126, 128
-verlust 125
von Zellen 20 f., 45, 51, 85, 204, 207 f.
Gefäßkrankheiten 147
Gehirn 40, 42 f., 66, 82, 84, 87, 89–103, 108, 110–114, 117–125, 128–132, 149, 175, 213, 227, 252, 254, 263
-entwicklung 19, 98, 113 f., 132–134
-erkrankungen 258
Großhirn 128
-fehlentwicklungen 135 f.
-hälften 135, 227
Kleinhirn 114
-zellen 44, 101, 121, 123, 227, 238, 251, 254
Gelassenheit 260
Gelée Royale 68–70, 74
Gemüse 88, 162, 173 f., 176 f., 186, 217, 263
Genaktivierung 15, 31 f., 37, 45, 56, 82, 88, 118, 121, 128, 193, 196, 211, 215, 219, 232
geschlechtsspezifische 224–230
Genaktivität 21, 31, 41–43, 51, 55–58, 84, 116, 131, 166, 179, 210, 225, 242 f.
-Drosselung durch Mikro-RNA/RNA-Interferenz 60–63
Genaktivitätsmuster 31 f., 41, 46, 51, 63, 149, 195, 206, 214, 229 f., 253
Genbuchstaben s. Basen o. Aminosäuren
Gencode s. Gentext
Gendeaktivierung s. Stummschaltung v. Genen

Generationen 45, 109, 155, 191, 198, 204, 210 f., 213, 215, 217 f., 220, 223, 226
Gene-Sweep 38 f.
genetische Krankheiten s. a. Mutationen 135 f.
Genexpression s. Genaktivität 144
Genexpressionsmuster s. Genaktivitätsmuster
Genfunktionen s. a. Entschlüsselung der DNA 34, 77
Genistein 165 f., 168, 170 f.
Genkarte 25 f., 240
Genkontrolle s. a. Genregulation 2
Genom (Definition) 14
genomische Prägung s. Imprinting
Genregulation 21, 31, 36, 41–44, 57, 61, 63, 121, 161, 191–193, 205, 258
-smuster s. Genaktivitätsmuster
Gentechnik 231, 236, 256
Gentests 246
Gentext 14–16, 21, 26–29, 31–34, 36–38, 40, 42 f., 45 f., 50, 54, 56 f., 61, 67, 71, 75, 213, 223, 238, 240
Geschlecht 82, 139, 152, 224
Geschlechts-chromosomen 232
-hormone 212
-spezifische Genaktivierung 224–230, 232
Geschwister s. a. Zwillinge 14, 152
Gespräche 102
Gestationsdiabetes s. Schwangerschaftsdiabetes
Gesundheitspolitik 22, 147, 158, 264
Getreidepflanzen 40, 206
Gewalt s. a. Vergewaltigung 105, 119
Gewebezellen 206, 238–241, 249, 253 f.
Gewichtsabnahme 157

Gewichtszunahme 86, 156
bei Kindern 158
bei Schwangeren 157
Gifte 84, 95, 160, 165, 169, 176, 212 f.,
215, 219
Giraffe 221 f.
Glioblastome 248 f.
Glückshormone s. a. Dopamin,
Serotonin 102 f.
Glückskatzen 232
Glukosetoleranz 108
Großeltern 27, 107, 213, 215 f., 218, 226
Grundlagenforschung 16, 48 f., 230,
261
Grüner Tee 163–165, 177
Guanin 28, 50

Haar-farbe 28, 224
-zellen 14
Haubenwachstum 83 f.
Haushaltshilfe 109
Haut 150
-farbe 224
Lymphdrüsenkrebs in der 245
-zellen 51, 238 f., 251, 256
HDAC s. Histondeacetylase
Hefe 19, 21, 37, 78, 178, 186, 191–195
Heizen 150
Herpes 105
Herz 16, 154
-infarkt 87, 106, 196 f., 135, 147, 149,
151, 154, 157–159, 180, 188, 216, 253
-insuffizienz 88, 250, 259
-kranzgefäße 14, 182
-Kreislauf-Krankheiten 17, 73, 137,
147, 151, 154, 166 f., 174, 176, 186
-rasen 117
-schwäche s. Herzinsuffizienz
-zellen 16, 154, 239, 256, 259

Heterochromatin 54, 57, 62, 77
Heuschrecke 82 f.
Hippocampus 98–100, 113 f., 121,
125 f., 214
Hirnanhangdrüse s. Hypophyse
Hirnhälften 135, 227
Histone 52 f., 55–57, 66, 77, 103, 136,
121 f., 164 f., 178, 183, 194, 207, 232,
236, 242, 258
Histon-Code 48, 52, 57, 63, 113, 205,
252 f.
-deacetylase (HDAC) 194, 242,
244 f.
- H3, H4 55
-Modifikation 55 f., 63, 78, 93, 98,
126, 132, 205, 207, 212, 242, 238
-Schwänze 52, 55 f., 93, 119, 132,
158, 164, 193 f., 238, 242
Hitze 186, 209 f.
Hoden 44, 256
Honigbiene s. Biene
Hormone s. a. «Kuschelhormone»,
Stresshormone
11, 16, 45, 63, 83–85, 90, 112, 191 f.,
153, 156, 198
-behandlung bei künstlicher Befruchtung 230 f.
Glücks- 102 f.
Humangenomprojekt 25 f., 33 f., 71,
238
Hundertjährige 173–178, 182, 192,
196, 200
Hunger 16, 129–131, 151–153, 176, 204
im Mutterleib 150–152, 216 f.
Hunger-snot 130 f., 197, 203, 216 f.
-winter, niederländischer 129 f.,
151 f., 156, 203 f., 209, 216
Hypophyse 99
Hypothalamus 99, 148 f.

Sachregister   291

Immunsystem 105, 145, 180–182,
  185 f., 190, 196, 253, 258
Imprinting 224–231, 244
Indien 151, 164
Industrieländer 140, 149, 153
induzierte pluripotente Stamm-Zel-
  len (iPS-Zellen) 236, 253–255, 257
Infektionen 87, 180, 186
Insekten 80 f.
INSIG2 86 f.
Insulin 45, 142, 148, 154, 176, 191 f.,
  195, 198–200, 252, 256
  -weg 192, 198
Insulinartiger Wachstumsfaktor 1
  (IGF-1) 191, 195, 198
Insulinartiger Wachstumsfaktor 2
  (IGF-2) 152
intelligent design 221
In-vitro-Fertilisation (IVF) 230 f.
Irakkrieg 116 f.

Jojo-Effekt 157
«Jungbrunnenenzym» s. Telomerase
Jungen 217–219
Junk-DNA s. Müll-DNA
Junkfood 153, 157

«Kabeltrommel» s. Nukleosom
Kaffee s. Koffein
Kaliko-Katzen 232
Kalorien 129, 148, 157, 196 f., 200,
  216, 263
kalorienreduzierte Ernährung 177,
  195–197, 200 f.
Kartierung
  der DNA s. Genkarte
  der Epigenome 237–241
  der Mikro-RNA 63
Kastensystem b. Ameisen 79–81, 84

Katastrophenhelfer 117, 122
Keimbahn 208–210, 213, 226, 230
Keimzellen 78, 185, 208 f., 212, 216 f.,
  219 f., 228
Kennzeichnungspflicht für Lebens-
  mittel 264
Kinder
  Ablehnung 105, 110, 112, 114
  Misshandlung s. a. Missbrauch
    75, 105
  -geld 109
  Vernachlässigung 105 f., 110
Klima 16, 80, 84, 150, 176 f., 205
Klonen 230–232, 236, 253
  von Tieren 231 f.
Knoblauch 163, 173
Knochen 154
  -mark 254 f.
  -markzellen 185, 251
Koffein 132, 169, 263
Kohlenstoff 49 f.
Kokain 102, 132
Königin
  Ameisen- 80
  Bienen- 52, 68 f., 74, 80
Konservendosen 170 f.
Konstitution 86
Konzentrationsstörungen 117
Körper-fett 196
  -gewicht 84
  -zellbahn 209
Körpergröße 84, 203 f., 222
  von Ameisen 81
  von Löwe-Tiger-Kreuzungen 225
Krankenkassen 107, 109
Krankheits-anfälligkeit 16, 19, 134,
  137, 178, 186, 188, 204, 231 f.
  -geschichte 87, 94, 141, 151
  -resistenz 17, 105, 107, 142

Kreationismus 221
Kreativität 111
Krebs 12, 17–19, 22, 26, 78, 86–88, 90,
  95 f., 135, 142, 160 f., 163–168, 172,
  174, 180–183, 189 f., 196, 199, 212,
  227 f., 237, 241–250, 255 f., 258,
  263
  Aggressivität 160 f., 247
  Blut- 245
  Brust- 86 f., 92, 160, 176 f.
  Darm- 86, 88, 177, 249 f.
  -Diagnostik 248, 258
  Eierstock- 86, 177
  -Forschung 144, 241–244
  -Früherkennung 247–249
  -gene 86
  im Gehirn 248
  in der Netzhaut 244
  Lungen- 95, 245, 250
  Lymphdrüsen- 245
  Magen- 163
  -Medikamente 165, 243–247
  Prostata- 86, 177, 189, 250
  Speiseröhren- 163
  -therapie 245–247, 249
  -zellen 239, 244, 246 f., 249
Kriegserlebnisse 116
Krokodil 82
künstliche Befruchtung 230 f.
Kuh 79
Kultur 18, 85, 173
Kur 107
Kurkuma 163–165
Kurzzeitgedächtnis 45, 99, 126
«Kuschelhormone» s. a. Oxytocin,
  Vasopressin 101, 112
kutane Lymphome 245

Lamarck'sche Vererbung 220–223
Landschaft s. epigenetische Land-
  schaft
Landwirte 176
Langlebigkeit 18, 89, 173, 178, 216, 258
  -sgene 178 f., 181, 192
Langzeitgedächtnis 99, 126, 128
Larven 68 f., 74, 80 f., 83 f.
Lebenserfahrungen 119
Lebenserwartung 17, 139–142, 175,
  178, 186, 193, 199 f., 203
  statistische 139–141
Lebensmonate, erste 106, 152
Lebensjahre, erste 106, 142, 153, 156,
  231, 259
Lebensphasen 74, 217
  frühe 89, 109
Lebensverlängerung 12, 19, 186, 190,
  195, 197–201
Leberzellen 14, 145, 154, 195
Leinkraut 207 f.
Leistungsdruck 111
Leptin 148
Lernen 113, 116, 125, 127, 129
licking-and-grooming-Experimente
  97–102
Liebe 16, 18, 75, 85, 107, 109, 111 f.,
  115, 260
Limonade 158, 171
Linaria vulgaris (Echtes Leinkraut)
  207 f.
Ligusterschwärmer s. a. Schmetter-
  ling 65
Lippen-Kiefer-Gaumenspalte 146
Leukämie 249
Löwe 225
Luft 176
  -feuchtigkeit 80
Lungenkrankheiten 152

Sachregister   293

Mädchen 108, 217
Magerkost 195
Magersucht 177, 199
maligne Glioblastome s. Glioblastome
Mandelkern s. a. Amygdala 99, 103
Mandeloperation 159
Mangelernährung s. a. Unterernährung 130 f., 199, 203 f.
Manisch-Depressive Erkrankung s. a. Depression 135
Maulesel 225
Maultier 225
Maus s. a. Agouti-Maus 13, 16, 121, 144, 162, 169–172, 179, 191 f., 195 f., 209, 212, 214, 220, 224, 226, 239, 253 f., 256, 259
MAVAN-Studie 115
Medikamente 33–35, 237
  Antikrebs- 165, 243–247
  Einnahme 87, 164
  epigenetische 121 f., 132, 206, 243, Naturstoffe als 163–165
Meditation 189
Mendel'sche Vererbungsregeln 224 f.
«Men in Black» 124
Meristeme 206
Metabolisches Syndrom 147–153, 220, 237, 260
Metabolismus s. Stoffwechsel
Metamorphose 65, 67
Methionin 162 f.
Methusalem-Gen 192, 200
  -Organismen 179
Methylgruppen 47–51, 55 f., 62, 66, 69, 95, 98, 114, 119, 122, 126–128, 136, 143, 146, 152, 249, 152, 154, 158, 160–162, 164, 166, 170 f., 178, 206–208, 236, 238, 244 f.

Methylierung 50, 126, 143 f., 171, 247
Methylierungs-diät 143 f., 168, 170 f.
  -muster 50 f., 63, 103, 248 f., 115, 240
Mexiko 153
Mikro-RNA 58–63, 66, 119, 136, 161, 205, 212, 236, 258 f.
Milch 170
Missbrauch 112 f.
Misshandlung 75, 117, 119
Moos 77
Morbus Alzheimer s. Alzheimer'sche Krankheit
Morbus Crohn 258
Motivationszentren s. Nucleae Accumbens
mRNA s. Boten-RNA
Mücke 83 f.
Multiple Myelome 164
Müll-DNA 37 f., 59
Muscheln 191
Muskeln 154
  -gewebezellen 14, 186
Mutationen 35, 88, 135–137, 161, 214, 223, 228, 243
  epigenetische s. a. Epimutationen 136 f., 208, 214, 243
Mutter
  depressive 115 f.
  -kuchen s. Plazenta
  -leib 13, 16, 19, 88, 118, 139, 150–153, 155 f., 160, 166, 204, 217, 229, 237, 259, 263

Nachkriegsdeutschland 156
Nachwuchsproduktion, Aussetzen von 197 f.
Nagetiere s. a. Ratten 21, 110
Nahrung s. a. Ernährung

Nahrungsergänzungsmittel 13,
70, 143 f., 146, 163, 167–169, 171, 261
für Schwangere 167–169
Nahrungsmangel 188, 199, 203 f., 216
Nanometer-Fasern 53 f.
-Spirale 53 f.
National Institutes of Health (NIH)
25, 42, 239 f.
Nebennierenrinde 90
Nebenwirkungen 164, 199
Neo-Lamarckisten 222
Nerven
-kontakte 127
-system 66, 84, 86, 118, 120 f., 132,
134
-zellen 14, 125, 127 f., 214, 239,
251 f., 256
«Neue Epigenomik-Initiative» s. a.
Epigenomprojekt 239
Neugeborene 107, 110, 156 f.
-nmedizin s. Perinatalmedizin
Sterblichkeit von 151
Neurodermitis 258
Neuroepigenetik 110
Neuronen s. Nervenzellen
Niacin 68
Niederländischer Hungerwinter
129 f., 151 f., 156, 203 f., 209, 216
Nierenkrankheiten 212
Nikotin 16, 95, 86, 102, 132 f., 141,
169, 173 f., 176 f., 182, 188, 218–220
Nobelpreis 17, 23, 57, 126
non-licking mothers 97 f., 102
Noradrenalin 103
Nucleae Accumbens 102, 132
Nukleosom 53–57, 77, 164, 166, 242
nurture-versus-nature-Diskus-
sion 18
Nutzpflanzen 206

Obst 88, 162, 176, 217, 263
offener Rücken s. Spina bifida
Okinawa-Inseln 175–177, 196, 200,
263
Olivenöl 173
Orangensaft 175
Osteoporose 152, 154
Östrogen 165 f.
Överkalix 215–217, 219
Oxytocin 101, 112

Panik s. a. Angst 117 f.
Parkinson-Krankheit 26, 87, 174,
250, 252, 254
perinatale Programmierung 152 f.,
155
Perinatalmedizin 155 f.
Pferd 225
Pflanzen 21, 38, 40, 149, 204–208,
224, 229 f.
Nutz- 206
Phänotyp 73, 94
Phosphatase 126
Phosphatgruppen 56
Physiologie 17, 84, 89, 93, 110, 151,
199
Phytoöstrogen 165
Pilze 80, 208, 212
Plastikflaschen 167, 170 f.
Plazenta 211, 224, 229 f.
Pluripotenz 253
Polycarbonate 170
Polypeptid 30
Populationsdichte 82
Portwein 173, 200
Postgenomik 17, 34
Postpartale Depression 102
Posttraumatische Belastungsstö-
rung 19, 117–119, 121 f., 258

Sachregister   295

Potenzial
  des Genoms 11, 15, 67, 223
  von Organismen 75, 250
  von Pflanzenzellen 206
  von Stammzellen s. a. iPS-Zellen
  251–253
Prader-Willi-Syndrom 136, 226
Präformationstheorie 76
Prävention s. a. Vorsorge 154,
  259
Programmierung 22, 52, 83, 89, 155,
  236
  fetale 152
  frühkindliche 150
  perinatale 152 f.
Promotoren 31 f., 45, 143
Protein-biosynthese 29 f.
  -fabriken 52
  -kappen s. Telomere
  -trommeln s. Nukleosom
Pseudo-Gene 39
Pseudohämophilie 92
Psychopharmaka 121 f.
psychiatrische Störungen 119, 131 f.
  135 f.
psychische Belastungen 105, 108,
  115, 117–119, 132, 187 f.
  Krankheiten 117–124, 237
  Störungen 109, 112–124
Psychotherapie 19, 107, 120, 123 f.,
  261
Pubertät 152, 216–219
Puppe (Insekt) 65, 68, 81

Querschnittlähmung 250

Ratte 97–104, 108–110, 112 f., 115, 125,
  160, 162, 167, 172, 195, 212–214,
  254

Rauchen s. a. Nikotin 22, 95, 139,
  173, 176 f.
  Einfluss auf Nachkommen 218 f.
Raupe 65, 67 f.
Reelin 127
Reflexkette 83
Regeneration 181, 250 f.
Reis 206
Reparaturenzyme 182 f.
Reprogrammierung 22, 122, 211, 236,
  253–257
Reptilien 82, 84
Resistenz von Krebszellen 244,
  247
Ressourcenverbrauch 228 f.
Resveratrol 195, 200
Retinoblastome 244
rezessive Gene 224
Rheumatoide Arthritis 258
Riboflavin 68
Ribonukleinsäure s. RNA
Ribosom 30
Riegel s. epigenetische Riegel
RISC-Protein, -Komplex 59 f.
RNA (Ribonukleinsäure) 48, 57–63,
  212, 238, 258
  Boten- 30, 52, 58, 61
  doppelsträngige 59 f.
  -Interferenz s. a. Mikro-RNA 23,
  58, 60–63, 69, 78, 105, 122, 206,
  212, 252, 258 f.
  Transport- 52, 58 f.
  -Welt 48, 57 f., 62
Roboter 238, 240
Rotwein 190, 195, 200
Rückenmark 132, 146

Salat 163
Salz 146, 177

Samenzellen 27, 44, 76, 146, 185, 205, 209–212, 216 f., 224–226, 231
sardische Greisendörfer 175, 178 f., 200
Sauerstoffradikale 182, 194
Säuger, Säugetiere 50, 101, 142, 205, 211–213, 225, 227, 229 f., 232
Säuglinge 150 f., 170
Schadstoffe s. a. Gifte 176
Schadenersatz 215
Schaf 145, 172
Schalter s. epigenetische Schalter
Scheidung 139, 141
Schilddrüsenzellen 14
Schildkröte 191
Schimpanse 14, 40, 42–44
Schizophrenie 118, 132, 134–136, 227
Schlaf 87 f., 117, 148, 159, 177, 182, 199, 262 f.
-apnoe-Syndrom 147, 159
-entzug 199 f.
-mangel 200
-störungen 106, 148, 159
Schlaganfall 147, 151, 157–159, 180, 188, 197
Schmalkost 196 f., 200
Schmetterling 65–68
Schnabeltier 229
Snacks 86, 159
Schnarchen 147, 159
Schokolade 87, 102
Schreibtischarbeit 153
Schutzkappen s. Telomere
Schwangerschaft 46, 89 f., 106, 108, 118, 132–134, 260, 263
Belastungen während der 105, 108, 134 f.
Ernährung in der 13, 142–146, 156 f., 166–170

erstes Drittel 130–132, 134, 161, 169, 230
Gewichtszunahme 157
Hungern in der 150–152, 203
letztes Drittel 90, 105
-sdiabetes 263, 159 f., 263
und Alkohol 132–134
und Kaffee 169
und Nahrungsergänzungsmittel 167–169
und Plastikflaschen 170
«Schwänze» s. Histonschwänze
Schwärmer 65–67
Schwellenländer 153
Schwitzen 150, 264
Selbstmedikation 164
Selbstmord
-Risiko 112–115, 117, 119, 122 f.
zellulärer (Apoptose) 194, 243 f.
sensible Phasen 74, 98, 150, 154, 217, 263
Septin-9 249
Sequenzierung 33, 37 f., 236, 240 f.
Serotonin 83, 102 f., 131
Sex 102
Sichelzellenanämie 254
Signalproteine s. Transkriptions-faktoren
Sinnesorgane 66, 83
Sirtuine 190, 193–195, 198–200, 242
Soja 163, 165–167, 177
sozialer Status 141
Sozialverhalten 84, 101, 111 f., 116
Spermien s. Samenzellen
Spielen s. a. angereicherte Umwelt 111 f.
Spina bifida 146
Spinat 163

Sport 36, 63, 86, 107, 109, 122 f., 148,
153, 155, 158 f., 161, 173, 188 f., 195,
200, 262, 264
Spurenelemente 68, 171, 196
Staat 109
Stammzellen 16, 19, 185, 236, 239,
241, 250–258
adulte 251, 255
embryonale 206, 250 f., 255
-Forschung 17, 236 f., 250–256
-Therapie 22, 252–258
Stare 100
Steinzeit 149
Stillen 159
Stimmung 102, 121, 123
Stoffwechsel 18, 63, 83 f., 86, 107 f.,
120, 122 f., 142, 147–151, 153, 156,
159 f., 169, 189, 192, 196, 199,
218–220, 262 f.
Fett- 86, 147
Stress 16, 84, 90, 99–101, 104–111,
120, 134, 262, 186–190
-abbau 13, 107, 189, 263
-achse 99, 106
Dauer- 107 f., 121, 131, 173, 176, 178,
182, 186–188, 190, 263
-hormone 90, 98–100, 103,
105–108, 111, 113, 118, 187
-krankheiten 104–106, 108 f.
-reaktionssystem 105, 108
-resistenz 106, 108
Stromstöße 125
Stummschaltung v. Genen 31 f., 45,
77, 166, 211 f., 215
Agouti-Gen 166, 210
bei Pflanzen 206–208,
bei Selbstmördern 114
bei Stammzellen 251 f.
beim Imprinting 225–229

durch Methylgruppen 47, 49–52,
69, 145, 166, 239
durch Histonmodifikation 47,
56 f.
durch Mikro-RNA / RNA-Interferenz 58–62
durch X-Inaktivierung 232
im Gehirn 126, 128, 214 f.
nützlicher/ vor Krebs schützen-
der Gene 166, 168, 242 f.
schädlicher/ Krebs auslösender
Gene 88, 196, 242 f.
und Alterung 185, 193 f.
während der Embryonalentwicklung 143–145
Sucht 17 f., 129–132, 134, 167
Suizid s. Selbstmord
Superalte s. a. Hundertjährige 19,
173 f.
Süßigkeiten 86, 102, 157–159
Syndrom X s. Metabolisches Syndrom

Täler i. d. epigenetischen Land-
schaft 70, 72–75, 89
Tee s. a. Grüner Tee 158, 169, 263
Teer 182, 219
Temperatur 80–82
Tetrahymena 185
Telomerase 182, 184–188, 190
-Gen 185, 187, 190, 192
Telomere 182–189, 193 f.
Terroranschläge 120
Thiamin 68
Thymin 28
Tiere 21, 40, 44, 102, 121, 149, 190 f.,
204, 206, 208–214, 225
Tiger 225
Tochterzellen 15, 27, 50 f., 54, 74, 77

tödliches Quartett s. Metabolisches
Syndrom
Tofu 163, 171, 177
transgenerationale Epigenetik s. a.
epigenetische Vererbung 220 f.
Transkriptionsfaktor 31, 45, 192 f.
Transport-RNA 52, 58, 59
Transposons 36 f., 62
Trauerfälle 90, 106, 108, 134
Traumata 15, 75, 104 f., 114, 116–120,
122
Tumore s. Krebs
Tumorsuppressorgene s. a. Anti-
tumorgene 164, 243, 243–245

Überernährung 150, 157, 216
Überforderung 105, 107, 115, 188
Übergewicht 17 f., 87, 147 f., 151,
157 f., 165–167, 177, 227, 260
bei Kindern 150 f., 157–160, 218 f.,
263
bei Neugeborenen 156, 159
krankhaftes s. Adipositas
Stigmatisierung 158
Ubiquitingruppen 56, 178
Umbau s. Umprogrammierung
Umprogrammierung s. a. Reprogrammierung 16, 62, 67, 69, 90,
108, 123, 128, 137, 178, 198, 206,
213, 258
Umwelt-chemikalien 237
-einflüsse 16–21, 32, 44–47, 51, 63,
72–75, 80 f., 83–85, 87–90, 93–96,
100, 104, 119 f., 128 f., 129, 131 f.,
134, 154, 141, 161 f., 167, 186 f., 189,
190, 205, 208, 210, 213–217, 221,
223, 262
soziale 110 f., 140
Unfälle 90, 112–114, 117

Unfruchtbarkeit 231, 250
Unterernährung s. a. Mangelernährung 154
im Mutterleib 150 f.
in den ersten Lebensmonaten
152
Untergewicht bei Neugeborenen
156
Urstoff 76
Urzelle 61
UV-Strahlung 182

Valproinsäure 245
Vasopressin 101 f., 112
Veganer 163
Verantwortung 17, 47, 203, 215, 219,
262
Vererbung 27, 47, 203 f.
epigenetische 204–205, 209–214,
216–218, 222, 227
männliche Linie 212 f., 216 f.,
218 f., 224–229
weibliche Linie 216 f., 224–229,
232
«Verfettung» 155
Vergewaltigung 117, 122
Vergiftung 75, 133, 186, 188
Verjüngung 188, 195, 198 f.
Vernachlässigung 105 f., 110
Vinclozolin 169, 212
Viren 39, 58 f., 61, 78, 105, 206,
255
Vitamine 13, 146 f., 162, 169, 171, 197
-B_{12} 143, 162 f.
-präparate 162, 168
Vögel 100, 185
Volkskrankheiten 87, 94
Vorbeugung s. Vorsorge
Vorinostat 245

Sachregister   299

Vorlesen 111
Vorsorge 12, 36, 106, 109, 139, 140,
  154 f., 158 f., 246, 257, 260
Wachstum 32, 196 f., 229
  embryonales 211
Wachstumsstörungen 132, 169
Wal 190
Wasser 68, 158
Wasserfloh 83 f.
Wasserstoff 50
Weismann-Barriere 209
Weizen 37
Wurm s. a. Fadenwurm 37, 40 f., 61,
  191–193, 195, 221
Wüstenheuschrecke 82 f.

X-Chromosom 27, 82, 232
X-Inaktivierung 232

Y-Chromosom 27, 82
Yoga 189

«Zappelphilipp-Syndrom» (ADHS)
  116
Zebularin 125
Zeit nehmen 13, 106, 111, 260, 262
Zellkern 14, 30, 45, 52, 57, 76, 69, 93,
  137, 166, 211
Zellskelett 52
Zellulärer Selbstmord (Apoptose)
  194, 243 f.
Zeugung 145, 230, 233
Zink 162
Zivilisationskrankheiten 149,
  152 f.
Zucker 68, 102, 158 f.
Zuwendung s. a. Fürsorge 101,
  108
Zuckerkrankheit s. Diabetes
Zweiter Weltkrieg 129, 159,
  203
Zwillinge 91–96, 162, 188 f.,
  243